普通高等教育计算机类规划教材

# Java 程序设计教程

主 编 程 科 潘 磊
参 编 陈庆芳 王平心 张 静

机械工业出版社

本书编者结合在十多年中外合作办学专业 Java 教学中获取的经验和外方学校及企业专业人员的建议，按照由浅入深、循序渐进的方式，系统介绍了 Java 程序设计语言的基本概念与理论知识，重点阐述了 Java 中常用和实用的技术，主要包括 Java 程序设计概述、开发环境的建立、基本程序结构、面向对象特性、图形用户界面设计、数据库程序设计和 Web 程序设计等方面的内容。对应于各理论知识点，本书提供了丰富翔实的示例代码供读者学习，力求理论与实践相结合，使读者能够快速、正确地掌握 Java 基础知识。

本书适合各层次读者学习，可供计算机科学与技术、软件工程、通信工程等相关专业的本科生作为 Java 程序设计的学习用书，也可作为 Java 爱好者和相关工程技术人员的参考书。

### 图书在版编目（CIP）数据

Java 程序设计教程/程科，潘磊主编. —北京：机械工业出版社，2015.8
普通高等教育计算机类规划教材
ISBN 978-7-111-50902-8

Ⅰ. ①J… Ⅱ. ①程…②潘… Ⅲ. ①JAVA 语言 – 程序设计 – 高等学校 – 教材 Ⅳ. ①TP312

中国版本图书馆 CIP 数据核字（2015）第 165094 号

机械工业出版社（北京市百万庄大街 22 号　邮政编码 100037）
策划编辑：王雅新　责任编辑：王雅新　范成欣
版式设计：赵颖喆　责任校对：刘怡丹
封面设计：张　静　责任印制：乔　宇
保定市中画美凯印刷有限公司印刷
2015 年 9 月第 1 版第 1 次印刷
184mm×260mm·21.75 印张·537 千字
标准书号：ISBN 978-7-111-50902-8
定价：45.00 元

凡购本书，如有缺页、倒页、脱页，由本社发行部调换

电话服务　　　　　　　　　　　网络服务
服务咨询热线：010-88379833　　机 工 官 网：www.cmpbook.com
读者购书热线：010-88379649　　机 工 官 博：weibo.com/cmp1952
　　　　　　　　　　　　　　　　教育服务网：www.cmpedu.com
封面无防伪标均为盗版　　　　　金 书 网：www.golden-book.com

# 前言

作为互联网时代出现的程序设计语言,Java自诞生开始就一直受到IT相关行业的密切关注,在众多领域得到了广泛的应用,成为全世界最受瞩目的开发语言之一。由于Java技术的流行,相关的教育和培训需求也非常旺盛,编者从事一线教学工作多年,对此有极为深刻的体会和感受。目前,国内外高校的相关专业均设有Java程序设计课程,在相关市场的培训机构中,针对Java的培训也始终属于主流业务之一。

Java所包含的内容和范围非常广泛,按照官方的标准,可分为Java SE(标准版)、Java EE(企业版)和Java ME(微型版)三种平台。从市场来说,Java EE和Java ME的应用更为广泛,需求也更为迫切。然而,作为Java技术的基础,Java SE是每一个Java从业人员必须首先学习的课程。只有真正掌握和理解了Java SE,才能在Java EE和Java ME的学习中领悟更高层次的知识与技术。本书编写的主要目的在于帮助读者快速、正确地学习Java SE中常用的知识和理论,提高其独立分析和解决问题的能力,为今后从事Java相关的开发奠定扎实的基础。

编者总结了十余年Java教学和培训工作的经验,以满足行业入门标准为目标,充分倾听企业技术人员的意见和建议,参照法国工程师教育理念和模式,以卓越工程师计划和应用型本科要求为基础,以培养学生学习兴趣和实际开发能力为第一要素,进行本书的编写。所选内容强调实用性,摒弃部分过时的技术和概念,涉及的重要知识点均配有精选的示例程序和注释,相关软件的配置也均以图文并茂的形式给出,并对运行过程和结果进行了详细的分析与说明,能够帮助读者更快更好地掌握理论知识。

根据学生的反馈和企业及培训机构的建议,本书编写内容包括7章。第1章为Java程序设计概述,包括Java语言发展简史、Java语言的特点、Java程序的编译和执行、Java平台的分类等内容;第2章为Java开发环境的建立,包括Java开发环境概述,JDK的下载、安装、配置和测试,Eclipse的下载、安装和使用等内容;第3章为Java基本程序结构,包括Java应用程序结构、Java数据类型、Java常量和变量、Java运算符、Java流程结构、Java键盘输入、Java数组和foreach循环等内容;第4章为Java的面向对象特性,包括包的概念和作用,类和对象,封装,继承与多态,static与final修饰符,抽象类和接口,Java字符串,装箱、拆箱和数字-字符串转换,Java异常处理,Java集合,Java时间类等内容,该章是Java程序设计最基础、最核心的部分;第5章为Java图形用户界面设计,包括Java图形用户界面设计概述、Java事件处理机制、使用AWT组件库设计图形界面、使用Swing组件库设计图形界面、GUI设计实例等内容;第6章为Java数据库程序设计,包括Java数据库程序设计概述,Access数据库的使用,MySQL数据库的使用,利用 Java 访问和操作 Access 数据库,利用 Java 访问和操作 MySQL 数据库,利用结果集添加、删除和更新数据库记录,结合 GUI 图形界面设计进行数据库操作实例等内容;第 7 章为 Java Web 程序设计入门,包括 Java Web 程序设计概述、Tomcat 服务器的配置、JSP/Servlet 技术简介、使用 JSP 页面操作数据库、使用 JSP + Java Bean 操作数据库等内容。

　　本书由程科、潘磊主编,陈庆芳、王平心、张静参编。其中,程科主要完成了第 1~3 章和第 4 章部分内容的编写,潘磊主要完成了第 5 章和第 4、6 章部分内容的编写,陈庆芳主要完成了第 7 章和第 4、6 章部分内容的编写,王平心和张静参编了相关章节的部分内容。

　　由于 Java 技术博大精深、发展迅速,且编者的时间和水平有限,书中难免存在疏漏和不足之处,敬请广大读者和同行专家批评指正。

编　者

# 目 录

前言

## 第1章 Java 程序设计概述 ……………………………………………………… 1

1.1 Java 语言发展简史 …………………………………………………… 1
1.2 Java 语言的特点 ……………………………………………………… 3
1.3 Java 语言的编译和执行 ……………………………………………… 3
1.4 Java 平台的分类 ……………………………………………………… 4
习题 …………………………………………………………………………… 5

## 第2章 Java 开发环境的建立 …………………………………………………… 6

2.1 Java 开发环境概述 …………………………………………………… 6
2.2 JDK 的下载、安装、配置和测试 …………………………………… 6
   2.2.1 JDK 的下载和安装 …………………………………………… 6
   2.2.2 JDK 的配置和测试 …………………………………………… 8
2.3 Eclipse 的下载、安装和使用 ………………………………………… 12
   2.3.1 Eclipse 的下载和安装 ………………………………………… 13
   2.3.2 Eclipse 的使用 ………………………………………………… 14
习题 …………………………………………………………………………… 17

## 第3章 Java 基本程序结构 ……………………………………………………… 18

3.1 Java 应用程序结构 …………………………………………………… 18
3.2 Java 数据类型 ………………………………………………………… 19
   3.2.1 整型 …………………………………………………………… 20
   3.2.2 浮点型 ………………………………………………………… 20
   3.2.3 字符型 ………………………………………………………… 20
   3.2.4 布尔型 ………………………………………………………… 21
3.3 Java 常量和变量 ……………………………………………………… 21
   3.3.1 Java 命名规则 ………………………………………………… 21
   3.3.2 Java 常量 ……………………………………………………… 21
   3.3.3 Java 变量 ……………………………………………………… 22
   3.3.4 Java 基本类型转换 …………………………………………… 23

## 3.4　Java 运算符 25
### 3.4.1　算术运算符 25
### 3.4.2　赋值运算符 27
### 3.4.3　关系运算符 27
### 3.4.4　逻辑运算符 28
### 3.4.5　条件运算符 29
## 3.5　Java 流程结构 29
### 3.5.1　分支结构 30
### 3.5.2　循环结构 38
### 3.5.3　循环结构控制 42
## 3.6　Java 键盘输入 48
### 3.6.1　通过 BufferedReader 类获取键盘输入数据 48
### 3.6.2　通过 Scanner 类获取键盘输入数据 50
## 3.7　Java 数组 51
### 3.7.1　数组的定义 51
### 3.7.2　数组的初始化 52
### 3.7.3　数组的使用 53
### 3.7.4　多维数组 56
## 3.8　foreach 循环 56
## 习题 60

# 第4章　Java 的面向对象特性 61
## 4.1　包的概念和作用 61
### 4.1.1　包的创建和使用 62
### 4.1.2　import 和 import static 65
## 4.2　类和对象 66
### 4.2.1　类和对象之间的关系 67
### 4.2.2　类的声明 68
### 4.2.3　创建和使用实例对象 70
### 4.2.4　方法重载 72
### 4.2.5　参数个数可变方法 74
### 4.2.6　递归方法 75
## 4.3　封装、继承与多态 77
### 4.3.1　封装 77
### 4.3.2　继承 78
### 4.3.3　多态 83
## 4.4　static 与 final 修饰符 84
### 4.4.1　static 修饰符 84
### 4.4.2　final 修饰符 89

4.5 抽象类和接口 …………………………………………………………………… 92
　4.5.1 抽象类和抽象方法 …………………………………………………………… 93
　4.5.2 接口 …………………………………………………………………………… 96
4.6 Java 字符串 ……………………………………………………………………… 99
　4.6.1 String 字符串 ………………………………………………………………… 99
　4.6.2 StringBuffer 字符串 ………………………………………………………… 104
4.7 装箱、拆箱和数字-字符串转换 ……………………………………………… 106
　4.7.1 装箱、拆箱 …………………………………………………………………… 106
　4.7.2 数字-字符串转换 ……………………………………………………………… 109
4.8 Java 异常处理 …………………………………………………………………… 112
　4.8.1 Java 异常处理机制 …………………………………………………………… 113
　4.8.2 使用 throws 关键字抛出异常 ………………………………………………… 118
　4.8.3 使用 throw 关键字抛出异常 ………………………………………………… 120
　4.8.4 自定义异常 …………………………………………………………………… 120
4.9 Java 集合 ………………………………………………………………………… 122
　4.9.1 迭代器 ………………………………………………………………………… 122
　4.9.2 ArrayList 列表 ……………………………………………………………… 122
　4.9.3 HashMap 映射集合 ………………………………………………………… 127
4.10 Java 时间类 ……………………………………………………………………… 132
习题 ……………………………………………………………………………………… 135

## 第 5 章　Java 图形用户界面设计 ……………………………………………………… 136

5.1 Java 图形用户界面设计概述 …………………………………………………… 136
　5.1.1 Java 图形界面设计概述 ……………………………………………………… 136
　5.1.2 简单的 GUI 程序举例 ………………………………………………………… 137
　5.1.3 组件的分类 …………………………………………………………………… 142
5.2 Java 事件处理机制 ……………………………………………………………… 142
　5.2.1 事件处理机制中的要素 ……………………………………………………… 143
　5.2.2 Java 中常用的事件类和事件监听器 ………………………………………… 144
5.3 使用 AWT 组件库设计图形界面 ……………………………………………… 151
　5.3.1 AWT 组件库的常用组件 …………………………………………………… 151
　5.3.2 AWT 组件库常用组件举例 ………………………………………………… 152
5.4 使用 Swing 组件库设计图形界面 ……………………………………………… 161
　5.4.1 Swing 组件库的常用组件 …………………………………………………… 161
　5.4.2 Swing 组件库常用组件举例 ………………………………………………… 162
5.5 GUI 设计实例 …………………………………………………………………… 169
习题 ……………………………………………………………………………………… 201

## 第 6 章　Java 数据库程序设计 ………………………………………………………… 202

6.1　Java 数据库程序设计概述 …………………………………………………………… 202
6.2　Access 数据库的使用 …………………………………………………………………… 205
　　6.2.1　建立 Access 数据库 …………………………………………………………… 205
　　6.2.2　建立 Access 数据表 …………………………………………………………… 205
　　6.2.3　设置 Access 数据库密码 ……………………………………………………… 207
　　6.2.4　设置 Access 数据源 …………………………………………………………… 207
6.3　MySQL 数据库的使用 ………………………………………………………………… 208
　　6.3.1　MySQL 的安装 ………………………………………………………………… 208
　　6.3.2　MySQL 的配置 ………………………………………………………………… 211
　　6.3.3　MySQL 的使用 ………………………………………………………………… 215
6.4　利用 Java 访问和操作 Access 数据库 ………………………………………………… 218
　　6.4.1　查询 Access 数据库 …………………………………………………………… 218
　　6.4.2　向 Access 数据库添加记录 …………………………………………………… 223
　　6.4.3　在 Access 数据库中删除记录 ………………………………………………… 230
　　6.4.4　在 Access 数据库中更新记录 ………………………………………………… 231
6.5　利用 Java 访问和操作 MySQL 数据库 ……………………………………………… 233
　　6.5.1　查询 MySQL 数据库 …………………………………………………………… 233
　　6.5.2　向 MySQL 数据库添加记录 …………………………………………………… 235
　　6.5.3　在 MySQL 数据库中删除记录 ………………………………………………… 238
　　6.5.4　在 MySQL 数据库中更新记录 ………………………………………………… 239
6.6　利用结果集添加、删除和更新数据库记录 …………………………………………… 240
　　6.6.1　利用结果集添加记录 …………………………………………………………… 240
　　6.6.2　利用结果集删除记录 …………………………………………………………… 243
　　6.6.3　利用结果集更新记录 …………………………………………………………… 244
6.7　结合 GUI 图形界面设计进行数据库操作实例 ………………………………………… 246
习题 ………………………………………………………………………………………………… 265

## 第7章　Java Web 程序设计入门 ………………………………………………………… 267

7.1　Java Web 程序设计概述 ………………………………………………………………… 267
　　7.1.1　Web 技术概述 …………………………………………………………………… 267
　　7.1.2　Java Web 技术简介 ……………………………………………………………… 268
7.2　Tomcat 服务器的配置 …………………………………………………………………… 268
　　7.2.1　下载和安装 Tomcat 服务器 …………………………………………………… 269
　　7.2.2　配置 Tomcat 服务器 …………………………………………………………… 269
　　7.2.3　Tomcat 服务器工作目录的结构 ……………………………………………… 272
7.3　JSP/Servlet 技术简介 …………………………………………………………………… 272
　　7.3.1　Servlet 技术概述 ………………………………………………………………… 273
　　7.3.2　JSP 技术概述 …………………………………………………………………… 278
7.4　使用 JSP 页面操作数据库 ……………………………………………………………… 293

|  |  |  |  |
|---|---|---|---|
| 7.4.1 | 通过JSP页面直接操作数据库 | …………………………… | 293 |
| 7.4.2 | 通过Html调用JSP页面操作数据库 | …………………………… | 299 |
| 7.4.3 | 分页技术 | ………………………………………………………… | 313 |

7.5　使用JSP+JavaBean操作数据库 ……………………………………… 317
　　7.5.1　创建、存储和调用JavaBean …………………………………… 318
　　7.5.2　使用JSP+JavaBean操作数据库 ………………………………… 322
习题 ……………………………………………………………………………… 336

**参考文献** ……………………………………………………………………… 337

# 第 1 章

# Java 程序设计概述

**主要内容：**
- Java 语言发展简史。
- Java 语言的特点。
- Java 语言的编译和执行。
- Java 平台的分类。

程序设计语言就是用来进行程序设计的语言。人希望通过计算机完成许多复杂重复的劳动，但计算机又听不懂人类的自然语言，那就要通过某种手段教会计算机去做事情，这种教的过程就是程序设计，而教的手段就是程序设计语言。

## 1.1 Java 语言发展简史

如今，在互联网络中，商标随处可见，这就是 Java！

自 Sun 公司于 1995 年正式发布 Java 语言以来，Java 已从一门普通的程序设计语言，发展成为拥有 Java SE、Java EE、Java ME 三大开发体系架构的业界热门技术，对 IT 行业产生了深远的影响。

Java 的出现具有一定的偶然性。在 1990 年，以 Java 之父 James Gosling 为首，Sun 公司专门成立了 Green 计划项目组，准备在智能家电行业开发出一套通用的软件控制系统。最初，项目组采用 C++ 语言进行开发，但在开发的过程中，由于 C++ 过于依赖硬件，且存在种种缺陷和问题，于是 Gosling 决定创造一个全新的语言进行开发，当时命名为 Oak 语言。但是，由于商业运作的问题，Green 计划最终搁浅，没有获得预期的成功。

1994 年，随着互联网和浏览器技术的快速发展，Gosling 意外地发现，由他主导设计的 Oak 语言非常适用于互联网程序的开发，在对 Oak 语言进行了进一步的扩展和改造后，Sun 公司于 1995 年 5 月 23 日正式推出了 Java 语言，并通过互联网免费提供下载。1996 年，Sun 公司发布 JDK 1.0 版本，作为 Java 语言的开发类库，JDK 1.0 包括 Java 开发包（Java Development Kit，JDK）和 Java 运行时环境（Java Runtime Environment，JRE），前者提供了 Java 程序的编译和解释等命令，后者为 Java 程序的运行提供相应的环境。

1998 年，Sun 公司推出了 JDK 1.2 版本，并正式将 Java 分为 J2SE、J2EE、J2ME 三个架

构，分别代表Java2标准版、Java2企业版、Java2微型版。2002年，Sun公司推出了历史上最为成熟的版本——JDK 1.4，至今为止仍有一部分的Java开发人员在使用这个版本。2004年，Sun公司推出了JDK 1.5版本，并将Java三大架构更名为Java SE、Java EE和Java ME。2009年4月20日，Sun公司被Oracle收购，Java的版权从此归属Oracle公司所有。2011年，Oracle发布Java SE 7，也即通常所说的JDK 1.7，这也是本书中所使用的Java开发版本。目前，Java的最新版为Java SE 8，加入了如Lambda表达式等新特性。由于Java SE 8尚未得到大规模的应用，也缺乏相应的IDE支持，使用Java SE 7也能很好地学习和掌握Java知识，因此经过慎重考虑后，在编写本书时还是选择了Java SE 7作为开发版本。

在20年的发展过程中，Java技术得到了飞速的发展，功能和效率较之初始已有了极大的扩展和提高。自1995年正式发布以来，Java始终牢牢占据TIOBE指数的前两位，并且在相当长的一段时间内，处于排名第一的位置。图1-1和图1-2分别是TIOBE指数中Java的走向图和与其他语言进行比较的走向图。

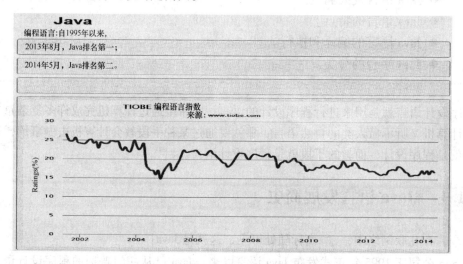

图1-1 TIOBE指数中Java历年走向图

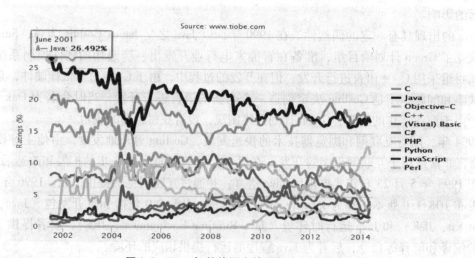

图1-2 Java与其他语言的历年走向比较图

## 1.2　Java 语言的特点

Java 语言的特点如下：

（1）简单性

Java 源自于 C/C++ 语言，语法和程序结构与 C/C++ 非常相似，甚至大部分的关键字和语法都是完全一样的。C/C++ 的程序员可以非常容易地过渡到 Java 程序员。Java 摒弃了 C/C++ 中复杂混乱的特性，使得初学者从指针的指针、指针的地址、地址的指针等令人混淆的概念中解脱出来，将精力集中于程序本身的设计。此外，自动垃圾回收机制也使得程序员能够避免烦琐的内存管理工作。

（2）面向对象

Java 是完全面向对象的设计语言，程序的基本构成单位就是类，即使某个程序中只有主函数，也必须以类的形式来定义这个程序。所有的数据和方法都封装在类中，通过继承实现代码复用，通过多态实现方法的重写和重载。一切面向对象的特性，在 Java 中都可以得到体现。

（3）安全性

Java 是最安全的编程语言之一，采用面向对象技术封装了数据细节，数据只能通过方法访问。使用异常处理机制避免了程序中因为意外而出现的崩溃。摒弃指针运算，确保内存存储数据的恶意访问不能进行。此外，数组边界检查、代码安全性检测、线程安全支持等技术也增强了 Java 的安全性。

（4）多线程

多线程技术使得一个进程能够被划分为若干线程，且这些线程能够同时并发执行。Java 内置多线程功能支持，程序可以通过简单的方式来启动多线程。

（5）跨平台

平台无关性是 Java 最为显著、也是在所有编程语言中最具特色的特点。通过 Java 虚拟机（Java Virtual Machine，JVM）技术，Java 的字节码文件只需要运行在 JVM 之上即可，在不同的平台上不需要重新编译，只要这个平台支持 JVM 即可。在程序运行时，JVM 会自动地将 Java 字节码文件解释成具体的平台机器指令进行执行。

此外，Java 还具有高效性、健壮性、动态性和分布性等特点，这里不再赘述，有兴趣的读者可以查询相关资料进行了解。

## 1.3　Java 语言的编译和执行

计算机高级程序设计语言一般分为解释型语言和编译型语言两种。Java 属于特殊情形，同时具有解释和编译的特性。Java 源程序以 .java 作为扩展名。源程序是不能运行的，其作用在于提供给程序设计人员一个编辑方式，将程序代码进行录入。完成源程序的编写后，需要调用 javac.exe 命令对 .java 源程序进行编译，编译的过程可理解为两个步骤，首先检查程序中存在的语法错误，然后将程序编译为以 .class 为扩展名的字节码文件。需要说明的是，字节码文件并不是平台的机器指令，也就是说，任何的操作系统实际上根本无法执行字节码文件，必须通过JVM对字节码文件进行解释后，才能生成相应的平台机器指令供操作系统调用执行。在这个过程中，JVM的作用类似于一个翻译，在两个语言不通的人之间架起一个沟通的桥梁。通过这种类似于桥接的方式，Java实现了跨平台的特点，程序可以实现一次编译、处处运行。

Java通过JVM技术实现跨平台的特性，这种方式相当于在程序与操作系统之间增加了一个中转站，程序的运行必须先经过一个解释的操作。因此，Java的执行效率相对于C/C++确实要低一些。图1-3所示为Java和C/C++程序的编译和执行流程对比图。

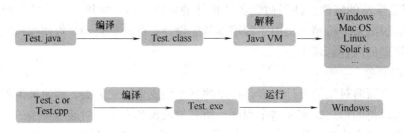

图1-3　Java与C/C++程序的编译和执行流程对比

可以将JVM理解成一个虚拟的计算机。实际上，JVM确实也具有计算机的一部分特性，其具有寄存器、存储域、指令系统、堆栈结构等。对于初学者而言，没有必要研究JVM的理论，只需要知道通过JVM可以将class字节码文件在不同的操作系统上执行就可以了。

## 1.4　Java平台的分类

从应用的范围来分，可以将Java分为三种平台架构：Java标准版（Java Standard Edtion，Java SE）、Java企业版（Java Enterprise Edition，Java EE）和Java微型版（Java Micro Edition，Java ME）。

Java SE主要面向桌面和中小型Web开发（如桌面应用程序、小型网络站点等），包含了Java的所有核心类库，如I/O操作、数据库支持、图形用户界面设计、数学运算库、时间日期类、数据包装类等，是Java EE平台的基础。Java EE是Java SE的升级和扩展，主要面向企业级的大型Web开发（如网上银行、电子商务、管理信息系统等），包含了Java的所有核心类库和用于企业级开发的扩展类库，如Servlet、JSP、XML、EJB、JavaMail等。Java ME主要面向移动和嵌入式系统开发（如手机、PDA、机顶盒、智能卡等），包含了部分Java核心类库和专门用于移动和嵌入式系统开发的类库。在Java SE、Java EE和Java ME三者的关系中，Java SE是基础，是被Java EE所包含的，Java ME和Java SE、Java EE之间有部分交集，但Java ME并不属于Java SE和Java EE，如图1-4所示。

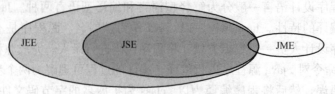

图1-4　Java SE、Java EE和Java ME的关系

第1章　Java程序设计概述

　　本书讲的是 Java SE 的技术，只有学好了 Java SE，掌握了 Java 最基础的概念和知识，才能在 Java EE 或 Java ME 上进行正确的理解和认知。在 Java SE 中，程序可分为两种类型：基于桌面的 Application 应用程序和基于 Web 网页的 Applet 应用程序。其中，Application 是本书要讲的内容，而 Applet 作为动态网页技术的一种，现在已经被业界淘汰，读者如果对类似技术感兴趣，可以转向学习 Flash 或 HTML5。

1. 请读者到 Oracle 公司的官方主页，自行查找并下载 JDK API 手册。
2. 简述 Java 跨平台的特性。
3. 简述 Java 程序的编译和解释过程。
4. Java 平台可分为哪三个类别，它们之间具有什么区别和关联？
5. 在 Java 开发过程中，哪一样工具是必不可少的？

# 第 2 章 Java 开发环境的建立

**主要内容：**
- Java 开发环境概述。
- JDK 的下载、安装、配置和测试。
- Eclipse 的下载、安装和使用。

 ## 2.1 Java 开发环境概述

进行 Java 程序开发，首先需要建立 Java 的开发环境，主要包括代码编辑器（Editor）、代码编译器（Compiler）、代码解释器（Interpreter）、代码运行时环境（Runtime）等。最简单的 Java 代码编辑器就是 Windows 操作系统自带的记事本工具，也可以采用其他的代码编辑工具，如 UltraEdit、EditPlus、NotePad++等。Oracle 公司提供的 JDK（Java Development Kit，Java 开发包）包括了 Java 代码编译器、Java 代码解释器和 Java 代码运行时环境，以及各种常用的类库等。注意，代码编辑器可以根据自身的情况任选一种或多种，但是代码编译器、代码解释器和代码运行时环境只能使用 Oracle 官方发布的 JDK。

采用［JDK+记事本］的组合，就能够建立一个最简单的 Java 开发环境，可以完成 Java 代码的编写、编译、调试、运行等各项功能。在实际项目的开发过程中，程序开发人员往往采用更为高级的 Java IDE（Integrated Development Environment，集成开发环境），可以极大地提高代码开发的效率。常用的 Java IDE 主要有 Eclipse、NetBeans、JBuilder 等。本书使用的就是 Eclipse。

 ## 2.2 JDK 的下载、安装、配置和测试

JDK 是由 Oracle 公司提供的 Java 开发和运行工具，没有 JDK，就无法进行 Java 程序的开发工作。可以说，JDK 是整个 Java 开发环境的核心，它提供了 Java 程序的编译和运行工具，以及绝大部分常用的类库。

### 2.2.1 JDK 的下载和安装

JDK 的下载是免费的，用户可以从 Oracle 公司的官方网站 www.oracle.com 获得。这里

使用的是 Java SE Development Kit 7 X64 版本，操作系统使用 Windows 7 64 位。用户可根据自己的操作系统架构进行相应的架构版本选择。如果使用的是 32 位的 Windows 操作系统，则下载 JDK Windows X86 版本；如果使用的是 64 位的 Windows 操作系统，则下载 Windows X64 版本。虽然 64 位的操作系统可以兼容 32 位的 JDK，但笔者建议还是保持操作系统与 JDK 同架构模式。本书使用的是 JDK X64 版本。

下载和安装 JDK 的步骤如下：

1）在 Windows 操作系统下，下载得到的 JDK 是一个以 .exe 为扩展名的可执行安装包，安装的过程与安装其他 Windows 应用程序类似。双击安装包后开始进行安装，单击【下一步】按钮如图 2-1 所示。

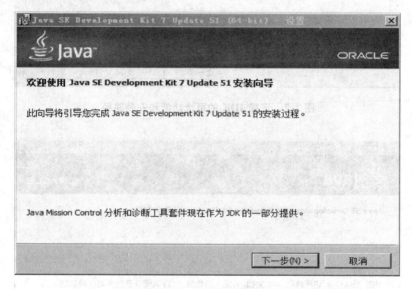

图 2-1　开始安装 JDK

2）选择 JDK 的可选功能和安装路径。其中，公共 JRE 在 JDK 中已经包含，因此在实际安装过程中可以选择不安装此项功能。在图 2-2 左侧的选项区中进行公共 JRE 功能的选择与取消。如果取消，那么 JDK 安装完毕后，将不会再进行 JRE 的安装，笔者推荐取消安装公共 JRE。【源代码】选项主要包含 JDK 中各 API 类库的源代码，可以选择不安装，不会影响 Java 程序的开发。不过在本书中，【源代码】选项是安装的，否则在后续介绍的 Eclipse 中会出现无法正确快速提示的问题。在图 2-2 中单击【更改】按钮可以更改 JDK 的安装路径，否则将默认安装到 C:\Program Files\Java\jdk［版本号］路径下。这里将 JDK 安装到 G:\Jdk 1.7。

3）完成 JDK 的安装。选择完 JDK 的安装路径后，单击【下一步】按钮即可进行 JDK 的安装工作。安装完毕后，会提示成功安装，如图 2-3 所示。此时，单击【关闭】按钮，即完成了 JDK 的安装工作。如果在第二步中没有取消公共 JRE 的安装，那么在 JDK 安装完毕后，还会弹出窗口，提示进行 JRE 的安装工作，步骤与安装 JDK 类似，此处不再赘述。

这里将 JDK 安装到 G:\ Jdk 1.7，安装完毕后，打开该路径，可以看到以下文件夹：

① bin 文件夹——提供 Java 开发工具，如 javac.exe 命令用于 Java 应用程序的编译，java.exe 命令用于 Java 应用程序的运行，appletviewer.exe 命令用于查看 Java Applet 程序，

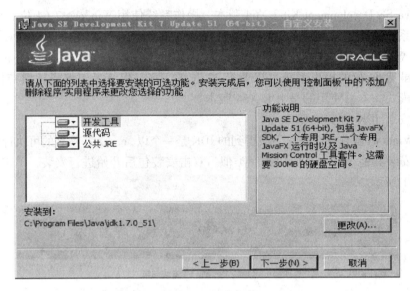

图 2-2 选择 JDK 的可选功能和安装路径

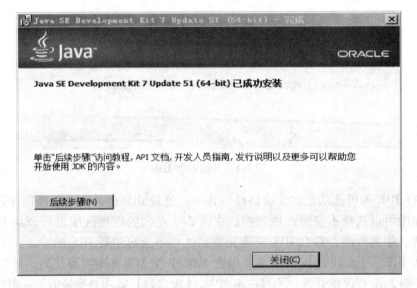

图 2-3 完成 JDK 的安装

javadoc.exe 命令用于生成程序说明文档。

② jre 文件夹——提供 Java 应用程序的运行时环境。
③ lib 文件夹——提供 Java 应用程序所必需的类库。
④ db 文件夹——提供了一个纯 Java 开发的轻量级开源关系数据库 derby。
⑤ include 文件夹——提供存放本地方法的 C 语言头文件。
⑥ src.zip——包含 Java 中常用类库的源代码以及相应的文档注释。

### 2.2.2 JDK 的配置和测试

在 JDK 安装完毕后，需要进行相应的配置才能使用 JDK 进行 Java 开发。相关的配置工作,都是在系统环境变量中进行的。

1) java_home 变量的设置。用鼠标右键单击【计算机】,在弹出的快捷菜单中选择【属性】→【系统属性】→【高级】,如图 2-4 所示。单击【环境变量】按钮,弹出【环境变量】对话框如图 2-5 所示。单击【新建】按钮,弹出如图 2-6 所示的对话框,在【变量名】文本框中输入 java_home,在【变量值】文本框中输入 G:\Jdk1.7,然后,单击【确定】按钮。此时,在【系统变量】选项区中可以看到新建的 java_home 变量以及对应的变量值,如图 2-7 所示。这个步骤的作用是使得新建的 java_home 可以代表 JDK 的安装路径,以后通过%java_home%的方式就能够直接引用 JDK 的安装路径了。

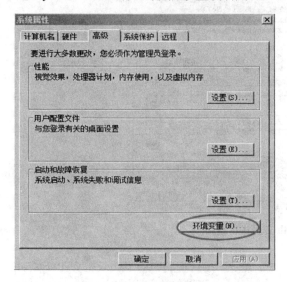

图 2-4　打开系统环境变量

图 2-5　【环境变量】对话框

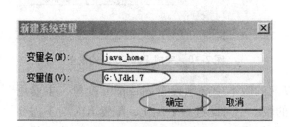

图 2-6　设置 java_home

图 2-7　完成 java_home 变量的设置

2) Path 变量的设置。在【系统变量】选项区中选择【Path】,单击【编辑】按钮,如图 2-8 所示。在【变量值】文本框中输入%java_home%\bin;……注意,此处的【……】

代表原来【Path】的变量值，切不可进行改动或删除，否则会影响其他系统已注册的变量，结果如图 2-9 和图 2-10 所示。此步骤的作用在于将 bin 目录导入系统 Path 变量中，使得 bin 目录下的可执行文件能够在操作系统的命令行窗口中正确执行，主要使用的是 bin 目录下的 javac.exe 和 java.exe 命令，前者用于编译 Java 程序，后者用于运行编译得到的 Java 字节码文件。

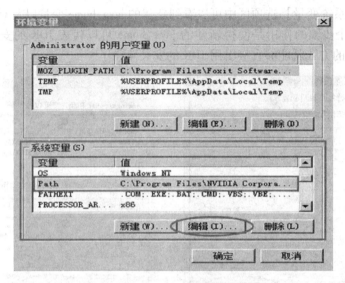

图 2-8　选择 Path 变量进行编辑

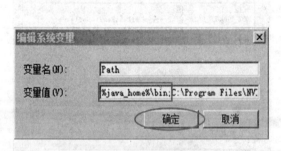

图 2-9　编辑 Path 变量

图 2-10　完成 Path 变量的设置

3）classpath 变量的设置。在 JDK 1.4 及以前的版本中必须设置 classpath 变量，主要用于查找类所在的路径。在 JDK 1.5 版本及以后的版本中对此进行了优化，配置 JDK 时不需要再设置 classpath 变量。本书使用的是 JDK 1.7 版本（Java SE Development Kit 7），故无须再对 classpath 变量进行设置。如读者有兴趣进行设置，可在【环境变量】对话框中新建一个名为 classpath 的系统变量，并设置该变量的变量值为".;%java_home%\lib\dt.jar;%java_home%\lib\tools.jar" 即可。注意，引号内的第一个小圆点千万不要忽略。

第 2 章　Java 开发环境的建立

至此完成了 JDK 的配置工作。配置完成后，需要进行相关的测试，用于检验 JDK 的安装和配置是否正确。单击【开始】→【所有程序】→【附件】→【命令提示符】，或者单击【开始】→【搜索程序和文件】，输入 cmd，按 < Enter > 键，进入命令行窗口，输入 java – version 命令并按 < Enter > 键，用于查看本机的 JDK 版本号是否与安装的 JDK 版本一致，如图 2-11 所示。

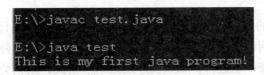

图 2-11　检测安装的 JDK 版本

4）编写测试程序。编写一个简单的 Java 应用程序，通过编译和运行该程序来检测 JDK 的安装和配置是否正确。例如，在 E 盘的根目录，使用记事本创建 test. java 文件。程序内容如下：

**test. java**

```
public class test {
    public static void main(String[ ] args) {
        System. out. println("This is my first java program!");
    }
}
```

在命令行窗口下进入 E 盘根目录，输入 javac test. java 后按 < Enter > 键，然后输入 java test，再次按 < Enter > 键，出现程序运行结果，如图 2-12 所示。

图 2-12　编译和运行 java 程序

在图 2-12 中，javac 命令实际上就是% java_home% \bin 路径下的 javac. exe 文件，因为在系统变量 Path 中导入了% java_home% \bin 路径，所以系统就能够正确执行这个路径下的所有可执行文件。javac. exe 文件的作用就是对 Java 源程序进行编译，如果编译无误，则会生成对应的 class 字节码文件；如果程序存在语法错误，则会给出错误提示。图 2-12 中的第二行 java test 就是用% java_home% \bin 路径下的 java. exe 文件对编译生成的 test. class 字节码进行运行，也称为解释。

Java 中规定，如果 . java 源程序中存在一个 public 类型的类，则这个 . java 程序的文件名必须与这个 public 类的类名完全一致。换句话说，一个 .java 源程序中只能有一个 public 类型的类。在 test.java 中，因为存在 public 类型的类 test，所以这个 .java 源程序的名字就只能是 test.java，如果保存成其他名称的 .java 程序，则编译时会报错。

这里特别需要提醒读者，在保存 test.java 时，一定要注意查看计算机的操作系统是否默认显示文件扩展名，如果默认是不显示文件扩展名的，test.java 在保存时实际上是保存了 test.java.txt 文件，在使用 javac.exe 命令进行编译时，则会提示找不到类文件的错误。因此，请确保本机的操作系统默认显示文件扩展名，可通过【计算机】→【任意硬盘分区】→【工具】→【文件夹选项】→【查看】→【高级设置】，不勾选【隐藏已知文件类型的扩展名】选项，如图 2-13 所示。

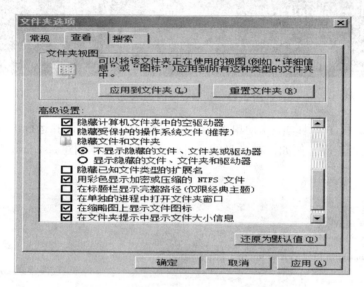

图 2-13　设置操作系统默认显示文件扩展名

## 2.3　Eclipse 的下载、安装和使用

使用记事本 + JDK 的组合，就可以进行 Java 程序的编写、编译、调试和运行。但是，这种方式编写程序比较困难，需要程序设计人员完全凭记忆写出各种类和方法，源程序的编译、调试和运行完全依赖手工进行，如果程序出现语法错误，则相关的提示和快速修改也并不方便。集成开发环境（Integrated Development Environment，IDE）集成了代码编辑器、代码编译器、代码解释器、代码运行时环境、图形界面等功能，大大降低了程序设计人员编写、编译、调试和运行程序的工作量，具有快速提示、快速修改、高亮关键字、自动匹配成对符号、自动创建常用代码等优点。

针对于 Java 程序设计的 IDE 很多，有 Eclipse、IntelliJ IDEA、JCreator、JBuilder 以及 Oracle 官方推出的 NetBeans 等。本书使用的是 Eclipse，这是一个免费开源的可扩展平台，在业界得到了广泛的使用，可以通过安装各种插件实现不同的功能扩展。

### 2.3.1 Eclipse 的下载和安装

Eclipse 的下载是免费的，用户可以从 Eclipse 的官方网站 www.eclipse.org 获得。由于 Eclipse 支持的功能较多，因此相应的开发平台也较多，本书选择的是 Eclipse IDE for Java Developers 平台，Windows 64 位版本，版本号为 Kepler。Eclipse 是免安装的，下载以后可以得到 Eclipse 的一个压缩包，直接将其解压到某个路径即可。例如，本书将 Eclipse 解压到 G 盘根目录，解压完毕后，会在 G 盘根目录下生成 Eclipse 文件夹。双击该文件夹下的 eclipse.exe 文件，即会出现 Eclipse 载入界面，如图 2-14 所示。随后会弹出一个对话框，让用户选择工作区间 Workspace，如图 2-15 所示。单击对话框中的【Browse】按钮，可以自定义选择工作区间的路径，在本书中将工作区间放置于 G:\ec_workspace。注意，在使用 Eclipse 之前，JDK 的环境变量必须事先配置好，Eclipse 在载入的过程中，会自动搜索环境变量中的 java_home 变量及其映射的 JDK 安装路径。如果没有完成 JDK 的 java_home 变量配置，则 Eclipse 会无法启动，并报出错误提示。

图 2-14　Eclipse 载入界面

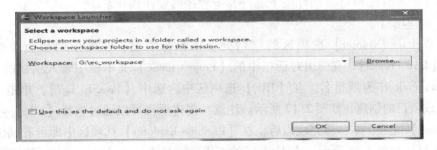

图 2-15　选择 Eclipse 工作区间

工作区间也就是使用 Eclipse 进行项目开发的工作路径，所有开发的项目都保存在工作区间的路径之下。Eclipse 采用工作区间与项目（Project）的形式组织和管理 Java 的开发。其中，项目是源代码和字节码文件的集合，每一个项目对应于一个特定的应用，而工作区间又是各个项目的集合。按照图 2-14 和图 2-15 的方式，打开 Eclipse 并进入选择的 G:\ec_workspace 工作区间。在载入过程中，Eclipse 会根据系统环境变量的设定，自动查找 java_home 变量以及对应的 JDK 路径，并将查找到的 JDK 置于 Eclipse 的编译和运行环境。也就是说，Eclipse 在编译和运行 Java 源代码时，会自动地调用其查找到的 JDK 来完成这些操作。需要说明的是，Eclipse 本身是不具备编译和运行 Java 程序的能力的，它只是一个集成开发环境，Java 程序的编译和运行工作，只能由 JDK 中 bin 目录下的 javac.exe 和 java.exe 完成。

首次进入 Eclipse 后，用户可以看到一个欢迎界面，关闭该界面，就打开了 Eclipse 的工作平台，如图 2-16 所示。对于初学者来说，Eclipse 平台中的【Package Explorer】【Console】和【Outline】选项区是比较常用的，分别对应于工作区间和项目的树形结构浏览、程序运行结果显示和程序大纲视图三个功能。

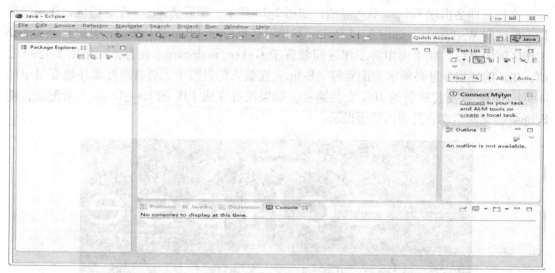

图 2-16　Eclipse 工作平台

### 2.3.2　Eclipse 的使用

下面介绍如何在 Eclipse 的环境下进行 Java 程序的设计和开发。

（1）创建项目

在【Package Explorer】选项区的空白处单击鼠标右键，在弹出的快捷菜单中选择【New】→【Java Project】，在弹出对话框中的【Project name】文本框中输入项目的名称，这里使用 java_code 作为项目名。在【JRE】选项区中，选中【JavaSE-1.7】，单击【Finish】按钮，完成项目的创建，如图 2-17 所示。注意，创建项目可以通过选择【File】→【New】→【Java Project】完成。本步骤完成以后，在【Package Explorer】选项区中即可看到创建的 java_code 项目，如图 2-18 所示。在 Eclipse 的工作区间 G:\ec_workspace 下也可以看到创建了 java_code 文件夹。

（2）创建类

由于 Java 认为所有的程序都是类文件，所以即使是主函数，也必须放置在某一个类中才能运行。用鼠标右击【Package Explorer】选项区中 java_code 项目下的 src 文件夹，选择【New】→【Class】，在打开对话框中的【Name】文本框中输入类的名字，此处用 test 作为类名，选中【public static void main（String [] args）】复选框用于自动创建 main 方法，然后单击【Finish】按钮，如图 2-19 所示。

# 第 2 章　Java 开发环境的建立

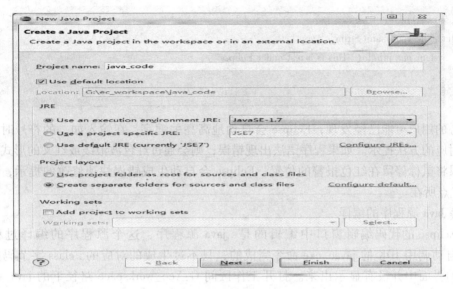

图 2-17　使用 Eclipse 创建项目

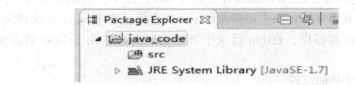

图 2-18　Eclipse 项目树形浏览

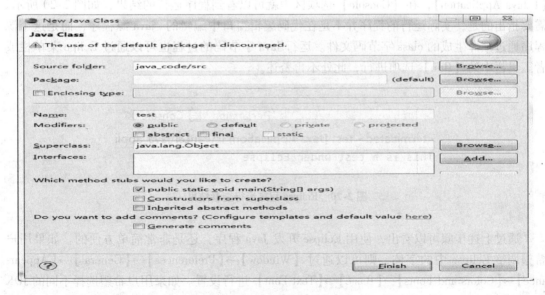

图 2-19　Eclipse 项目创建新类

（3）代码编写

在新建的 test 类中输出一句话作为测试。在代码编辑界面中输入如下代码：

```
public class test {
    public static void main(String[ ] args) {
        System.out.println("This is a test under Eclipse");
    }
}
```

细心的用户可能已经发现，Eclipse 会自动地高亮关键字，在输入如 . 的符号时，会自动给出对应的方法提示。如果程序语法出现错误，则会通过红色波浪线或红叉的形式给出报警。如果将鼠标停留在红色报警的位置，Eclipse 会自动生成错误快速修改的提示，这就是IDE 的优点所在。

（4）Java 源程序的编译

在 Eclipse 的代码编辑窗口中编辑的是 .java 源程序，这个源程序的编译过程是由Eclipse 自动调用 JDK 的 javac.exe 命令完成的，只不过生成的对应 .class 字节码文件在Eclipse 的界面中并没有显示出来。打开工作区间 G:\ec_workspace 路径下的 java_code 文件夹，可以找到两个子目录，一个是 src，一个是 bin。其中，src 目录存放的就是在Eclipse 代码编辑窗口中编写的 .java 源程序，而在 bin 目录中存放的是与 src 中的 .java 源程序对应的 .class 字节码文件。以上述提及的 test 类为例，在 java_code 文件夹下的 src 目录中可以找到 test.java 源程序，在 bin 目录中可以找到对应的由 Eclipse 自动编译生成的test.class 字节码文件。

（5）Java 字节码文件的运行

在 Eclipse 的代码编辑窗口中，单击鼠标右键，在弹出的快捷菜单中选择【Run As】→【1 Java Application】，在【Console】选项区中就可以看到程序运行的结果，如图 2-20 所示。需要指出的是，实际运行的程序并不是在代码编辑窗口中编辑的 .java 源程序，而是这个源程序通过编译生成的 class 字节码文件。运行 Java 字节码的过程也可以通过 Eclipe 菜单栏或者工具栏中的【Run】选项进行，此处不再赘述。

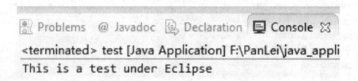

图 2-20　Eclipse 程序运行查看结果

通过上述步骤可以看出，使用 Eclipse 开发 Java 程序，还是非常简单方便的。如果用户希望调整 Eclipse 中的字体，则可以通过【Window】→【Preferences】→【General】→【Appearance】→【Colors and Fonts】→【Basic】→【Text Font】进行设置。如果用户希望选择不同的 JDK 作为编译和解释工具，则可以通过【Window】→【Preferences】→【Java】→【Installed JREs】进行设置。由于 Eclipse 是免安装的，因此如果在使用 Eclipse 时出现无法撤销的错误，则直接删除 Eclipse 并重新解压新的 Eclipse 即可。

## 习题

1. 在 JDK 的配置过程中，JDK 的安装路径由哪一个系统变量进行指定？
2. JDK 安装路径下的 bin 目录，是否一定要在 path 变量中指明？如果不指明，会发生什么情况？bin 目录中的哪两个文件是用于 Java 程序的编译和解释的？
3. 在 JDK 配置过程中，classpath 变量是否一定需要设置？为什么？
4. 如果略过 JDK 的配置过程，直接打开 Eclipse 会出现什么结果？为什么会出现这个结果？如何修复出现的问题？
5. Eclipse 的工作区间具有什么作用？能否自定义工作区间的路径？
6. 以 .java 为扩展名的源程序和以 .class 为扩展名的字节码文件有什么区别和联系？
7. Eclipse 中，用于保存源程序的目录和保存字节码文件的目录分别是哪两个？在 Eclipse 的代码编辑窗口中显示的是源程序还是字节码文件？
8. 简述 Eclipse 与 JDK 之间的关系。

# 第 3 章

# Java 基本程序结构

**主要内容：**

- ◆ Java 应用程序结构。
- ◆ Java 数据类型。
- ◆ Java 常量和变量。
- ◆ Java 运算符。
- ◆ Java 流程结构。
- ◆ Java 键盘输入。
- ◆ Java 数组。
- ◆ foreach 循环。

## 3.1 Java 应用程序结构

下面的 Java 应用程序，其功能是在控制台窗口中输出一条消息。

**JavaSample.java**

```
public class JavaSample {
    public static void main(String[] args) {
        System.out.println("Java 应用程序结构举例");
    }
}
```

这是一个非常简单的程序，class 关键字用于指定类的名字。对于 Java 来说，每一个源程序都至少拥有一个类，或者说，每一个程序的全部内容都必须放在一个或者若干个类中。本例程序拥有一个类，即 JavaSample。

public 关键字属于访问权限修饰符（访问权限将在第 4 章详细介绍），表明 JavaSample 这个类对外开放的程度。

public static void main（String [ ] args）方法是 Java 应用程序的入口方法，也即 Java 应用程序首先开始执行的地方。注意，Java 的源程序不是必须要具有 main 方法的，只有当源程序需要运行的时候，才必须有 main 方法。如果某个类本身并不需要执行，而只是向其他的类提供方法调用，则该类是不需要有 main 方法的。

System.out.println（"Java 应用程序结构举例"）；属于程序的具体内容，也可称为程序体，程序的具体操作均放在程序体中。本例程序的具体内容为向控制台窗口输出消息：Java 应用程序结构举例。

Java 的程序结构,除了类是必须的之外,其他任何项都可以没有。因此,无法给出一个通用的 Java 程序结构模板。下面给出一个大致的结构,大多数的 Java 源程序都是按照下面的结构进行的,这里不给出具体的结构解释,读者在学习完后续的章节后,反过头来再看这个结构,应该就能有所领会。

**Java 基本程序结构**

```
package 包名;
修饰符 类名 继承 父类名 执行 接口名 {
类的变量定义……
类的构造方法定义……
类的方法定义……
}
```

此外,与 C/C++类似,Java 的注释仍然为//、/* */和/** */。其中,//表示单行注释,/* */表示多行注释,/** */表示文档注释。注释作为应用程序的一部分,虽然在执行时不被编译和运行,但是,给程序加上必要的注释是一种良好的编程习惯,在方便他人阅读的同时,也为自己调试和记忆程序奠定了良好的基础。

## 3.2 Java 数据类型

Java 是强类型语言,每个变量、常量都必须属于且只能属于一种数据类型,使用变量和常量之前必须先定义变量或常量的数据类型,从而在编译时可以进行严格的语法检查,降低程序出错的概率。Java 中共有八种基本数据类型,与之对应的是数值;此外还有四种引用数据类型,与之对应的是对象,具体见表3-1。

表 3-1 Java 数据类型

| | | | |
|---|---|---|---|
| 基本数据类型 | 整型 | byte | 字节整型,表示范围最小的整型 |
| | | short | 短整型 |
| | | int | 普通整型 |
| | | long | 长整型,表示范围最大的整型 |
| | 浮点型 | float | 单精度浮点型 |
| | | double | 双精度浮点型 |
| | 字符型 | char | 用于表示一个字符 |
| | 布尔型 | boolean | 用于表示逻辑的真或假 |
| 引用数据类型 | 类 | class | 具体内容参见第 4 章 |
| | 接口 | interface | |
| | 数组 | | 用于表示某种数据类型的有序序列 |
| | 空 | null | 主要用于对某种类对象的初始化 |

### 3.2.1 整型

整型数据类型用于表示整数数值，Java 中共有四种整型，见表 3-2。

表 3-2 Java 整型

| 定义类型 | 存储空间 | 表示范围 |
|---|---|---|
| byte | 占用 1 个字节内存，共 8 位 | $-128(-2^7) \sim 127(2^7-1)$ |
| short | 占用 2 个字节内存，共 16 位 | $-32\,768(-2^{15}) \sim 32\,767(2^{15}-1)$ |
| int | 占用 4 个字节内存，共 32 位 | $-2^{31} \sim 2^{31}-1$ |
| long | 占用 8 个字节内存，共 64 位 | $-2^{63} \sim 2^{63}-1$ |

一般来说，int 是最常用的整型，byte 和 short 一般用于小范围的数据及其运算，long 用于大规模的数据及其运算。在 Java 中，整型的范围是固定的，不会因为操作系统或硬件平台的不同而发生变化，这给程序的跨平台性带来了便利，程序员不再需要根据不同的操作系统或硬件平台来重新设计和定义程序中的整型数据。除此以外，Java 的其他三种基本数据类型（浮点型、字符型和布尔型）的范围也是固定的。

大部分情况下，四种整型可以满足实际需求。但是，当程序中的整型数值超过 long 所能表示的范围时，这四种整型就不能满足程序运行的需要，此时可以使用 BigInteger 类。该类的作用就是专门用于处理大型整型数据运算的，具体内容读者可查询 API 手册，本书不对此内容进行讲述。

对于一个整数数值，Java 默认类型总是 int，因此在 long 型的数值尾部需要加上英文字母 L 或其小写 l，用于确保它不是 int 型而是 long 型。这里建议用 L。在数值表示范围不需要太大的情况下，推荐整型数据均用 int 型表示。

### 3.2.2 浮点型

浮点型数据类型用于表示小数，Java 提供两种浮点型数据：float 和 double，前者称为单精度浮点型，在内存中占用 4 个字节（共 32 位），表示的范围大约是 ±3.40E38，有效位数为 6~7 位；后者称为双精度浮点型，在内存中占用 8 个字节（共 64 位），表示的范围大约是 ±1.80E308，有效位数为 15 位。

需要指出的是，因为 Java 采用二进制的科学计数法表示浮点数，因此浮点型数据的数值及其运算是有误差的。例如，1.00000001 这个数，当将其看作 float 数据输出时，其输出值为 1.0。所以，如果需要无误差的浮点计算，则需要使用 BigDecimal 类，具体内容可查询 API 手册进行学习。

对于一个浮点数值，Java 默认类型总是 double，因此 float 型的数值尾部需要加上英文字母 F 或其小写 f，用于确保它不是 double 型而是 float 型。在内存容量允许的情况下，推荐浮点数据均用 double 型表示。

### 3.2.3 字符型

字符型用于表示一个字符，Java 使用 Unicode 编码方式给字符编码。因为 Unicode 编码支持所有的书面语言字符，所以 Java 同样支持所有的书面语言字符，包括中文字符。字符型数据的表示方法有以下三种：

1) 通过单个字符表示，如'A'、'и'、'3'等。
2) 通过转义字符表示，如'\n'表示换行符、'\b'表示退格符、'\t'表示制表符。
3) 通过 Unicode 编码值表示，如'\u000a'表示换行符、'\u0008'表示退格符、'\u0009'表示制表符。

除非有特殊情况必须使用字符型数据，否则尽量使用 Java 提供的字符串类来解决问题，因为字符串类提供了大量的方法可供直接调用，使用起来非常方便。

### 3.2.4 布尔型

布尔型主要用于逻辑判断，包括两种可能的取值：true 和 false。需要指出的是，与 C/C++ 不同，Java 不能用 0 替代 false，也不能用非 0 值替代 true，原因在于 Java 不支持整型和布尔型之间的数据转换。

## 3.3 Java 常量和变量

### 3.3.1 Java 命名规则

为了表示程序中的常量、变量、类和方法，一般会给它们起一个名字（也可以称为标识）。在 Java 中，起名需要遵守相关的规则，此外还有一些不是规则、但在软件开发中得到大多数人员支持或默认的约定。同时，在 Java 中有一些名字具有特殊的目的和用法，如 int、double、class 等被称为关键字、保留字和直接量。Java 中共有 48 个关键字、两个保留字和 3 个直接量。其中，关键字用于定义或声明，直接量用于赋值，而保留字是尚未使用、但未来可能会使用的名字。不需要去记忆这些关键字、保留字和直接量，在 Eclipse 中，这些不能用来命名的名字，会以特殊的颜色高亮显示。如果程序中使用了和这些特殊的名字同名的名称，则系统也会自动报错并予以提示。

Java 的命名规则包括字母、数字、下画线和符号 $，命名长度不受限制，但不能以数字开头，不能与 Java 关键字和保留字同名，不能包含空格，并且 Java 命名区分大小写。需要指出的是，这里的字母不仅仅是狭义上的英文字母，所有 Unicode 编码支持的书面语言中的字符都可以用于命名。例如，希腊文 α、俄文 и、中文我都可以用于命名。当然，在进行实际开发时，更多还是通过英文字母来进行标识的，很少看见使用其他语言的字母进行标识。

在实际程序开发中，建议尽量使用英文字母、数字、下画线三种符号命名，命名要能够顾名思义。驼峰命名是一个很好的方法，也就是在变量命名中如果包括多个英文单词，则除第一个单词之外，每个单词的首字母大写。在类、方法、常量等的命名中，如果包括多个英文单词，则每个单词的首字母大写。

### 3.3.2 Java 常量

Java 中利用 final 关键字声明常量，格式为 final 数据类型 常量名 [ =常量值 ]；。常量一旦赋值就不能更改，否则程序会报错。一般情况下，常量尽可能用大写字母表示。常量的声明和使用见下例所示：

**ConstantSample.java**

```java
public class ConstantSample {
    public static void main(String[] args) {
        final int X = 5;
        final double Y = 2.3;
        final long Z;
        final float Mark = 3.2F;
        Z = 100L;
        System.out.println("X = " + X);
        System.out.println("Y = " + Y);
        System.out.println("Z = " + Z);
        System.out.println("Mark = " + Mark);
    }
}
```

### 3.3.3 Java 变量

Java 声明变量的格式为 数据类型 变量名 [ = 变量值 ]；。一般用驼峰命名法给变量起名，当变量名只有一个字母时，通常用小写字母表示。可以每行声明一种类型的多个变量，变量之间用逗号隔开，也可每行声明一个变量。从程序易读性的角度出发，建议在程序开发中，每行声明一个变量，这样程序会长一点，但是执行效率不会降低，别人也能够更容易地读懂代码。变量的声明和使用见下例所示：

**VariableSample.java**

```java
public class VariableSample {
    public static void main(String[] args) {
        int x;
        float y = 4.32F;
        long z = 23L;
        double a;
        char YourSex;
        x = 1;
        z = 5;
        a = 12.2;
        YourSex = 'M';
        System.out.println("x = " + x);
        System.out.println("y = " + y);
        System.out.println("z = " + z);
        System.out.println("a = " + a);
```

```
        System.out.println("YourSex = " + YourSex);
    }
}
```

### 3.3.4 Java 基本类型转换

在实际程序开发时，常常需要将某种类型的数据临时转换为另一种类型，这种过程就称为类型转换。本节主要讨论 Java 基本类型之间的转换，更为复杂的引用类型转换（如类对象的转换）将在后续章节的具体实例中讲解。

Java 的八种基本数据类型，除布尔型之外，都可以相互转换。转换的方式有两种：自动转换和强制转换。前者是指 Java 的编译器直接将某种基本类型的数据转换成另外一种基本类型的数据，不需要程序员通过代码硬性指派；后者是指因为实际需要而必须将某种基本类型的数据强行设置成另外一种基本类型的数据，需要程序员在程序中显式地指定。需要特别指出的是，自动转换一般不会带来数据丢失等问题，而强制转换时，因为各种基本类型表示范围的不同，经常会引起数据丢失。

（1）自动转换

自动转换一般发生于将表示范围较小的基本数据类型转换成表示范围较大的基本数据类型。例如，将一个 short 型数据赋给 int 型变量时，这个 short 型数据会自动转换为 int 型。再如将一个 int 型数据赋给 double 型变量时，这个 int 型数据会自动转换为 double 型。Java 支持的自动转换是以基本类型所能表示的数值范围为基础的：

① byte 可以自动转换为 short、int、long、float、double。
② short 可以自动转换为 int、long、float、double。
③ char 可以自动转换为 int、long、float、double。
④ int 可以自动转换为 long、float、double。
⑤ long 可以自动转换为 float、double。
⑥ float 可以自动转换为 double。

注意，char 也可以进行自动转换，因为 Java 的字符是基于 16 位 Unicode 编码的，这种编码采用数值表示字符，可表示的数值范围为 $0 \sim 2^{16} - 1$。

自动转换是不影响变量本身的数值和数据类型的，下面通过一个示例再次解释自动转换的概念。

**AutoConversionSample.java**

```
public class AutoConversionSample {
    public static void main(String[] args) {
        byte a = 1;
        short b = 10;
        int c = 100;
        long d = 1000L;
        char e = '!';
        float f = 15.2F;
```

```
        double g = 40.5;
        // 先将 a 转换为 short 型,然后将加法的结果转换为 int 型并赋给 c
        c = a + b;
        System.out.println("c = " + c);
        // 先将 a 转换为 short 型,然后将 a + b 的结果转换为 int 型,将
        // a + b + c 的结果转换为 long 型并赋给 d
        d = a + b + c;
        System.out.println("d = " + d);
        // 先将 a 转换为 short 型,然后将 a + b 的结果转换为 int 型,将
        // a + b + c 的结果转换为 long 型,将 a + b + c + d 的结果转换为
        // float 型并赋给 f
        f = a + b + c + d;
        System.out.println("f = " + f);
        // 先将 a 转换为 short 型,然后将 a + b 的结果转换为 int 型,将
        // a + b + c 的结果转换为 long 型,将 a + b + c + d 的结果保持为
        // long 型,将 e 转换成 long 型,将 a + b + c + d + e 的结果
        //转换为 float 型,将 a + b + c + d + e + f 的结果转换为 double 型
        //并赋给 g
        g = a + b + c + d + e + f;
        System.out.println("g = " + g);
    }
}
```

(2) 强制转换

在实际开发中,有时需要将某种基本类型的数据临时转换成另外一种基本类型,以方便运算的需要,这种情况下,需要对基本类型的数据进行强制转换。Java 中,强制转换的格式为(强制类型)数据,其中()代表强制转换符。我们可以举一个形象的例子:自动转换就像将一个小箱子中的物品放入另一个大箱子中,无论小箱子中有多少物品,大箱子总能放得下;强制转换就像将一个大箱子中的物品放入另一个小箱子中,如果大箱子中物品的体积超出了小箱子的容积,那么肯定有一部分的物品是塞不进小箱子的,这时小箱子就会发生溢出现象,多出来的物品就会丢失。注意,强制转换并不影响变量本身的数值和数据类型。下面通过一个示例解释一下强制类型转换。

**CastConversionSample.java**

```
public class CastConversionSample {
    public static void main(String[] args) {
        int x = 50000;
        float y = 4.7F;
        double z = 5.55555445453;
        System.out.println("(byte) x = " + (byte)x);
        System.out.println("(short) x = " + (short)x);
        System.out.println("(float) z = " + (float)z);
```

```
        System.out.println("(int) y = " + (int)y);
    }
}
```

代码说明：在这个例子中，将 x 转换为 byte、short，将 y 转换为 int，将 z 转换为 float 后，是会发生数据溢出的。但是，x、y 和 z 本身并没有发生改变。

## 3.4 Java 运算符

运算符是指用于对数据进行各种运算的符号，如算术运算、关系运算、逻辑运算等。下面对 Java 中常用的运算符进行介绍。

### 3.4.1 算术运算符

算术运算符主要用于对数据进行算术运算，共有七种符号，对应于七种算术运算，见表3-3。

表3-3 Java 算术运算符

| 符号表示类型 | 符号表示含义 |
| --- | --- |
| + | 二元操作符，实现加法运算 |
| - | 二元操作符，实现减法运算 |
| * | 二元操作符，实现乘法运算 |
| / | 二元操作符，实现除法运算 |
| % | 二元操作符，实现求余运算 |
| ++ | 一元操作符，实现自增1运算 |
| -- | 一元操作符，实现自减1运算 |

Java 没有提供更为复杂的数学运算符，也不支持对运算符进行重载，如果用户需要对数据进行复杂的数学运算（如求方根、正弦、绝对值等），则需要使用 java.lang.Math 类中的方法。

加、减、乘、除和求余这五种运算符比较简单，这里不再赘述。对于自增和自减运算符，需要强调的是，当这两种运算符位于操作数的左侧或者右侧时，运算的结果是不一样的。如果将 ++（或者 --）放在操作数的左侧，则先将操作数自增1（或者自减1），然后将得到的结果再次投入其他运算；如果将 ++（或者 --）放在操作数的右侧，则先将操作数与其他数据进行运算，然后再将操作数自增1（或者自减1）。具体的算术运算符操作见如下示例：

**AddOperationSample.java**

```
public class AddOperationSample {
    public static void main(String[] args) {
        int x = 5;
        int y = 8;
        int AddResult = 0;
        AddResult = x + y;
```

```
        System.out.println("AddResult = " + AddResult);
    }
}
```

**SubOperationSample.java**

```
public class SubOperationSample {
    public static void main(String[] args) {
        int x = 5;
        int y = 8;
        int SubResult = 0;
        SubResult = x - y;
        System.out.println("SubResult = " + SubResult);
    }
}
```

**MultiplyOperationSample.java**

```
public class MultiplyOperationSample {
    public static void main(String[] args) {
        int x = 5;
        int y = 8;
        int MultiplyResult = 0;
        MultiplyResult = x * y;
        System.out.println("MultiplyResult = " + MultiplyResult);
    }
}
```

**DivideOperationSample.java**

```
public class DivideOperationSample {
    public static void main(String[] args) {
        double x = 5;
        double y = 8;
        double DivideResult = 0;
        DivideResult = x / y;
        System.out.println("DivideResult = " + DivideResult);
    }
}
```

对于该例，如果将 x、y 和 DivideResult 都换成 int 型，结果会如何呢？

**RemainderOperationSample.java**

```
public class RemainderOperationSample {
    public static void main(String[] args) {
        int x = 45;
```

# 第3章 Java 基本程序结构

```
        int y = 22;
        int Remainder_Result = 0;
        Remainder_Result = x % y;
        System.out.println("Remainder_Result = " + Remainder_Result);
    }
}
```

**SelfAddOperationSample.java**

```
public class SelfAddOperationSample {
    public static void main(String[] args) {
        int x = 3;
        int temp = 0;
        temp = x;
        System.out.println(" ++x = " + ( ++x));
        System.out.println(" x = " + x);
        x = temp;
        System.out.println("x ++ = " + (x ++));
        System.out.println(" x = " + x);
    }
}
```

上例是自增运算的例子，自减运算与此类似，读者可参照上例自己编写一程序验证，在此不予赘述。

### 3.4.2 赋值运算符

赋值运算符主要用于对变量、常量等进行赋值，与其他高级语言一样，Java 也采用 = 符号作为赋值运算符。= 的左侧是被赋值的变量或常量，= 的右侧是需要赋给的数据或者表达式。之前的示例已经给出了很多赋值运算符的操作，在此不予赘述。

### 3.4.3 关系运算符

关系运算符用于比较两个变量、常量或者表达式的大小，运算结果为布尔值（true 或者 false）。Java 支持的关系运算符共有七种，具体见表3-4。

表3-4 Java 关系运算符

| 符号表示类型 | 符号含义 | 运算方法和返回结果 |
| --- | --- | --- |
| > | 大于 | 左侧数值大于右侧数值，返回 true，否则返回 false |
| >= | 大于等于 | 左侧数值大于等于右侧数值，返回 true，否则返回 false |
| < | 小于 | 左侧数值小于右侧数值，返回 true，否则返回 false |
| <= | 小于等于 | 左侧数值小于等于右侧数值，返回 true，否则返回 false |
| == | 等于 | 左侧数值等于右侧数值，返回 true，否则返回 false |
| != | 不等于 | 左侧数值不等于右侧数值，返回 true，否则返回 false |
| instanceof | 类实例 | 左侧为右侧类的实例对象，返回 true，否则返回 false |

关系运算符经常用于判断，根据判断的结果，程序执行不同的流程。具体的关系运算符操作可见下例所示：

**CompareOperationSample. java**

```
public class CompareOperationSample {
    public static void main(String[ ] args) {
        double x = 3.4;
        double y = 5.5;
        System.out.println("x > y ?      " + (x > y));
        System.out.println("x > = y ?    " + (x > = y));
        System.out.println("x < y ?      " + (x < y));
        System.out.println("x < = y ?    " + (x < = y));
        System.out.println("x = = y ?    " + (x = = y));
        System.out.println("x ! = y ?    " + (x ! = y));
    }
}
```

### 3.4.4 逻辑运算符

逻辑运算符用于对两个布尔型数据进行逻辑运算，运算的结果也是布尔型数据，即 true 或者 false。Java 支持的逻辑运算符共有五种，具体见表3-5。

表3-5 Java 逻辑运算符

| 符号表示类型 | 符号含义 | 运算方法和返回结果 |
| --- | --- | --- |
| && | 短路与 | 左侧数值和右侧数值均为 true 则返回 true，否则返回 false |
| & | 与 | 左侧数值和右侧数值均为 true 则返回 true，否则返回 false |
| \|\| | 短路或 | 左侧数值或者右侧数值为 true 则返回 true，否则返回 false |
| \| | 或 | 左侧数值或者右侧数值为 true 则返回 true，否则返回 false |
| ! | 非 | 右侧数值为 false 则返回 true，否则返回 false |

从运算结果的角度来讲，&& 和 & 的运算结果是相同的，|| 和 | 的运算结果也是相同的。从运算过程的角度来讲，&& 总是先计算左侧数值；如果左侧数值为 false，则右侧数值根本不参与计算，直接返回 false。& 操作符则是将两侧的逻辑值均算出后再根据求与的操作返回结果。|| 总是先计算左侧的数值，如果左侧数值为 true，则右侧数值根本不参与计算，直接返回 true。| 操作符则是将两侧的逻辑值均算出后再根据求或的操作返回结果。具体的算术运算符操作可见如下示例：

**LogicOperationSample. java**

```
public class LogicOperationSample {
    public static void main(String[ ] args) {
        int x = 5;
        int y = 0;
        if(x < 4 && y + + < 1)
```

```
        ;
    System.out.println("y = " + y);
    y = 0;
    if(x < 4 & y ++ < 1)
        ;
    System.out.println("y = " + y);
    y = 0;
    if(x > 4 || y ++ < 1)
        ;
    System.out.println("y = " + y);
    y = 0;
    if(x > 4 | y ++ < 1)
        ;
    System.out.println("y = " + y);
    if(!(x ! =5))
        System.out.println("x = =5");
    }
}
```

### 3.4.5 条件运算符

条件运算符的具体表达形式如下:

条件?表达式1:表达式2;

当条件取 true 时,运算结果为表达式1的值,否则为表达式2的值。具体可参见如下示例:

**ConditionOperationSample.java**

```
public class ConditionOperationSample {
    public static void main(String[] args) {
        int x = 5;
        int y = 6;
        String YesOrNo = " ";
        YesOrNo = x > y ? "yes" : "no";
        System.out.println(" x > y ? \n" + YesOrNo + "!");
    }
}
```

## 3.5 Java 流程结构

流程结构是指程序中代码块之间的流程执行顺序。一般来说,程序的流程执行结构包括顺序结构、分支结构和循环结构三种。其中，顺序结构的代码执行顺序按照从上到下的流程执行，当中无任何的判断和跳转，因此也不存在控制的问题。分支结构存在判断问题，循环结构存在判断和跳转问题，根据判断或跳转的不同，程序执行的代码块也不同，因此分支结构和循环结构都属于流程控制结构。此外，Java 还提供了 break、continue 和 return 关键字用于控制循环结构。

### 3.5.1 分支结构

Java 提供了两种分支结构控制语句：if 语句和 switch 语句。

（1）if 语句

if 语句使用布尔值或者布尔表达式进行判断，从而实现程序的分支结构控制。常用的 if 语句有以下三种形式。

1）第一种形式如下：

```
if( expression)
{
    statement......
}
```

if 结构流程如图 3-1 所示。

2）第二种形式如下：

```
if( expression)
{
    statement_1......
}
else
{
    statement_2......
}
```

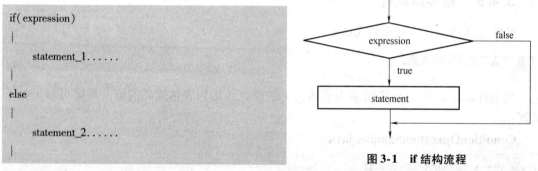

图 3-1 if 结构流程

if...else 结构流程如图 3-2 所示。

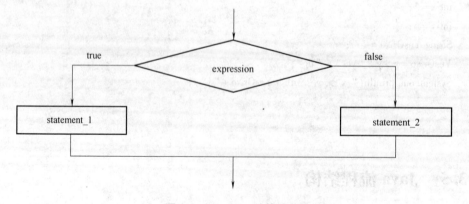

图 3-2 if...else 结构流程

3) 第三种形式如下:

```
if( expression_1 )
{
    statement_1......
}
else if( expression_2 )
{
    statement_2......
}
......
else if( expression_n )
{
    statement_n......
}
else
{
    statement_n + 1......
}
```

if...else if...else 结构流程如图 3-3 所示。

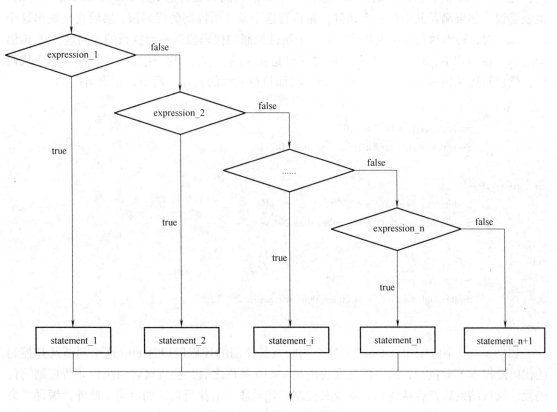

图 3-3　if...else if...else 结构流程

在 if 结构中，if 语句、else if 语句和 else 语句能够控制的范围只有紧跟在这些语句后面的第一条语句。例如，有如下语句：

```
if( a > 10 )
    System. out. println( "a is bigger than 10" );
    System. out. println( "let's go on" );
```

在这些语句中，if 能够控制的范围只有 System. out. println（"a is bigger than 10"）；当 a > 10 成立时，输出 a is bigger than 10；当 a < = 10 时，则不输出。而第二条 System. out. println（"let's go on"）；语句，则不受 if 的影响，总是会执行，也即 let's go on 一定会输出。如果希望 if 语句、else if 语句和 else 语句能够控制多行的代码，则需要用一对花括号{ } 将希望控制的代码括起来形成一个整体。例如，将上例中的代码改为

```
if( a > 10 ) {
    System. out. println( "a is bigger than 10" );
    System. out. println( "let's go on" );
}
```

则两条输出语句都要受到 if 语句的控制，在 a > 10 成立的条件下，这两条语句先后输出；在 a < = 10 时，这两条语句均不输出。在 if 语句的第二种形式中，if 和 else 是互斥的，也就是说，如果满足其中的一个条件，则执行这个条件所控制的代码段，然后直接跳出这个 if...else 对，转而执行后续的程序，另一个条件控制的代码段是不会执行的。同理，在 if 语句的第三种形式中，if 、else if 和 else 之间也是互斥的，程序只会执行满足条件的那个代码段，然后直接跳出 if...else if...else 对，转而执行后续的程序。例如，有语句：

```
if( a < 10 ) {
        System. out. println( "a < 10" );
        System. out. println( "a is smaller than 10" );
}
else if( a < 20 ) {
        System. out. println( "a < 20" );
        System. out. println( "a is smaller than 20" );
}
else {
        System. out. println( "a > = 20" );
        System. out. println( "a is bigger than or equal to 20" );
}
```

如果 a = 5，则 else if（a < 20）这个判断及其控制的代码段以及 else 这个判断及其控制的代码段根本不会执行，编译器在发现满足 a < 10 条件之后，会直接转向执行 if 所控制的代码段，执行结束后，直接跳到 else 及其控制的代码段之后执行后续的语句。此外，编译器会对判断条件进行自动地互斥操作，避免出现条件重叠的现象。例如，上述语句中的 else if (a<20)中,因为 if 语句判断的是 a<10 的情况,因此 else if 当中实际上的条件是 else if (a>=10 && a<20)。

在设计各分支条件时,应做到条件之间避免出现冗余的情况。例如,下列的语句中,else if 语句及其控制的代码段是永远不会执行的,这种分支结构的设计实际上就失去了意义。

```
if( a < 10 ) {
        statement_1......
}
else if( a < 5 ) {
        statement_2......
}
else {
        statement_3......
}
```

下面通过几个程序来加深对 if 结构的理解。

① 现有 a、b 两个 double 型数据,将其中较大的数输出,见 Sort2Num.java。

**Sort2Num.java**

```
public class Sort2Num {
    public static void main( String[ ] args ) {
        double x = 8.3, y = 4.5, t;
        // 将 x 和 y 中较大的数赋给 t
        if ( x > y )
            t = x;
        else
            t = y;
        System.out.println("较大数是" + t);
    }
}
```

② 现有 x、y、z 三个 double 型数据,将 x、y、z 按照顺序排列,见 Sort3Num.java。

**Sort3Num.java**

```
public class Sort3Num {
    public static void main( String[ ] args ) {
        int x = 8, y = 2, z = 5, t;
        // 将 x 和 y 中较小的数放在 x 中
        if ( x > y ) {
            t = x;
            x = y;
            y = t;
        }
```

```
            // 将 x 和 z 中较小的数放在 x 中,这样 x 中就是 xyz 三者中最小的数
            if (x > z) {
                t = x;
                x = z;
                z = t;
            }
            // 将 y 和 z 中较小的数放在 y 中,这样 z 中就是 xyz 三者中最大的数
            if (y > z) {
                t = y;
                y = z;
                z = t;
            }
            System. out. println("排序后的数为 " + x + " " + y + " " + z);
        }
    }
```

③ 将年龄小于4岁的人群定义为婴儿,年龄在4~10岁的人群定义为儿童,年龄在11~17岁的人群定义为少年,年龄在18~35岁的人群定义为青年,年龄在36~59岁的人群定义为中年,年龄超过59岁的人群定义为老年,根据某个年龄判断出属于哪类人群,见AgeClass. java。

**AgeClass. java**

```
public class AgeClass {
    public static void main(String[ ] args) {
        int age = 84;
        if( age < 4)
            System. out. println("婴儿");
        else if( age < =10)
            System. out. println("儿童");
        else if( age < =17)
            System. out. println("少年");
        else if( age < =35)
            System. out. println("青年");
        else if( age < =59)
            System. out. println("中年");
        else
            System. out. println("老年");
    }
}
```

(2) switch 语句

switch 语句由一个表达式和 case 标签构成,具体描述如下:

# 第3章 Java 基本程序结构

```
switch(expression)
{
    case condition_1: {
        statement_1
        break;
    }
    case condition_i: {
        statement_i
        break;
    }
    case condition_n: {
        statement_n
        break;
    }
    default: {
        statement
    }
}
```

其中，expression 是一个表达式，在 JDK 1.7 版本中，这个表达式支持 byte、short、char、int、String 和枚举类型的数据。通过这个表达式能够计算出一个确定的值，然后根据这个值与各 case 语句中的 condition 进行匹配，找到匹配的 case 语句后，执行这个 case 语句所控制的代码段。一般来说，每个 case 的最后总有一个 break 语句，用于跳出 switch 结构，但是这个 break 语句不是必须的。如果希望多个 case 语句之间可以重叠执行，则在这些重叠执行的 case 语句之间不能使用 break 语句。最后的 default 语句是当所有的 case 条件都不满足的时候执行，default 语句的最后不需要加 break。

下面通过几个实例演示 switch 语句的作用。

① 将优、良、中、及格、不及格与相应的分数对应，见 GradeAndMark.java。

**GradeAndMark.java**

```java
public class GradeAndMark {
    public static void main(String[] args) {
        String grade = "优";
        switch (grade) {
        case "优": {
            System.out.println("mark > =90");
            break;
        }
        case "良": {
            System.out.println("90 > mark > =80");
            break;
        }
```

```java
            case "中": {
                System.out.println("80 > mark > = 70");
                break;
            }
            case "及格": {
                System.out.println("70 > mark > = 60");
                break;
            }
            case "不及格": {
                System.out.println("60 > mark > = 0");
                break;
            }
            default: {
                System.out.println("mark error");
            }
        }
    }
}
```

② 判断某年的某月具体有多少天，见 DaysJudge.java。

**DaysJudge.java**

```java
public class DaysJudge {
    public static void main(String[] args) {
        int year = 2012, month = 12, days = 0;
        switch (month) {
        case 1:
        case 3:
        case 5:
        case 7:
        case 8:
        case 10:
        case 12:
            days = 31;
            break;
        case 4:
        case 6:
        case 9:
        case 11:
            days = 30;
            break;
        case 2:
```

```
            if(((year % 4 = =0) && (year % 100 ! =0) || (year % 400) = =0)
                days = 29;
            else
                days = 28;
            break;
        default:
            System.out.println("年月有误,请检查");
        }
        System.out.println(year + "年" + month + "月共有" + days + "天");
    }
}
```

在这个程序中,因为每年的1、3、5、7、8、10、12月的天数均为31天,4、6、9、11月的天数均为30天,所以在相同天数的月份判断中,只需要在最后一个月的case语句加上天数,然后通过break语句跳出即可。例如,当月份为5时,程序会找到匹配的case 5语句,然后顺序往下执行,当执行到case 12语句控制的代码段时,首先使得days为31,然后执行break语句跳出。对于二月份,涉及闰年的判断,因此专门在case 2语句中通过闰年的判断,给days赋29或28的值。这个程序是通过数字的年份及月份来判断天数的,也可以通过字母月份来判断,见DaysJudgeByString.java。

**DaysJudgeByString.java**

```
public class DaysJudgeByString {
    public static void main(String[] args) {
        int year = 2012, days = 0, mon = 0;
        String month = "Feb";
        switch(month) {
        case "Jan": mon = 1; days = 31; break;
        case "Mar": mon = 3; days = 31; break;
        case "May": mon = 5; days = 31; break;
        case "Jul": mon = 7; days = 31; break;
        case "Aug": mon = 8; days = 31; break;
        case "Oct": mon = 10; days = 31; break;
        case "Dec": mon = 12; days = 31; break;
        case "Apr": mon = 4; days = 30; break;
        case "Jun": mon = 6; days = 30; break;
        case "Sep": mon = 9; days = 30; break;
        case "Nov": mon = 11; days = 30; break;
        case "Feb": mon = 2;
            if(((year % 4 = =0) && (year % 100 ! =0) || (year % 400) = =0)
                days = 29;
            else
                days = 28;
```

```
            break;
        default:
            System.out.println("年月有误,请检查");
        }
        System.out.println(year + "年" + mon + "月共有" + days + "天");
    }
}
```

###  3.5.2 循环结构

有时希望程序能够在遵循一定的条件下,循环地执行某一段代码,直至条件不再满足为止。例如,在执行1~100求和的过程中,希望不断地进行加法操作,直至最后一个被加数为100时,这个加法的循环结束。在Java中,提供了while、do while和for三种循环语句,从本质上来看,这三种循环语句的功能是一致的。一般来说,循环语句由以下几部分组成。

◆ 初始状态:也就是循环进行之前的状态,主要是变量数值的设定。
◆ 循环条件:通过一个boolean类型的表达式来描述,用于控制循环的次数。
◆ 循环语句:需要循环执行的代码块。
◆ 迭代语句:用于逼近循环条件的语句,通过迭代语句,使得循环条件在某个时刻不再满足,从而退出循环。

(1) while 语句

while 语句可理解为当……,条件成立时做……,具体的语法如下:

```
while(expression) {
    statement
    iteration
}
```

其中,expression 表示循环条件,是一个逻辑表达式,取值为true和false当中的一个。statement 表示循环语句,iteration 表示迭代语句。下面以1~100累加求和为例对 while 语句进行说明。

**SumWhile.java**

```
public class SumWhile {
    public static void main(String[] args) {
        int sum = 0, i = 1;
        while (i <= 100) {
            sum = sum + i;
            i ++;
        }
        System.out.println("累计和结果为" + sum);
    }
}
```

程序中，int sum = 0, i = 1; 就属于初始状态, i < = 100 属于循环条件, sum = sum + i; 属于循环语句, i + +; 属于迭代语句, 当 i 的值随着 i + + 迭代超过 100 时, 循环条件不再满足, 该循环停止, 转而执行循环的后续代码。

（2）do while 语句

do while 语句可理解为做……当……条件成立时, 具体的语法如下：

```
do {
    statement
    iteration
} while( expression );
```

do while 语句与 while 语句类似, 不同之处在于, while 语句是先判断循环条件, 再执行循环语句和迭代语句, do while 语句是先执行循环语句和迭代语句, 再判断循环条件。例如, 有以下语句：

```
int i = 1;
while( i < 1 ) {
    System. out. println("loop done");
    i + +;
}
```

这时, 由于 i < 1 不成立, 因此 while 循环是不执行的, i 的值仍然为 1。而下面的 do while 语句中, 循环先执行一次, i 的值变为 2, 再判断循环不继续执行。

```
int i = 1;
do {
    System. out. println("loop done");
    i + +;
} while( i < 1 );
```

可以看出, 不论循环条件如何, do while 循环总会先执行一次循环语句和迭代语句。这是与 while 循环有明显区别的地方。下面以 1~100 累加求和为例对 do while 语句进行说明。

**SumDoWhile. java**

```
public class SumDoWhile {
    public static void main( String[ ] args) {
        int sum = 0, i = 1;
        do {
            sum = sum + i;
            i + +;
        } while ( i < = 100 );
        System. out. println("累计和结果为 " + sum);
    }
}
```

可以看出，SumDoWhile.java 和 SumWhile.java 的循环语句、迭代语句和循环条件是一致的，唯一的不同在于 SumDoWhile.java 是先做循环语句和迭代语句，再判断循环条件，而 SumWhile.java 是先判断循环条件，再做循环语句和迭代语句。

（3）for 语句

for 语句是最常用的循环语句，与 while、do while 不同的是，for 语句将初始状态、循环条件和迭代语句放在一起，通过一对括号进行描述，而循环语句则是单独编写的。for 语句的具体语法如下：

```
for(initial;expression;iteration) {
    statement
}
```

for 语句首先执行且只执行一次初始状态语句，在接下来的循环过程中，初始状态语句不再执行。然后，判断循环条件，这是一个逻辑表达式，如果返回为 true，则执行循环语句，循环语句执行后，再执行迭代语句。下面以 1～100 累加求和为例对 for 语句进行说明。

**SumFor.java**

```
public class SumFor {
    public static void main(String[ ] args) {
        int sum = 0, i;
        for (i = 1; i <= 100; i++)
            sum = sum + i;
        System.out.println("累计和结果为" + sum);
    }
}
```

在上面的 for 语句中，i=1 首先被执行，后续不再执行这条语句，然后判断 i<=100 的条件是否成立，成立则执行下面的 sum = sum + i 的操作；令 i++，再与 i<=100 的条件匹配，满足条件则继续执行 sum = sum + i 的操作，再令 i++，以此类推，循环得以不断进行。当循环条件取值为 false（也即不满足循环条件）时，for 语句及其控制的代码段停止，转到后续程序继续执行。在 for 循环中，迭代语句执行的次数与循环语句执行的次数是一致的。

下面通过几个简单的例子再巩固一下循环的知识。

① 求整数 n 的阶乘 n！（见 Factorial.java）。

**Factorial.java**

```
public class Factorial {
    public static void main(String[ ] args) {
        int n = 5;
        int result = 1;
        for(int i = 1; i <= n; i++) {
            result = result * i;
        }
```

```
        System.out.println(n + "的阶乘是:" + result);
    }
}
```

② 求斐波那契数列第 n 个数的值 (见 Fibonacci.java)。

**Fibonacci.java**

```
public class Fibonacci {
    public static void main(String[] args) {
        int n = 8;
        int f_before_1 = 1;
        int f_before_2 = 1;
        int f_i = 0;
        if(n < 1)
            System.out.println("值必须大于等于1");
        else if(n = = 1 || n = = 2)
            System.out.println("No. " + n + " = " + 1);
        else {
            for(int i = 3; i < = n; i ++) {
                f_i = f_before_1 + f_before_2;
                f_before_2 = f_before_1;
                f_before_1 = f_i;
            }
            System.out.println("No. " + n + " = " + f_i);
        }
    }
}
```

③ 求 100~999 的所有水仙花数 (见 DaffodilNmuber.java)。

**DaffodilNmuber.java**

```
public class DaffodilNmuber {
    public static void main(String[] args) {
        int x,y,z;
        for(int i = 100; i < = 999; i ++) {
            x = i/100;
            y = (i%100)/10;
            z = i%10;
            if(i = = x * x * x + y * y * y + z * z * z)
                System.out.println(i + "是水仙花数");
        }
    }
}
```

④ 求1000以内所有的完数（见PerfectNumber.java）。

**PerfectNumber.java**

```java
public class PerfectNumber {
    public static void main(String[] args) {
        int sum;
        for(int i=1; i<=1000; i++) {
            sum=0;
            for (int j=1; j<=i/2; j++) {
                if(i%j==0)
                    sum=sum+j;
            }
            if(sum==i)
                System.out.println(i+"是完数");
        }
    }
}
```

⑤ 用迭代法求根号x，$r_{i+1} = \frac{1}{2}\left(r_i + \frac{x}{r_i}\right)$，见SqrtX.java。

**SqrtX.java**

```java
public class SqrtX {
    public static void main(String[] args) {
        double x=6;
        double r1=0;
        double r2=0;
        if(x<0)
            System.out.println("数值必须大于等于0");
        else {
            r1=x/2;
            r2=(r1+x/r1)/2;
            while(Math.abs(r1-r2)>=1e-5) {
                r1=r2;
                r2=(r1+x/r1)/2;
            }
            System.out.println(x+"的平方根是"+r2);
        }
    }
}
```

### 3.5.3 循环结构控制

在3.5.2节中介绍的while、do while和for语句用来进行循环操作，循环条件的取值为

# 第3章 Java 基本程序结构

false 时停止循环。有时希望在某种条件下能够强制退出循环,而不需要等到循环条件取值为 false 时再停止循环,这种强行中断循环的语句称为循环控制语句。在 Java 中,提供了 break、continue 和 return 三种循环控制语句。

(1) break

break 语句用于跳出当前循环。也就是说,如果程序执行到 break 语句,则完全跳出离 break 语句最近的那个循环,即使循环中的剩余语句尚未执行完毕。下面通过程序 BreakTest.java 进行示例。

**BreakTest.java**

```java
public class BreakTest {
    public static void main(String[] args) {
        int num, i, j, k = 0;
        System.out.println("100-200 间所有素数");
        for (i = 100; i <= 200; i++) {
            boolean flag = true;
            num = i;
            for (j = 2; j <= Math.sqrt(num); j++)
                if (num % j == 0) {
                    flag = false;
                    break;
                }
            if (flag == true) {
                System.out.print(num + " ");
                k++;
                if (k % 10 == 0)
                    System.out.println();
            }
        }
    }
}
```

在这个程序中,首先从 100~200 的数中每次取出一个数赋值给 num,并假定 num 是素数,也即设 flag 为 true,然后通过从 2~num 的平方根,查找是否有 num 的因子,如果能够找到这个因子,则给 flag 标记为 false,表示 num 不是素数;否则 num 为素数,输出 num,每输出十个素数,则换行一次。程序中的 break 语句,可以中断的 for 循环如粗体部分所示,而下画线部分的 for 循环,则不受 break 的影响。

此外,break 语句还可以通过标签指明需要跳出的循环位置,此时在标签内的所有循环都会受到 break 语句的影响。下面通过 LabelBreakTest.java 程序进行演示。

**LabelBreakTest.java**

```java
public class LabelBreakTest {
    public static void main(String[] args) {
```

```java
        int i = 0;
        int j = 0;
        int k = 0;
        int t = 0;
        for (i = 0; i <= 3; i++) {
            outer:for (j = 0; j <= 3; j++) {
                for (k = 0; k <= 3; k++) {
                    if (k >= 2)
                        break outer;
                    System.out.println("i = " + i + " j = " +
                        j + " k = " + k);
                    t++;
                }
            }
        }
        System.out.println("t = " + t);
    }
}
```

在程序中，使用了一个名为 outer 的标签，后面跟上冒号，用于指明 break 需要跳出的循环的位置，这时在 break 后需要写明标签名 outer。程序中共有三层循环，控制变量分别为 i、j、k。t 变量用于记录循环的次数。在变量 k 的循环中，如果 k>=2 成立，则循环结束，由于 break 语句采用了标签控制，因此这时受到影响的循环包括 k 和 j 两个循环。可以看出，k 每次只能输出 0 和 1 的值，而 j 每次只能输出 0 的值，但变量 i 的循环不受 break 的影响，因此可以输出从 0~3 的值。循环的总次数则等于 4×1×2=8 次。本例最后的输出结果如下：

```
i = 0 j = 0 k = 0
i = 0 j = 0 k = 1
i = 1 j = 0 k = 0
i = 1 j = 0 k = 1
i = 2 j = 0 k = 0
i = 2 j = 0 k = 1
i = 3 j = 0 k = 0
i = 3 j = 0 k = 1
t = 8
```

（2） continue

与 break 语句不同，continue 语句只是用于停止当前的循环，接下来执行下一次的循环。因此，可以将 break 语句理解为跳出整个循环的操作，而将 continue 理解为停止本次循环、直接进行下一次循环的操作。下面通过 ContinueTest.java 程序进行示例。

# 第3章 Java 基本程序结构

**ContinueTest. java**

```java
public class ContinueTest {
    public static void main(String[] args) {
        int k = 0;
        for(int i = 1; i <= 100; i++)
        {
            if(i%2 != 0)
                continue;
            System.out.print(i + " ");
            k++;
            if(k%10 == 0)
                System.out.println();
        }
    }
}
```

在这个程序中，从数字 1~100，当第 i 个数为奇数时，执行 continue 语句，这时循环内部剩余的所有代码均停止执行，通过迭代语句 i++ 后，循环重新开始执行。因此，本例最后的输出是 1~100 中所有的偶数。

与 break 类似，continue 也可以通过标签来指明需要控制的循环位置，此时在标签内的所有循环都会受到 continue 语句的影响。下面通过 LabelContinueTest. java 程序进行演示。

**LabelContinueTest. java**

```java
public class LabelContinueTest {
    public static void main(String[] args) {
        int i = 0;
        int j = 0;
        int k = 0;
        int t = 0;
        for (i = 0; i <= 3; i++) {
            outer:for (j = 0; j <= 3; j++) {
                for (k = 0; k <= 3; k++) {
                    if (k >= 2)
                        continue outer;
                    System.out.println("i = " + i + " j = " +
                        j + " k = " + k);
                    t++;
                }
            }
        }
        System.out.println("t = " + t);
    }
}
```

# Java 程序设计教程

这个程序中，将 LabelBreakTest.java 程序中的 break 语句换成了 continue。可以看出，变量 k 的输出仍然只能为 0 和 1，变量 i 的输出可以为 0~3，变量 j 的输出也可以为 0~3，因此循环执行的总次数为 4×4×2 = 32 次。本例的输出如下：

```
i=0 j=0 k=0
i=0 j=0 k=1
i=0 j=1 k=0
i=0 j=1 k=1
i=0 j=2 k=0
i=0 j=2 k=1
i=0 j=3 k=0
i=0 j=3 k=1
i=1 j=0 k=0
i=1 j=0 k=1
i=1 j=1 k=0
i=1 j=1 k=1
i=1 j=2 k=0
i=1 j=2 k=1
i=1 j=3 k=0
i=1 j=3 k=1
i=2 j=0 k=0
i=2 j=0 k=1
i=2 j=1 k=0
i=2 j=1 k=1
i=2 j=2 k=0
i=2 j=2 k=1
i=2 j=3 k=0
i=2 j=3 k=1
i=3 j=0 k=0
i=3 j=0 k=1
i=3 j=1 k=0
i=3 j=1 k=1
i=3 j=2 k=0
i=3 j=2 k=1
i=3 j=3 k=0
i=3 j=3 k=1
t=32
```

如果将 outer 标记移动到变量 i 的循环之前，也即将程序改为如下所示：

```java
public class LabelContinueTest {
    public static void main(String[] args) {
        int i = 0;
```

# 第3章 Java基本程序结构

```
            int j = 0;
            int k = 0;
            int t = 0;
outer:for (i = 0; i < = 3; i + +) {
        for (j = 0; j < = 3; j + +) {
            for (k = 0; k < = 3; k + +) {
                if (k > = 2)
                    continue outer;
                System. out. println("i = " + i + " j = " +
                    j + " k = " + k);
                t + +;
            }
        }
    }
    System. out. println("t = " + t);
}
```

这时，变量 j 的取值只可能为 0，因为每次 k > =2 时循环中断，变量 j 的 for 语句重新执行一次，j=0 的初始化工作也重新执行一遍。所以，这个程序的循环总次数为 4×1×2 = 8 次，执行的结果与 LabelBreakTest. java 一致。修改后的程序输出如下：

```
i = 0 j = 0 k = 0
i = 0 j = 0 k = 1
i = 1 j = 0 k = 0
i = 1 j = 0 k = 1
i = 2 j = 0 k = 0
i = 2 j = 0 k = 1
i = 3 j = 0 k = 0
i = 3 j = 0 k = 1
t = 8
```

（3）return

与 break、continue 用于控制循环不同，return 语句执行的是直接退出所在方法的操作。例如，在某方法 A 中，程序执行到 return 语句后，A 方法被结束，即使在 return 语句后还有其他代码没有执行。下面通过 ReturnTest. java 程序进行示例。

**ReturnTest. java**

```
public class ReturnTest {
    public static void main(String[ ] args) {
        int i = 0;
        int j = 0;
        int k = 0;
```

```
            int t = 0;
            for (i = 0; i < = 3; i + + ) {
                for (j = 0; j < = 3; j + + ) {
                    for (k = 0; k < = 3; k + + ) {
                        if (k > = 2) {
                            System. out. println("t = " + t);
                            return;
                        }
                        System. out. println("i = " + i + " j = " + j +
                            " k = " + k);
                        t + + ;
                    }
                }
            }
        }
```

在该程序中，当 k > =2 的条件成立时，执行 return 语句，main 方法退出，也即程序停止运行。可以看出，i 和 j 的取值只能为 0，k 可以取 0 和 1 的值。因此，循环的总次数为 1×1×2 =2 次。程序的输出如下：

```
i = 0 j = 0 k = 0
i = 0 j = 0 k = 1
t = 2
```

return 语句更多地用于为方法返回某个值，在第 4 章中会有更详细的说明。

## 3.6　Java 键盘输入

在前文涉及的代码中，对于变量的赋值都是通过在程序中直接指定的，这种方式比较简单，但失去了程序的动态性和适用性。实际上，很多时候用户需要通过键盘输入数据为变量赋值，这时可以通过 BufferedReader 和 Scanner 类来进行处理，前者出现在早期的 JDK 1.5 版本之前，后者从 JDK 1.5 版本开始出现。

### 3.6.1　通过 BufferedReader 类获取键盘输入数据

使用 BufferedReader 类的实例对象获取键盘输入的标准格式如下：

```
BufferedReader br = new BufferedReader( new InputStreamReader( System. in) );
```

其中，br 是 BufferedReader 类的实例对象，获取键盘输入数据的操作将由这个对象完成。标准系统输入 System. in 属于字节流，而 BufferedReader 属于字符流，因此通过转换流 InputStreamReader 对 System. in 进行转换。通过调用 br 的 readLine 方法，可以逐行地读取键盘的输入，当用户按一次<Enter>时，readLine方法结束，并将按<Enter>键前的数据返回给用户。下面通过BRInput.java程序进行示例。

**BRInput.java**

```java
import java.io.BufferedReader;
import java.io.IOException;
import java.io.InputStreamReader;
public class BRInput {
    public static void main(String[] args) throws IOException {
        BufferedReader br = new BufferedReader(new InputStreamReader(System.in));
        String line = null;
        System.out.println("请输入数据:");
        line = br.readLine();
        System.out.println("输入的数据是:\n" + line);
    }
}
```

这个程序中，执行到"请输入数据"的输出语句后，readLine方法会阻塞程序，等待用户在键盘上输入数据，当用户输入数据并按<Enter>键后，程序继续向下执行。需要说明的是，readLine方法返回的是一个字符串，因此如果用户需要得到数值类型的数据，则需要通过符合数值类型的转换方法进行转换，如程序BRInputNumber.java所示。

**BRInputNumber.java**

```java
import java.io.BufferedReader;
import java.io.IOException;
import java.io.InputStreamReader;
public class BRInputNumber {
    public static void main(String[] args) throws IOException {
        BufferedReader br = new BufferedReader(new InputStreamReader(System.in));
        String line = null;
        double x;
        System.out.println("请输入数据:");
        line = br.readLine();
        try {
            x = Double.parseDouble(line);
            System.out.println("输入的数据是:\n" + x);
        }
        catch(NumberFormatException e) {
            System.out.println("输入的不是数字");
        }
    }
}
```

在该程序中，通过readLine方法将键盘输入的数据赋值给line变量，然后通过Double. parseDouble 方法将 line 转换为对应的 double 数据类型并赋值给 x。由于用户的输入可能不是数字类型的字符串，因此在转换时可能会发生异常，这时需要通过异常处理加以解决。在 Java 中，异常的处理是通过 try catch 结构和 Exception 类及其子类共同完成的，具体的内容在第 4 章中会进行说明。

###  3.6.2 通过 Scanner 类获取键盘输入数据

在 JDK 1.5 版本以后，Java 提供了 Scanner 类用于接收用户在键盘的输入。Scanner 类的使用比上一节介绍的 BufferedReader 更简单，功能也更为强大。一般来说，使用该类的 hasNext 方法判断是否包含下一个字符串，使用 hasNextXxx 方法判断是否包含下一个基本数据类型，其中 Xxx 表示某个基本数据类型。如果需要获取键盘输入的数据，则可以通过 next 方法得到字符串数据，也可以通过 nextXxx 方法得到某种基本数据类型的数据。下面通过 ScannerTest.java 程序进行示例。

**ScannerTest.java**

```
import java.util.Scanner;
public class ScannerTest {
    public static void main(String[] args) {
        Scanner sc = new Scanner(System.in);
        System.out.println("请输入姓名、年龄、数学成绩、英语成绩和历史成绩:");
        String name = sc.next();
        int age = sc.nextInt();
        double math = sc.nextDouble();
        double english = sc.nextDouble();
        double history = sc.nextDouble();
        sc.close();
        System.out.println("姓名:" + name);
        System.out.println("年龄:" + age);
        System.out.println("数学:" + math);
        System.out.println("英语:" + english);
        System.out.println("历史:" + history);
    }
}
```

在 Scanner 中，默认通过按 <Enter> 键、空格、Tab 方式作为输入项之间的分隔符，当输入项的个数超过接收项时，超出接收项的部分会被自动放弃。如果通过按 <Enter> 键的方式完成输入项的录入，则不会产生多余的输入项；如果使用空格或者 Tab 的方式完成输入项的录入，则有可能产生多余的输入项。例如，在 ScannerTest.java 程序中，当系统提示"请输入姓名、年龄、数学成绩、英语成绩和历史成绩:"时，如果用户每输入其中一项就按 <Enter> 键，则在最后历史成绩输入完毕后，所有的输入项均分别对应地赋给不同的变量，如下面的运行结果所示。

请输入姓名、年龄、数学成绩、英语成绩和历史成绩:
tom
16
90
78
90
姓名:tom
年龄:16
数学:90.0
英语:78.0
历史:90.0

如果用户每输入一项后，通过空格来分隔每个输入项，最后再通过按<Enter>键结束输入，则有可能出现多余的输入项，如下面的运行结果所示。

请输入姓名、年龄、数学成绩、英语成绩和历史成绩:
tom 16 90 78 90 100 150 85
姓名:tom
年龄:16
数学:90.0
英语:78.0
历史:90.0

可以看出，系统将100、150、85这三个输入项自动放弃，而只将前五项的值分别赋给不同的变量。这是因为程序中只定义了五个变量从键盘接收数据，接收是按照键盘输入的先后顺序进行的。如果使用空格作为输入项的分隔符，则系统不会检查是否存在多余的输入项。因此，在编写程序时，这个地方需要特别注意。

## 3.7 Java 数组

任何一门高级程序设计语言都有数组这个数据类型，Java 也不例外。所谓数组，就是用于存放一组数据的有序集合，这组数据必须是同一数据类型。这个集合有固定的大小，也即数组的容量一旦指定以后就是固定不变的，无法更改。集合中的每一个数据称为一个元素，可以通过元素的下标（也称索引）来访问。

Java 中的数组既可以存放基本数据类型的数据，也可以存放引用数据类型的数据。例如，对于 int 类型的数组 A，则表示 A 数组中存放的都是 int 类型的数据，int 类型属于基本数据类型；对于 Student 类型的数组 S，则表示 S 数组中存放的都是 Student 类型的数据，Student 是一个自定义的类。

### 3.7.1 数组的定义

Java 中可以通过两种形式来定义数组，如下所示：

```
type [ ] arrayName;
type arrayName [ ];
```

其中，type 表示数组中存放的元素数据类型，也称数组类型，arrayName 表示数组名称。[ ] 符号表示定义的是数组（实际上，如果没有 [ ] 符号，则以上定义就是变量的定义）。第一种定义方式在实际开发中使用的较多，第二种定义方法功能上与第一种没有任何区别，只是现在用的越来越少了。

数组在定义的阶段是不指定容量（也即长度）也不分配内存地址的，刚定义的数组，只是在程序中进行了一个声明的过程，不经过初始化的操作是无法使用的。例如，有如下语句：

```
int [ ] A;
double [ ] B;
```

则 A 数组和 B 数组此时均无法使用，也没有容量，内存中也不分配地址。

### 3.7.2 数组的初始化

完成数组的定义后，如果需要使用数组，则必须进行初始化。所谓初始化，就是为数组分配内存地址、设定数组容量、创建数组元素初始值。初始化的工作可以分为静态初始化和动态初始化两种形式。

（1）静态初始化

静态初始化是指通过指定数组元素的初始值来完成数组初始化的过程，具体的语法如下：

```
arrayName = new type [ ] {e₁,e₂,...,eₙ};
```

经过静态初始化后，数组的容量就通过元素的个数 n 指定，元素也被赋予了初始值 $e_i$。例如，通过下列的语句，数组 A 和 B 就完成了初始化的操作，A 数组的容量被设定为 5，B 数组的容量被设定为 7。

```
A = new int[ ] {4,8,20,11,5};
B = new double[ ] {3.3,1.5,-2,7,8.7,1.2,0.3};
```

此外，可以将数组定义和静态初始化的过程结合起来，这种方式更为简洁和直观，语法如下：

```
type [ ] arrayName = {e₁,e₂,...,eₙ};
```

这种方式在定义数组的同时，也为数组分配了内存地址、设定了容量和初始元素，在实际开发过程中使用的更为广泛。例如，定义并初始化一个 double 类型、容量为 5、初始数据为 0.1、5.2、3.7、4.6、9.9 的数组 X，可以写为

```
double [ ] X = {0.1,5.2,3.7,4.6,9.9};
```

（2）动态初始化

动态初始化是指通过指定数组的容量大小来完成数组初始化的过程，具体的语法如下：

arrayName = new type [length];

其中，length 是指数组的容量，也即长度，表明数组中能够容纳元素的个数。通过动态初始化后，数组的内存地址得到分配、容量大小得到确定，数组中的各元素的初始值则由系统根据数据类型进行自动分配，如果元素的数据类型属于整型或浮点型的，则初始值一律设为 0；如果元素的数据类型属于字符型的，则初始值一律设为 \ u0000；如果元素的数据类型属于布尔型的，则初始值一律设为 false；如果元素的数据类型属于引用类型的，则初始值一律设为 null。例如有下列语句：

char [ ] c;
c = new char [5];

则 c 数组的容量为 5，默认的所有元素的初始值均为 \ u0000。

与静态初始化类似，动态初始化也可以和数组定义结合起来，语法如下：

type [ ] arrayName = new type [length];

例如，定义并初始化一个容量为 10 的 double 型数组 X，可以写为

double [ ] X = new double [10];

此时，X 数组中的 10 个元素初始值均为 0。

### 3.7.3 数组的使用

经过定义和初始化后的数组，就可以在程序中使用了。数组中的元素，可以通过其在数组中的位置（也即下标或索引）来访问。需要注意的是，和 C/C++一样，Java 中的数组下标也是从 0 开始的，即数组中的第一个元素的下标为 0，第 i 个元素的下标为 i-1。如果数组的容量为 n，则该数组中最后一个元素的下标为 n-1。例如长度为 5 的数组 A 中，元素分别为 A [0]、A [1]、A [2]、A [3]、A [4]。如果在程序中访问了 A [5]，则系统会给出数组下标越界（ArrayIndexOutOfBoundsException）的错误。下面通过 UseArray. java 程序来进行示例。

**UseArray. java**

```
public class UseArray {
    public static void main(String[ ] args) {
        double [ ] x = new double [5];
        String [ ] name = new String [5];
        int i;
        for(i = 0; i < 5; i++) {
            x[i] = i + 1;
            name[i] = "No. " + (i + 1);
```

```
        }
        for( i = 0; i < x. length; i ++ )
            System. out. println( "x[" + i + "] = " + x[i] );
        for( i = 0; i < name. length; i ++ )
            System. out. println( "name[" + i + "] = " + name[i] );
    }
}
```

程序中，x 和 name 数组的长度均为 5，分别属于 double 和 String 类型。x 中的每个元素的值等于其下标值 +1，name 中每个元素的值等于字符串" No. " + （下标值 +1）。注意，这里跟在" No. "后面的第一个加号并不是做加法，而是做连接符使用。程序中粗体显示的 length 是数组固有的一个属性，表示数组的容量，任何一个可以使用的数组都具有这个属性，因此在编写代码时，不需要过多地关心数组的容量，在需要的时候，直接通过数组名 . length 的方式就可以得到数组的容量了。程序的输出如下：

```
x[0] = 1.0
x[1] = 2.0
x[2] = 3.0
x[3] = 4.0
x[4] = 5.0
name[0] = No. 1
name[1] = No. 2
name[2] = No. 3
name[3] = No. 4
name[4] = No. 5
```

数组的使用是双向的，也就是说，程序通过数组元素的下标访问每一个元素，既可以得到元素的值，也可以修改元素的值。但是，无论如何，修改数组容量的操作是不被允许的，Java 也不提供这种方法。实际上，Java 针对容量可变的问题，有专门的 Collection 集合类可以进行操作，集合类似于数组，但又与数组有许多区别，详细的内容在第 4 章中进行讲解。

在 Java 的 Arrays 类和 System 类中，提供了一些常用的数组方法，可以直接用于数组操作。下面通过 ArraysUtil. java 程序进行部分方法的示例。

**ArraysUtil. java**

```java
import java. util. Scanner;
import java. util. Arrays;

public class ArraysUtil {
    public static void main( String[ ] args ) {
        double [ ] X = new double [5];
        System. out. println( "please input the numbers:" );
        Scanner sc = new Scanner( System. in );
        for( int i = 0; i < X. length; i ++ )
```

```java
            X[i] = sc.nextDouble();
        sc.close();
        // sort 方法可将数组按顺序排序
        Arrays.sort(X);
        // toString 方法将数组转为字符串格式,其中[]标记分别加在数组的首部和末尾
        System.out.println("排序后数组 X:" + Arrays.toString(X));
        // copyOfRange 方法将数组中下标从 from 到 to-1 的元素复制到另一个数组
        double[] Y = Arrays.copyOfRange(X, 2, 4);
        System.out.println("复制的数组 Y:" + Arrays.toString(Y));
        // copyOf 方法将数组复制成一个长度为 newLength 的数组,如长度变小则采取
        // 截断的方式,如长度变长则采取补 0 的方式
        double[] Z = Arrays.copyOf(X, 10);
        System.out.println("复制的数组 Z:" + Arrays.toString(Z));
        double[] W = new double[10];
        // arraycopy 方法从数组下标 src 位置开始的 length 个元素复制到另一个
        // 数组中,复制的元素从 dest 位置开始排放
        System.arraycopy(X, 1, W, 2, 4);
        System.out.println("复制的数组 W:" + Arrays.toString(W));
        // binarySearch 方法返回某个元素在数组中的位置,要求数组首先排序完毕
        int pos = Arrays.binarySearch(X, 5);
        if(pos > 0)
            System.out.println("5 出现在 X 的第" + pos + "个位置");
        // equals 方法判断两个数组是否相等,如果数组长度和对应位置的元素都相同,则
        // 认为两个数组是相等的
        if(Arrays.equals(Y, W))
            System.out.println("Y 数组和 W 数组相等");
        else
            System.out.println("Y 数组和 W 数组不相等");
    }
}
```

读者可以根据程序执行的结果来验证 Arrays 类和 System 类中各方法的作用,程序执行的结果如下:

```
please input the numbers:
3 2 5 7 1
排序后数组 X:[1.0, 2.0, 3.0, 5.0, 7.0]
复制的数组 Y:[3.0, 5.0]
复制的数组 Z:[1.0, 2.0, 3.0, 5.0, 7.0, 0.0, 0.0, 0.0, 0.0, 0.0]
复制的数组 W:[0.0, 0.0, 2.0, 3.0, 5.0, 7.0, 0.0, 0.0, 0.0, 0.0]
5 出现在 X 的第 3 个位置
Y 数组和 W 数组不相等
```

### 3.7.4 多维数组

之前介绍的数组属于一维数组,可以看成是一行或者一列上的数据集。在实际使用时,多维数组也是经常用到的概念。多维数组其实是一维数组的扩展形式。例如,二维数组可以看成是一个 M 行 N 列的矩阵,共有 MN 个元素。可以将二维数组的每一行看成是一个数据,将这些数据作为一个一维数组的元素,这样就构成了二维数组。同理,三维数组也可以看成是一个一维的数组,只不过这个数组中的每一个元素都是一个二维数组,更高维的数组可以依此类推。

## 3.8 foreach 循环

在 3.5.2 节的循环结构中,介绍了 while、do while 和 for 循环三种模式。对于遍历数组中的每个元素的操作,通过以上三种循环模式都可以进行。例如,使用 for 循环遍历并输出 A 数组中的所有元素,程序可以写为

```
for( int i = 0; i < A. length; i ++ )
    System. out. println( "A[ " + i + " ] = " + A[ i ]);
```

从 JDK 1.5 版本开始,针对遍历数组和集合的操作,Java 提供了一种更为方便和简洁的循环模式:foreach 循环。与传统的 for 循环遍历数组元素不同的是,foreach 循环遍历数组元素时,不需要得到数组的容量,不需要得到数组的元素,也不需要进行元素下标自增的操作。foreach 循环的语法格式如下:

```
for( type variableName: arrayName | collectionName) {
    // 在第 i 次循环中, variableName 会读取 arrayname 数组或 collectionName 集合中的第 i 个元素
    // 操作这个元素的代码
```

其中,type 代表名为 variableName 变量的数据类型,同时也是名为 arrayName 的数组或者名为 collectionName 的集合中每个元素的数据类型。也就是说,variableName 变量的数据类型必须与其遍历的数组或者集合中的元素保持一致,否则 foreach 循环不能执行。下面通过 ForEachTest.java 程序进行示例。

**ForEachTes. java**

```
import java. util. Random;
public class ForEachTest {
    public static void main( String[ ] args) {
        int [ ] number = new int [ 5 ];
        int Max = 50;
        int Min = 20;
        Random rand = new Random( );
        for( int i = 0; i < number. length; i ++ )
            number[ i ] = rand. nextInt( Max - Min + 1) + Min;
        System. out. println( "用 for 循环输出 number 的各元素:");
```

## 第3章 Java 基本程序结构

```
        for( int i = 0;i < number. length;i ++ )
            System. out. print( number[ i ] + " " );
    System. out. println( "\n - - - - - - - - - - - - - - - - - -");

    System. out. println( "用 foreach 循环输出 number 的各元素:" );
    for( int i:number)
        System. out. print( i + " " );
    System. out. println( );
    }
}
```

在该程序中,使用了 Random 类来产生一个随机数,通过变换,这个随机数的区间在 Min 和 Max 之间,number 数组中存放生成的五个随机数。首先通过传统的 for 循环输出 number 数组中的每个元素,程序的粗体部分采用 foreach 循环输出 number 数组中的每个元素。整型变量 i 可以看作是指向 number 数组的一个指针,每次按照下标顺序从 number 数组中依次读出元素,并将这个元素的值存储在 i 中。可以看出,foreach 循环相比传统的 for 循环,在遍历数组时显得更为方便和简洁。

需要特别指出的是,foreach 循环并不是一种循环结构,而只是 for 循环在遍历数组或者集合元素时的一种简洁写法。指向数组或集合中每个元素的指针变量(如上例中的 i),只能按照下标的顺序依序从数组或集合中读取并暂存元素的值,并不能修改其指向的元素。可以简单地将这种模式理解为从数组或集合中进行元素读取的操作,对于元素的修改操作,使用 foreach 循环中的指针变量是无法完成的。

在学习完键盘输入、数组和 foreach 循环的知识后,下面通过几个程序来加深对所学内容的理解。

1)交换排序(见 exchangeSort. java)。

**exchangeSort. java**

```
import java. util. Scanner;
public class exchangeSort {
    public static void main( String[ ] args) {
        int i,j;
        int[ ] A = new int[ 5 ];
        System. out. println( "please input the numbers:" );
        Scanner sc = new Scanner( System. in );
        // 从键盘输入数据,为 A 数组赋值
        for ( i = 0;i < A. length;i ++ ) {
            System. out. println( "A[ " + i + " ] = " );
            A[ i ] = sc. nextInt( );
        }
        sc. close( );
        // 采用交换排序法对 A 数组排序
```

```
        for ( i = 0;i < A. length − 1;i ++ ) {
            for ( j = i + 1;j < A. length;j ++ )
                if ( A[ i ] > A[ j ] ) {
                    int t = A[ i ];
                    A[ i ] = A[ j ];
                    A[ j ] = t;
                }
        }
        System. out. println( "The sorted numbers:" );
        // 通过 foreach 循环输出排序后的数组
        for ( int k:A )
            System. out. print( k + " " );
    }
}
```

2) 找出一个一维数组中的所有素数（见 findPrime. java）。

**findPrime. java**

```
import java. util. Scanner;
public class findPrime {
    public static void main( String[ ] args ) {
        int num,i,j;
        int [ ] A = new int [5];
        System. out. println( "pleas input the numbers" );
        Scanner sc = new Scanner( System. in );
        // 从键盘输入 A 数组的数据
        for( i = 0;i < A. length;i ++ )
            A[ i ] = sc. nextInt( );
        sc. close( );
        // 寻找并输出 A 数组中的素数
        for ( i = 0;i < A. length;i ++ ) {
            num = A[ i ];
            for ( j = 2;j < = num;j ++ )
                if ( num % j = = 0 )
                    break;
            if ( num = = j ) {
                System. out. println( "The Prime Number:" + num );
            }
        }
    }
}
```

3) 两个矩阵相乘（见 matrixMultiply. java）。

## matrixMultiply. java

```java
import java.util.Scanner;
public class matrixMultiply {
    public static void main(String[] args) {
        int i,j,k;
        int rowA,colA,rowB,colB;
        Scanner sc = new Scanner(System.in);
        System.out.print("请输入 A 矩阵的行数:");
        rowA = sc.nextInt();
        System.out.print("请输入 A 矩阵的列数:");
        colA = sc.nextInt();
        System.out.println("Matrix A is " + rowA + " * " + colA);
        System.out.print("请输入 B 矩阵的行数:");
        rowB = sc.nextInt();
        System.out.print("请输入 B 矩阵的列数:");
        colB = sc.nextInt();
        System.out.println("Matrix B is " + rowB + " * " + colB);
        // A 的列与 B 的行不相等时,无法相乘
        if (colA != rowB)
            System.out.println("A 和 B 矩阵不可以相乘!");
        // A 和 B 可以相乘
        else {
            int[][] A = new int[rowA][colA];
            int[][] B = new int[rowB][colB];
            int[][] C = new int[rowA][colB];
            // 输入矩阵 A
            System.out.println("输入矩阵 A");
            for (i = 0; i < rowA; i++) {
                for (j = 0; j < colA; j++)
                    A[i][j] = sc.nextInt();
            }
            System.out.println("Matrix A is:");
            // 通过 foreach 循环输出矩阵 A,Arr 可以看成是 A 的每一行
            for (int[] Arr:A) {
                for (int a:Arr)
                    System.out.print(a + " ");
                System.out.println();
            }
            // 输入矩阵 B
            System.out.println("输入矩阵 B");
            for (i = 0; i < rowB; i++) {
                for (j = 0; j < colB; j++)
```

```
                B[i][j] = sc.nextInt();
        }
        sc.close();
        System.out.println("Matrix B is:");
        // 通过 foreach 循环输出矩阵 B,Brr 可以看成是 B 的每一行
        for (int[] Brr:B) {
            for (int b:Brr)
                System.out.print(b + " ");
            System.out.println();
        }
        System.out.println("Maritx C = A * B is:");
        // 通过矩阵相乘公式计算结果
        for (i = 0; i < rowA; i++) {
            for (j = 0; j < colB; j++) {
                C[i][j] = 0;
                for (k = 0; k < colA; k++)
                    C[i][j] = C[i][j] + A[i][k] * B[k][j];
            }
        }
        // 通过 foreach 循环输出结果矩阵 C,Crr 可以看成是 C 的每一行
        for (int[] Crr:C) {
            for (int c:Crr) {
                System.out.print(c + " ");
            }
            System.out.println();
        }
    }
}
```

1. 编写一个简单的程序,用于输出自己的姓名和学号。
2. 定义一个常量 pi,用于表示圆周率,并用这个常量计算任意圆的周长和面积。要求半径值使用 BufferedReader 和 Scanner 类通过键盘输入。
3. 创建一个 int 型数组,使用 Scanner 类输入数组元素,判断该数组中正数、负数、素数、偶数和奇数的个数,并将正数、负数、素数、偶数和奇数的值输出。
4. 编写一个程序,输出一个数组中的最大值、最小值和平均值。
5. 使用数组完成冒泡排序算法和选择排序算法,并用 foreach 循环输出排序后的结果。
6. 使用二维数组实现矩阵的加法和减法,要求矩阵的元素通过键盘输入。
7. 求 100~1000 内所有的非素数。
8. 判断某年是否为闰年,具体年份通过键盘输入。

# 第 4 章

## Java 的面向对象特性

 **主要内容：**

- ◆ 包的概念和作用。
- ◆ 类和对象。
- ◆ 封装、继承与多态。
- ◆ static 与 final 修饰符。
- ◆ 抽象类和接口。
- ◆ Java 字符串。
- ◆ 装箱、拆箱和数字－字符串转换。
- ◆ Java 异常处理。
- ◆ Java 集合。
- ◆ Java 时间类。

## 4.1 包的概念和作用

在网上或者图书中阅读他人的程序时，经常能够在程序的首行看到诸如 package ×××．×××．×××之类的语句，其中的 package 就是包。在 Java 中，package 以关键字的形式存在，任何的标识符都不能与其同名。在实际开发中，使用包就是为了避免重名现象的发生给程序的管理带来困难和阻碍。

在现实生活中，重名这一现象随处可见，人的姓名可以重名，道路名称可以重名，文档可以重名，诸如此类的情况数不胜数。举一个例子，如果在一个学院中有两个人的名字是完全相同的，都叫作潘磊，那么一种简单的将两人区分的方法就是在这两个人的名字前加上一个定语，如计算机系的潘磊、数学系的潘磊，这样就可以将两人区分开来。如果情况更复杂一点，存在三个名为潘磊的人，两个在计算机系，一个是教师，一个是学生，第三个潘磊在数学系，显然，数学系的潘磊可以与另外两个潘磊区分开来，而那两个计算机系的潘磊可以这样区分：计算机系的教师潘磊和计算机系的学生潘磊。通过这些描述，就建立了数学系．潘磊、计算机系．教师．潘磊和计算机系．学生．潘磊三个说明方式，这时数学系就是一个包，计算机系也是一个包，且这个包下还包含了教师和学生两个子包。

在 Java 中，包的用途是分门别类地管理程序，同时也能够区分程序同名的现象。可以想象，Java 中有成千上万的类，此外网络中还有众多的第三方类可供下载使用，项目开发中，程序员也会根据实际需要设计并创建大量的类，所以类的重名现象出现的概率是很大的。如果在程序中引用了两个同名类，编译器根本无法识别该调用的类是哪一个。因此，在 Java 中专门通过关键字 package 来声明一个包，将重名的类分别放置于不同名的包中，这样就避免了重名的类在调用时可能产生的歧义。这种设计理念和操作系统中对于文件的管理理念是一致的，即允许同名文件的存在，但不允许同名的文件存储在同一个路径。

### 4.1.1 包的创建和使用

本质上，包就是一个文件夹，或者说是一个目录。包可以实现嵌套，即包下可以有子包，子包下还可以继续有子包。在包中，每一个类的首行都必须显式地声明自己所属的包。例如，有类 A 属于包 abc，则类 A 的首行必须写为

```
package abc;
```

以表明类 A 存储在 abc 这个目录下，或者说类 A 的包为 abc。下面通过 Eclipse 演示如何创建并使用包的过程。在本章之前的所有程序中并没有使用包的概念，但是细心的读者可能已经发现，在 Eclipse 的【Package Explorer】窗口中的项目已经通过一个名为【default package】的包来管理我们所编写的各种类了，如图 4-1 所示。

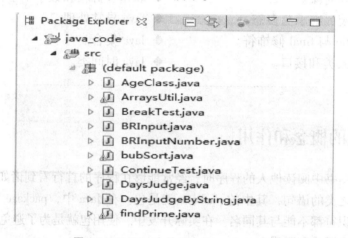

图 4-1  Eclipse 中的 default package 包

在设计和编写这些程序时，并没有考虑过包的问题，怎么会凭空多出一个 default package 呢？原来，Eclipse 出于统一性管理机制的考虑，当用户新建一个类而不指定该类所属的包时，会自动将这个类分配到 default package 中去。这样，该类也算归在了一个包中，但实际上这个 default package 在硬盘分区中是不存在的。在项目的 src 和 bin 文件夹中并没有 default package 文件夹，这个包只是一个虚拟的概念，并且位于 default package 包下的类也不需要在首行声明自己所属的包为 default package。下面通过 Eclipse 演示如何创建并使用真实的包，具体步骤如下：

1) 在【Package Explorer】视图中，右击项目（本教程中就是 java_code）下的【src】，选择【New】→【Package】，在弹出的【New Java Package】窗口中的【Name】文本框中输入【package_1】，然后单击【Finish】按钮，如图 4-2 所示。

这时，就新建了一个名为 package_1 的包，在【Package Explorer】中可以看到这个包，如图 4-3 所示。在项目的 src 和 bin 文件夹中也可以看到名为 package_1 的文件夹。

2) 在 package_1 这个包下，新建一个 packageTest.java 类，代码如下：

# 第4章 Java 的面向对象特性

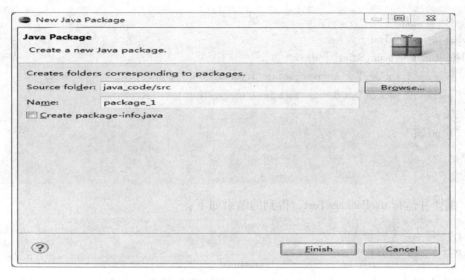

图 4-2 新建包和设定包名

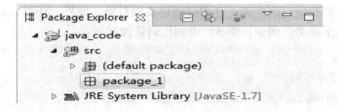

图 4-3 新建包的显示

```
package package_1;
public class packageTest {
    public void pt() {
        System. out. println("这是在 package_1 包下的 packageTest 类");
    }
}
```

3）按照1）中的做法，分别再创建【package_2】和【package_3】两个包。

4）在 package_2 包下新建一个 packageTest. java 类，代码如下：

```
package package_2;
public class packageTest {
    public void pt() {
        System. out. println("这是在 package_2 包下的 packageTest 类");
    }
}
```

5）在 package_3 包下新建一个 usePackageTest. java 类，代码如下：

```
package package_3;
public class usePackageTest {
    public static void main(String[] args) {
        package_1.packageTest A = new package_1.packageTest();
        package_2.packageTest B = new package_2.packageTest();
        A.pt();
        B.pt();
    }
}
```

6）编译并运行 usePackageTest，得到的结果如下：

这是在 package_1 包下的 packageTest 类
这是在 package_2 包下的 packageTest 类

可以看出，在 package_3 包下的 usePackageTest 类中调用了两个 packageTest 类，并创建了这两个类的实例对象。虽然这两个类是同名的，但是由于在类名前声明了所属的包名，因此编译器能够顺利地找到这两个类，并为之创建实例对象。此外，还可以通过 import 关键字在类中导入其他包下的类。例如，将 5）中的代码修改如下：

```
package package_3;
import package_1.packageTest;
public class usePackageTest {
    public static void main(String[] args) {
        packageTest A = new packageTest();
        package_2.packageTest B = new package_2.packageTest();
        A.pt();
        B.pt();
    }
}
```

这时，在 usePackageTest 类中通过 import 关键字将 package_1 包下的 packageTest 类进行了导入，就可以直接使用这个类来创建实例对象了，无须再通过包名来调用该类。显然，在 usePackageTest 类中不能同时使用 import 语句将 package_1 和 package_2 包下的 packageTest 类进行导入，否则编译器又不知道在创建实例对象时，到底该使用哪一个 packageTest 类了。

由于包的本质是项目下的文件夹，因此包中可以嵌套包，也就是文件夹下可以嵌套文件夹。如果有一个类 A，在程序的首部声明包为 package a.b.c;，那么类 A 是存放在 c 包中的，而 c 包是存放在 b 包中的，b 包又是存放在 a 包中的。在声明类所属的包时，需要将包及其上级包都放在声明中。例如，对于类 A 而言，如果声明包的语句为 package c;，那么这个声明就是错误的。

习惯上，包名一般用小写字母来表示。从本章开始，每章的代码都放在以章为名的包中。例如，本章的代码所归属的包为 oop，那么本章所有程序的首行都会有 package oop; 这个声明语句。

最后，给出包在项目中的树形结构图，如图 4-4 所示。

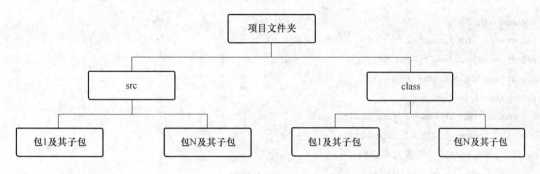

图 4-4 包在项目中的树形结构图

### 4.1.2 import 和 import static

当一个类需要调用另一个包中的类时，通常有以下两种方法可以完成操作：一种是在程序中显式地通过【包名．类名】的方法进行。例如，在 A 类中需要调用 W 包下的 Y 类，则在 A 中可以通过 W.Y 的方式来引用 Y 类。另一种方法就是通过 import 关键字，在类声明之前将该类需要使用的其他外部包中的类进行导入，导入的语法是：

```
import ×.×××.×××……. className;
```

其中，×.×××.×××…… 表示 className 这个类所属的包。如果希望导入某个包下所有的类，则可以通过 * 来完成，导入的语法是：

```
import ×.×××.×××……*;
```

* 表示将 ×.×××.×××…… 这个包中所有的类都导入。

由于 java.lang 中有些类是经常使用的，如 System、String、Math 等，因此 Java 默认为所有用户开发的类中导入了 java.lang.*，这样在使用 System、String、Math 等类时无须在类声明前使用 import 语句导入 java.lang.*。

import 语句的作用是用来导入包中的类，而有时需要导入的是某些类可以直接使用的变量或者方法。从 JDK 1.5 版本以后，提供了 import static 语句，专门用于导入其他包中的类中可以直接供用户调用的变量或者方法，这种变量和方法称为 static 类型的变量和方法，在本章的第 4 节会详细进行说明。import static 的导入语法是：

```
import static ×.×××.×××……. className.variableName|methodName;
```

表示导入 ×.×××.×××…… 包下的 className 类中的 variableName 变量或者 methodName 方法（这里的变量和方法必须是 static 类型才可以导入）。如果需要导入的是某个类中所有的 static 类型的变量或方法，则可以通过下列语句进行：

```
import static ×.×××.×××……. className.*;
```

下面，通过 ImportTest.java 程序对 import 和 import static 语句进行示例：

**ImportTest. java**

```
package oop;
import static java.lang.Math.*;
import static java.lang.System.out;
import java.util.Scanner;
public class ImportTest {
    public static void main(String[] args) {
        Scanner sc = new Scanner(System.in);
        out.println("请输入半径值:");
        double radius = sc.nextDouble();
        sc.close();
        radius = abs(radius);
        out.println("圆周长为:" + 2 * PI * radius);
        out.println("圆面积为:" + PI * pow(radius,2));
    }
}
```

从程序可以看出，ImportTest 这个类属于 oop 包，从 java.lang.Math 类中导入了所有的 static 类型变量和方法，从 java.lang.System 类中导入了静态变量 out。由于 PI 属于 java.lang.Math 类中的 static 变量，abs 和 pow 属于 java.lang.Math 类中的 static 方法，因此在 ImportTest 类中都是可以直接使用的，abs 为求参数的绝对值，pow 为求参数的幂。因为 java.lang.System 类中的 out 变量也被导入，因此在输出语句时可以不再写为 System.out.println 这种形式，而是直接写为 out.println 就可以了。此外，java.util 包中的 Scanner 类也被导入。程序最后的输出如下：

```
请输入半径值:
10
圆周长为:62.83185307179586
圆面积为:314.1592653589793
```

## 4.2 类和对象

在面向对象的程序设计（Object-Oriented Programming, OOP）中，类和对象是永远的话题，也是令众多初学者颇为头疼的概念。这两个名词是一对共生体，一个代表了抽象的模型（类），另一个则是具体的实现（对象或称实例）。下面通过一个简单的例子解释一下这两个名词的关系：公司里的小李通过多年的奋斗有了一笔积蓄，他决定买一辆心仪已久的【丰田卡罗拉小汽车】。于是他带着自己的积蓄兴冲冲地跑到了 4S 店，花了 5 分钟时间就把【丰田卡罗拉小汽车】给买了。这个例子中，【】符号内的丰田卡罗拉小汽车就是一个类，而【】符号内的丰田卡罗拉小汽车则是一个对象。从这个例子中可以看到，【】符号内的丰田卡罗拉小汽车是一个概念，而［］符号内的丰田卡罗拉小汽车则是这个概念的具体对象。小李最终买走的是一部真实存在的小汽车，而不是概念。但是，如果小李没有这个概念，也不会买走这部真实存在的小汽车。Java 是彻底的面向对象的语言,因此在 Java 中,一切都通过类来描述,即使只是一个简单的输出字符串的程序,也必须放在一个类中才能进行操作。

### 4.2.1 类和对象之间的关系

类在 Java 中通过 class 关键字进行定义。对象是类的具体存在,很多时候也把对象称为实例(Instance),或者称为实例对象。面向对象的设计思想是以模拟现实生活为出发点的,因此类和对象之间的关系也可以通过现实生活中的各种蓝本来描述。

幼儿园的小朋友都很喜欢看大象。这里,大象就是一个类,是地球上存在的所有大象的一个抽象概念。小朋友们在动物园看到的大象是大象这个类的一部分实例对象,而野外生存的大象也是大象这个类的一部分实例对象,只要是在地球上的大象都是大象类这个概念的实例对象。

那么,大象类是用来干什么的呢?具有什么作用呢?下面问小朋友们一个问题:在小朋友的印象里,什么才是大象呢?于是,小朋友们会告诉你:"大象有长长的鼻子、大大的耳朵、高高的身体、细细的尾巴、粗粗的牙齿……"再问小朋友们:"大象会干什么呢?"小朋友们会告诉你:"大象会吃香蕉、会叫喊、会走路、会睡觉、会用鼻子卷树叶、会用耳朵扇风……"到这里,通过小朋友们的回答,大象类基本就建立起来了。可以通过 elephant 类来抽象如下:

```
class elephant {
    nose;ear;body;tail;teeth……
     eat;cry;run;sleep;roll;fan……
}
```

这就是大象类。可以看出,大象类中包含了一部分的量,如鼻子、耳朵、身体等,也包括了一部分的动作,如吃、叫、跑等。量是可以取值的,如鼻子,可以通过一系列的值来表示不同的鼻子;耳朵也是可以取值的,可以通过一系列的值来表示不同的耳朵。而吃、叫、跑等反映的是大象能够完成的动作,这种动作在 OOP 中就称为方法。可以说,量反映了类的静态属性,而方法则反映了类的动态属性,前者更多地用于描述组成类的各种部件,后者更多地用于描述这个类的作用,也即类的功能。

elephant(大象)类设计出来以后,怎么才能创建大象的实例对象呢?例如,我们新发现了一头鼻子长 1 米、耳朵有 0.5 平方米、身体重 2 吨、尾巴长 80 厘米、牙齿长 50 厘米的大象,并给它起一个名字叫作 jerry。这时,首先需要一个工具,通过这个工具可以将我们测量的各种值(如 1 米、0.5 平方米、2 吨、80 厘米、50 厘米)赋给这个大象实例对象对应的量(如鼻子、耳朵、身体、尾巴、牙齿),然后再给这个大象起个 jerry 的名字。可以通过以下方式来描述上述的过程:

**elephant jerry = new elephant**(1 米,0.5 平方米,2 吨,80 厘米,50 厘米);

这种写法是很直观的,读者应该一看就能明白。粗体部分,名字和类的名字完全一致,就是给 jerry 这头大象分配各种值的工具,在 OOP 中称为构造方法(也称为构造函数、构造器等）。new 关键字表示 jerry 这头大象以前是没有的，是现在新发现的，在 OOP 中称为新建，也即在计算机的内存中开辟一块空间出来，用于存放新建出来的实例对象。

通过上面的例子可以看出，类和对象的关系就是抽象和实体的关系。没有抽象，就无法生成实体，反过来，没有实体，抽象的存在也就失去了意义。抽象的生成肯定是位于实体的生成之前的，也就是说，必须先完成类的编写，才能够创建对应的对象。如果没有类，是无法创建对应的对象的。类有三大构成要素：变量、方法和构造方法，统称为类成员。其中，变量用于描述类的各种静态属性；方法用于描述类的动态属性，也即类的功能；构造方法用于创建类的实例对象并进行初始化。在类编写过程中，指明变量的变量名和数据类型的过程，称为变量定义或变量声明，指明方法的方法名、返回类型、参数列表的过程，称为方法定义或方法声明。构造方法必须与类同名，且构造方法没有任何返回类型。

最后需要声明的是，与基本数据类型之间的比较不同，类的对象之间实际上是没有可比性的。例如，我们可以认为 6 > 5，但是不能认为 A > B，这里 A 和 B 是某个类的实例对象。因为对象是对内存空间的引用，其实就是一个内存地址，如果实在要进行比较，也只能是内存地址大小之间的比较，而这其实是没有任何意义的。不同对象之间能够比较的，最多也就是内存中的对象内容是否相同，这种比较需要通过 equals 方法完成，而不是使用基本数据类型中使用的 == 符号。最常见的是比较两个字符串的内容是否相等。如果字符串对象是通过直接量字符串赋值的，也即写成 String s = "×××××"; 这种形式，则通过 == 符号确实也能够完成不同字符串对象内容是否相同的比较；如果字符串对象的定义是通过 new String 的方式赋值的，也即写成 String s = new String("×××××"); 这种形式，则不能通过 == 符号完成不同字符串对象内容是否相同的比较，此时只能通过 equals 方法完成。在此，笔者建议，同一个类的不同对象之间内容的比较都通过 equals 方法完成，以避免程序中可能出现的歧义和混淆。

### 4.2.2 类的声明

Java 中通过 class 关键字来声明一个类，具体的语法如下：

```
[修饰符] class className {
    [修饰符] type variableNames;
    [修饰符] constructors(paramList) {
            statements
    }
    [修饰符] returnType methodNames(paramList) {
            statements
    }
}
```

其中，修饰符是一种权限，权限的概念就是其所修饰的事物对外部的能见度，或者可供调用的范围，具体的权限概念将在 4.3 节中讲述。className 表示类的名字；variableNames 是类的变量，可以没有，也可以有多个；type 是类的变量的数据类型。constructors 代表类的构造方法，可以没有，也可以有多个，如果没有，则系统会默认创建一个空的构造方法；paramList 表示每个构造方法的参数列表；statements 表示代码集合。methodNames 表示类的

# 第4章 Java 的面向对象特性

方法，可以没有，也可以有多个；returnType 表示方法的返回类型；paramList 表示每个方法的参数列表。在类声明中，变量、方法和构造方法称为声明的三大要素，其中变量和方法这两个要素作为类的组成部分，也称为成员变量和成员方法，与构造方法一起，统称为类成员。在类声明中，这三者的先后顺序没有强制要求，一般习惯将定义变量放在开始的位置，然后是定义构造方法，最后是定义方法。类中的变量可以由构造方法和方法直接调用。由于构造方法往往是用于变量的初始化工作的，因此在构造方法中一般会使用到类的变量，而方法则可能会使用到类的变量，也有可能不使用类的变量。下面通过设计一个二维平面中的点类来解释上述类声明的含义。

**Point2D. java**

```java
package oop;
public class Point2D {
    private double x;
    private double y;
    Point2D() {
        x = 0;
        y = 0;
    }
    Point2D(double x, double y) {
        this.x = x;
        this.y = y;
    }
    public double Distance() {
        return Math.sqrt(x * x + y * y);
    }
}
```

这里建立了 Point2D 这个类，用于描述二维平面坐标中的点。可以看出，这个类有 x 和 y 两个 double 型变量，设计这两个变量的目的在于表示点的坐标。这个类拥有两个构造方法，第一个构造方法属于无参数方法，用于初始化点的坐标在原点；第二个构造方法属于带参数构造方法，用于初始化点的坐标为指定的 x，y。注意，这里的 this 关键字表示的是当前类的意思，因为类的变量名为 x，y，而参数的变量名也为 x，y，为了避免编译器出现混乱，通过 this 来表示是类的变量 x 或是类的变量 y。当类创建了实例对象时，this 就自然而然地表示为当前的实例对象。最后，这个类只有一个方法，就是计算点到原点的距离，因为距离属于一个浮点数，所以定义方法的返回类型为 double 型，这样就可以通过方法名得到 return 的返回值了。

然后通过 usePoint2D. java 来调用刚才创建的 Point2D 类，代码如下：

**usePoint2D. java**

```java
package oop;
public class usePoint2D {
```

```
public static void main(String[ ] args) {
    Point2D p1 = new Point2D( );
    Point2D p2 = new Point2D(3.5,4.9);
    System.out.println("p1 点距离原点长度为:" + p1.Distance( ));
    System.out.println("p2 点距离原点长度为:" + p2.Distance( ));
}
}
```

代码说明：这个程序中，通过 Point2D 类创建了两个实例对象 p1 和 p2，分别用于表示二维平面的两个点。其中，p1 是通过 Point2D ( ) 这个构造方法进行实例化的，p2 是通过 Point2D（double x，double y）这个构造方法进行实例化的，参数 x 为 3.5，参数 y 为 4.9，两个实例对象都调用了 Distance ( ) 方法用于计算所代表的点到原点的距离。

运行结果：

p1 点距离原点长度为:0.0
p2 点距离原点长度为:6.021627686929839

在这个例子中，通过 usePoint2D 这个类来调用 Point2D 类，在写法上，分成了两个 .java 源程序进行编写。实际上，也可以通过一个 .java 程序来完成上述的功能，但是对于初学者而言，笔者并不建议采用这种写法。

可以看出，类的声明是很重要的，一个类中需要几个变量、几种构造方法、几种方法，都是程序设计人员所要考虑和解决的问题。类的功能强大与否主要取决于类声明的过程，尤其是在这个过程中方法的设计。显然，一个类能提供的方法越多，功能就越强大，能够解决的问题也就越多。例如，Point2D 这个类中，只有计算点到原点距离的方法，且给点的坐标赋值也只能通过创建点的实例对象时由构造方法完成，并且设置以后无法再得到点的坐标，显得功能非常单一。如果能够增加诸如设置点坐标值、得到点坐标值、计算点到点之间的距离、计算点平移后的新坐标等方法，那么这个类的功能就能得到进一步的扩充和完善。

### 4.2.3 创建和使用实例对象

类被声明以后是无法直接用于操作的，程序中一般通过创建类的实例对象来进行各种操作。这个思维其实很好理解。例如，驾驶人可以对小汽车进行发动、加油、制动、转动方向盘等操作，但是驾驶人是没有办法去操作这部小汽车的设计图样的。类就相当于小汽车的设计图样，实例对象就相当于根据这个图样建造出来的真实的车辆。一般地，创建实例对象的过程由 new 关键字和构造方法完成，具体的语法如下：

className instanceName = new className(paramList);

这里，className 就是类名，instanceName 就是创建的实例对象的名称，new 关键字负责从内存中开辟空间用于存放创建出来的实例对象，粗体部分的 className（paramList）指的是构造方法，因为构造方法与类是同名的，paramList 是构造方法的参数列表。注意，这里的构造方法必须是在类中定义过的，如果使用一个没有在类中定义的构造方法是不被允许的，编译器也会给出错误提示。属于同一个类的实例对象，不管其是通过哪种构造方法进行初始化的,在内存中占据的空间大小是完全一致的。

类创建出实例对象以后,实例对象就拥有了类的各种变量和方法,就可以通过实例对象来调用类的方法了。注意,在一般情况下,变量是不被允许直接调用的,这部分内容将在4.3节进行讲述。实例对象调用类的方法是通过.操作符来进行的。如同4.2.2节中use-Point2D 程序定义的两个 Point2D 类的实例对象 p1 和 p2,可以通过 p1. Distance() 和 p2. Distance() 来调用 Point2D 类的 Distance 方法。从重要性上来说,类声明是整个 OOP 中最重要的过程,在实例对象的创建和使用阶段,读者只需要知道如何创建实例对象并通过实例对象调用类的方法就可以了。实际上,在之前的很多程序中,我们已经不自觉地在进行实例对象的创建和使用了。例如,在使用键盘输入数据的时候,我们是通过 Scanner 类的实例对象 sc 来完成的,即程序中有代码 `Scanner sc = new Scanner(System.in);`。这里的 sc 就是 Scanner 类的一个实例对象,我们读取键盘上的数据就是通过 sc 这个实例对象来调用 Scanner 类中的 nextInt 或者 nextDouble 等方法完成的。例如,程序中有代码 `double math = sc.nextDouble();`、`int age = sc.nextInt();`等。

一般而言,在提及使用实例对象时,往往指的是使用实例对象的方法。方法是由类进行声明和定义的,但大多数情况下,方法的使用却是通过类的实例对象来完成的。方法是需要有返回类型的,可以将方法理解为一种函数,这个函数具有某种数据类型的值。通过方法内部的运算,能够形成一个确定数据,这时可以通过 return 关键字将这个确定的数据返回给方法,当希望调用这个数据时,只要调用方法名就可以实现了。例如,设计一个 MaxNum 方法,用于求一个整型数组中最大的值。显然,通过这个方法,用户希望能够得到一个确定的最大值,也就是一个整数。按照代数中对函数的描述,可以建立这个方法的函数模型:`MaxNum = max(int A[])`,这里 max 就是求最大值的运算。通过 max 运算后,函数要得到运算的结果,而得到结果的操作,也即返回操作就是由 return 关键字完成的。同时,因为函数数得到的是运算的结果,因此函数本身的数据类型必须与返回的运算结果的数据类型保持一致。因此,可以设计 MaxNum 方法如下:

```
int MaxNum(int [ ] A) {
    int max = A[0];
    for(int i;A) {
        if(max < i)
            max = i;
    }
    return max;
}
```

这里,方法体通过 return 返回的 max 变量是一个 int 数据,因此作为希望得到该数据的方法,相应的数据类型也必须定义为 int。在程序中,如果希望通过这个方法得到数组的最大值,则只需要按照如下写法编写程序即可:

`int max = B.MaxNum(A);`

其中 B 是包含 MaxNum 这个方法的类的实例对象,而 A 是一个已经初始化完毕的 int 型数组。有时,方法只用来进行一些输出的操作,或者不需要得到返回的值,这时就将方法的返回类型设置为 void，表示不需要返回值。

### 4.2.4 方法重载

一个类功能强大与否的很重要指标，就是这个类能够为用户提供多少种方法进行使用。在设计类的方法时，会有一部分的方法存在功能类似的情况。例如，某个类的方法能够提供加法的操作，可以实现两个整数的加法、三个整数的加法、两个浮点数的加法、三个浮点数的加法。可以看出，这四种操作的功能原理都是加法运算，只不过运算时的参数类型和参数数量可能会有不同。如果为这四种操作定义四种不同名的方法，用户在调用时可能会产生歧义和理解上的困难。基于这种情况在实际开发时出现的概率较大，Java 专门提供了重载（overloading）的技术，从而实现了通过一种方法名就能完成多种相似功能的操作。

方法的重载包括构造方法的重载和方法的重载两种情况。其实，构造方法的重载在 4.2.2 节中的 Point2D.java 中已经使用过了。即通过一个无参数的构造方法完成设置点坐标为原点的功能，通过另一个参数为 x 和 y 的构造方法完成设置点坐标为（x, y）的功能。对于方法的重载，Java 要求方法名相同、方法的参数列表不同即可，这里参数列表的不同包括参数的个数不同、参数的数据类型不同、参数的排列顺序的不同等。下面，通过 methodOverLoading.java 和 useMethodOverLoading.java 程序演示方法重载。

**methodOverLoading.java**

```java
package oop;
public class methodOverLoading {
    private int x;
    private int y;
    methodOverLoading() {
        x = 0;
        y = 0;
    }
    methodOverLoading(int x, int y) {
        this.x = x;
        this.y = y;
    }
    public int getX() {
        return x;
    }
    public int getY() {
        return y;
    }
    int compute(int x, int y) {
        return x + y;
    }
    int compute(int x, int y, int z) {
        return x + y + z;
```

# 第4章 Java 的面向对象特性

```
    }
    double compute( double x, double y) {
        return x + y;
    }
    double compute( double x, double y, double z) {
        return x + y + z;
    }
}
```

**useMethodOverLoading. java**

```
package oop;
public class useMethodOverLoading {
    public static void main( String[ ] args) {
        int x1, x2;
        double y1, y2;
        methodOverLoading A = new methodOverLoading( );
        methodOverLoading B = new methodOverLoading(3,5);
        System. out. println("A. x = " + A. getX( ) + " A. y = " + A. getY( ));
        System. out. println("B. x = " + B. getX( ) + " B. y = " + B. getY( ));
        x1 = A. compute(3,2);
        x2 = A. compute(4,5,6);
        y1 = A. compute(3.4,7.8);
        y2 = A. compute(1.56,4.78, -2.13);
        System. out. println("x1 = " + x1 + "\nx2 = " + x2 +
            "\ny1 = " + y1 + "\ny2 = " + y2);
    }
}
```

代码说明：methodOverLoading 类中构造方法实现了重载，通过无参数的构造方法完成赋 0 的操作，通过两个 int 型参数的构造方法完成了赋 x 和 y 值的操作；compute 方法也实现了重载，通过参数的不同，可以分别进行两个整型数的加法、三个整型数的加法、两个浮点型数的加法和三个浮点型数的加法。在通过 . 操作符调用这个类的 compute 方法时，Eclipse 会自动地给出四种 compute 方法供用户选择。此外，methodOverLoading 类还提供了 getX 和 getY 的方法，分别用于获取变量 x 和 y 的值。

运行结果：

```
A. x = 0 A. y = 0
B. x = 3 B. y = 5
x1 = 5
x2 = 15
y1 = 11.2
y2 = 4.21
```

### 4.2.5 参数个数可变方法

当设计方法的参数列表时，可能会出现参数能够确定数据类型，但却无法确定参数个数的问题。例如，在进行若干个整数的加法运算时，可以确定参与运算的是 int 类型数据，但不确定参与运算的整数个数。针对这种问题，从 JDK 1.5 版本开始，Java 提供了参数个数可变的方法机制，允许方法在声明时不明确指定参数的个数，但这种不确定参数个数的参数，其数据类型是必须一致的。具体的参数个数可变方法声明的语法如下：

```
［修饰符］returnType methodNames(paramList1,paramType... variableParamName) {
            statements
        }
```

其中，paramList1 表示方法中参数个数不可变的参数列表，variableParamName 表示方法中参数个数可变的参数，paramType 是这种参数的数据类型。每个方法中最多只能有一个参数个数可变的参数，且这个参数的定义只能放在参数列表的最后位置。下面，通过 VariableArgument.java 程序和 useVariableArgument.java 进行示例。

**variableArgument.java**

```java
package oop;
public class VariableArgument {
    private double x;
    public double getX() {
        return x;
    }
    public double computeSum(double x,double... otherNumbers) {
        this.x = x;
        double sum = 0;
        for(double i:otherNumbers) {
            sum = sum + i;
        }
        return sum;
    }
}
```

**useVariableArgument.java**

```java
package oop;
public class useVariableArgument {
    public static void main(String[] args) {
        VariableArgument A = new VariableArgument();
        double result = A.computeSum(5.5,9,12,3.3,1.5);
        System.out.println("A.x = " + A.getX());
```

第4章 Java 的面向对象特性

```
            System. out. println("sum = " + result);
    }
}
```

代码说明：VariableArgument 类中有一个变量 x，一个 getX 方法用于返回 x 的值，提供了一个 computeSum 方法。该方法的第一个参数用于给该类的 x 变量赋值，第二个参数属于参数个数可变的参数，用于计算一系列浮点型数据的和。在 VariableArgument 类中，求和的操作是通过 foreach 循环进行的。实际上，Java 处理参数个数可变的参数时，是通过数组的方式进行的，即编译器会以参数个数可变的参数名为数组名，以编译时得到的可变参数的具体个数为数组长度进行具体的操作。因此，computeSum 方法的 otherNumbers 参数和所有的数组一样，也是具有 length 属性的，在编写程序时，也可以通过 otherNumbers. length 得到具体参数的个数。在 useVariableArgument 类中创建了 VariableArgument 类的实例对象 A，程序的粗体部分调用了 computeSum 方法，其中第 1 个参数 5.5 用于给 A 的变量 x 赋值，第 2~5 个参数 9、12、3.3、1.5 用于求和。

运行结果：

```
A. x = 5.5
sum = 25.8
```

### 4.2.6 递归方法

有一种特殊的方法，在方法的内部通过调用方法本身进行，这就是递归（Recursion）方法。递归实际上是一种隐含循环的操作，但是在程序中并不写出循环语句，而是通过某种通项公式的计算进行反复的自身迭代，直到迭代到一个具有确定值的位置以后，再回溯地进行计算，直至回溯到递归开始的位置。所以，递归方法一定要有一个具有确定值的回溯点，否则就会陷入类似于死循环的无穷递归中去。下面设计一个类，在类中创建几个方法用于递归计算，见 RecursionExample. java 和 useRecursionExample. java。

**RecursionExample. java**

```
package oop;
public class RecursionExample {
    // 求 n 的阶乘
    public int Factorial(int n) {
        // 设置递归的回溯点,即 1 的阶乘为 1
        if(n = = 1)
            return 1;
        // 通过递归求 n 的阶乘
        else if(n > 1) {
            return n * Factorial(n - 1);
        }
```

```java
        // n 为负数或 0 则返回 0
        else
            return 0;
    }
    // 求整数 1~n 的和
    public int Sum(int n) {
        // 设置递归的回溯点, 即 1 的和为 1
        if(n = =1)
            return 1;
        // 通过递归求 2~n 的和
        else if(n > 1) {
            return n + Sum(n - 1);
        }
        // n 为负数或 0 则返回 0
        else
            return 0;
    }
    // 求斐波那契数列的第 n 项
    public int Fibonacci(int n) {
        // 设置递归的回溯点, 即 1 的和为 1
        if(n = =1 || n = =2)
            return 1;
        // 通过递归求第 n 项
        else if(n > =3) {
            return Fibonacci(n - 1) + Fibonacci(n - 2);
        }
        // n 为负数或 0 则返回 0
        else
            return 0;
    }
}
```

**useRecursionExample. java**

```java
package oop;
public class useRecursionExample {
    public static void main(String[] args) {
        RecursionExample re = new RecursionExample();
        int n = 10;
        System.out.println(n + "的阶乘是: " + re.Factorial(n));
        System.out.println("从 1 到" + n + "的和是: " + re.Sum(n));
        System.out.println("斐波那契数列的第" + n + "项是: " + re.Fibonacci(n));
    }
}
```

代码说明:在RecursionExample类中定义了三个递归方法,分别用于求n的阶乘、1~n的和以及斐波那契数列的第n项。可以看出,这三个方法的结构都是非常类似的,即首先设置一个回溯点,确保方法最终能通过一个确定的值用于回溯,然后通过通项的表达方式进行反复的自身迭代。例如,n的阶乘可以通过n×(n-1)!来作为通项,1~n的和可以通过n+前(n-1)项的和来作为通项,斐波那契数列的第n项可以通过第n-1项和第n-2项的和来作为通项。因此,递归方法在理解上贴近人的思维,但是回溯的步骤确实非常麻烦。笔者建议初学者能够掌握递归方法的使用形式即可,无需对递归的回溯流程做过多研究。此外,递归虽然编写方法比较简单,但是对资源的开销是非常巨大的,因此对于比较复杂的或对运行速度有要求的方法,笔者并不建议通过递归来实现,一切的递归操作都是可以通过非递归的方式来实现的。

**运行结果:**

10 的阶乘是:3628800
从 1 到 10 的和是:55
斐波那契数列的第 10 项是:55

## ▶ 4.3 封装、继承与多态

面向对象的三大特征:封装(Encapsulation)、继承(Inheritance)和多态(Polymorphism)。封装主要用于保护类的变量或方法,隐藏了类的实现细节,使得外部的调用只能通过类开放的方法进行。继承主要用于代码的复用,避免代码冗余和重复增长。多态使得对象在运行时能够表现出多种形式,有时候可以理解为一种反向继承。

### 4.3.1 封装

一般而言,类的变量总是希望得到隐藏的,而方法总是公开的。例如,在 A 类中有变量 x 和方法 y,在 B 类中创建了 A 类的一个实例对象 X,那么在 B 类中允许进行 X.y 的操作,但不允许进行 X.x 的操作。Java 通过权限修饰符来完成封装的功能,权限按照从低到高共有四个等级,分别为 private、default、protected 和 public,如图 4-5 所示。

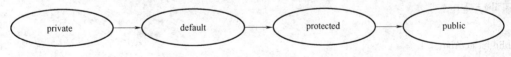

图 4-5 权限修饰符

在这四种权限中,private、protected 和 public 为关键字,而 default 实际上表示不加权限修饰符。例如,以下的定义分别使用了四种权限:

| | |
|---|---|
| private int a; | // a 的访问权限为 private |
| int b; | // b 的访问权限为 default |
| protected int c; | // c 的访问权限为 protected |
| public int d; | // d 的访问权限为 public |

(1) private 权限

拥有该权限的类成员只能被该类的类成员访问。显然 private 是最低权限，一般都使用 private 来封装变量。

(2) default 权限

与其他三种权限相比，default 权限并没有修饰符。拥有该权限的类成员可以被该类的类成员以及同一个包中的其他类访问。

(3) protected 权限

拥有该权限的类成员可以被该类的类成员、同一个包中的其他类和不同包中的该类的子类访问。

(4) public 权限

public 权限也称最高权限，拥有该权限的类成员可以被该类的类成员和其他所有的类访问。一般来说，类中的方法往往采用这种权限进行修饰，以确保方法的开放性。

四种权限能够访问的范围，见表 4-1。

表 4-1　四种访问权限的访问范围

| 访问范围 | private | default | protected | public |
| --- | --- | --- | --- | --- |
| 同一个类中 | √ | √ | √ | √ |
| 同一个包中 |  | √ | √ | √ |
| 不同包的子类 |  |  | √ | √ |
| 全局范围 |  |  |  | √ |

注：√符号表示能够访问。

初学者没有必要深究访问权限的控制范围，只要在编写代码时能够明确知道类成员的权限就可以了，具体的权限设置要根据不同的应用需求来完成。

对于类中的 private 类型变量，相应的赋值和获取操作可以通过类的构造方法和方法完成。习惯上，常用 setter 和 getter 方法来对变量进行设置和获取。setter 和 getter 方法的一个约定就是在变量名前使用 set 和 get 分别表示设置和获取，同时 set 或 get 后紧跟变量名，变量名的第一个字母变为大写。例如，有 int 型变量 abc，则 abc 变量的 setter 和 getter 方法如下：

```
public void setAbc(int abc) {
    this.abc = abc;
}
public int getAbc() {
    return abc;
}
```

当类的某个变量需要在外部进行赋值或获取时，通过 setter/getter 方法是一种良好的编程习惯。在第 7 章提到的 JavaBean 技术就采用了这种标准。

### 4.3.2　继承

继承是面向对象的程序设计中用于代码复用的技术，也即使用子类来继承父类，有时也称通过父类来派生子类。Java 中的继承通过 extends 关键字完成，具体的语法如下：

# 第4章 Java的面向对象特性

```
class subClassName extends superClassName {
    statement
}
```

其中 subClassName 就是子类，其继承的父类为 superClassName。

与 C++ 的多重继承不同，Java 的继承是一种单继承模式，即子类只能有一个直接的父类。如果在创建继承时写为如下语句，则系统会给出错误提示。

```
class subClassName extends superClassName1,superClassName2,...,superClasNameN
```

继承是具有传递性的，即如果 B 是 A 的子类，C 是 B 的子类，则 C 也是 A 的子类。在 Java 中，一切的类都是 Object 类的子类，也就是说，Object 类是所有类的父类。

作为子类，在权限允许的前提下，可以不加声明继承父类中的变量和方法，也就是说，只要父类中的变量和方法的权限允许，子类中不需要再次声明这些变量和方法，可以直接进行使用。子类可以重写（override）父类中的方法。对于初学者来说，可以这样理解重写的含义：子类不改变父类中对于方法的声明，但修改方法内的代码。子类可以重载父类中的方法，重载时父类的方法名不变，而参数列表发生改变。子类重载父类中的方法后，仍然可以使用父类中被重载的原方法。子类可以隐藏父类中的变量，也即子类中如果定义了与父类中变量同名的变量，就说明子类的这个变量隐藏了父类的同名变量。如果子类中需要调用父类中被重写的方法，或者调用父类中被隐藏的变量，或者调用父类的构造方法，则需要使用 super 关键字进行引用。下面通过 SuperClass. java、SubClass. java 和 TestInheritance. java 程序进行说明。

**SuperClass. java**

```java
package oop;
public class SuperClass {
    private int x,y;
    int a,b,c = 5;
    SuperClass(int a,int b,int c) {
        this.a = a;
        this.b = b;
        this.c = c;
    }
    SuperClass() {
        a = 1;
        b = 1;
    }
    public int Calculte(int x,int y) {
        return x + y;
    }
}
```

```java
    public int Multiply(int x,int y){
        return x * y;
    }
    public void pt(){
        System.out.println("Java是一门面向对象的程序设计语言");
    }
    public void setXY(int x,int y){
        this.x = x;
        this.y = y;
    }
    public int getX(){
        return x;
    }
    public int getY(){
        return y;
    }
}
```

**SubClass.java**

```java
package oop;
public class SubClass extends SuperClass{
    // 子类继承了父类的a、b变量,隐藏了父类的c变量
    int c;
    // 子类的这个构造方法通过调用父类中的三个参数构造方法完成
    SubClass(int a,int b,int c){
        super(a,b,c);
    }
    // 子类重写了父类的Calculate方法
    public int Calculte(int x,int y){
        return x - y;
    }
    // 子类重载了父类中的Multiply方法,同时子类仍然可以使用父类中的原Multiply方法
    public int Multiply(int x,int y,int z){
        // 这里通过super调用了父类中的Multiply方法
        return super.Multiply(x,y) * z;
    }
    // 以下五个方法是子类自己的方法
    public void ptVariable(){
        System.out.println("子类中的a、b、c分别为:" + getA() + " " +
            getB() + " " + getC());
    }
```

第4章 Java 的面向对象特性

```
    public int getA() {
        return a;
    }
    public int getB() {
        return b;
    }
    public int getC() {
        return c;
    }
    public void setC() {
        // 这里子类调用了父类中的 c 变量
        this.c = super.c;
    }
}
```

**TestInheritance.java**

```
package oop;
public class TestInheritance {
    public static void main(String[] args) {
        SuperClass A = new SuperClass();
        SubClass B = new SubClass(1,2,3);
        System.out.println("父类中的a、b、c分别为:" + A.a + " " +
            A.b + " " + A.c);
        B.ptVariable();
        B.setC();
        System.out.print("调用父类中的c变量给子类中的c变量赋值后,");
        B.ptVariable();
        System.out.println("父类中计算5,10的结果:" + A.Calculte(5,10));
        System.out.println("子类中计算5,10的结果:" + B.Calculte(5,10));
        System.out.println("父类中计算二参数乘法的结果:" + A.Multiply(3,10));
        System.out.println("子类中计算二参数乘法的结果:" + B.Multiply(3,10));
        System.out.println("子类中计算三参数乘法的结果:" + B.Multiply(3,10,2));
        A.pt();
        B.pt();
    }
}
```

代码说明：这个例子解释起来比较复杂，程序中给出了一部分注释，下面再通过分类的方式进行说明。

SuperClass 类中有 x、y、a、b、c 五个变量。其中，x 和 y 为该类私有，a、b、c 可被子类继承。

SubClass 类中有 a、b、c 三个变量。其中，a、b 继承自父类，c 则隐藏了父类中的 c 变量。

SuperClass 类中有 SuperClass（int a，int b，int c）和 SuperClass（）两个构造方法，第一个使用参数 a、b、c 给该类的变量 a、b、c 赋值，第二个将该类中的变量 a 和 b 设为 1。

SubClass 类中的 SubClass（int a，int b，int c）构造方法通过调用父类中的 SuperClass（int a，int b，int c）构造方法为 SubClass 中的 a、b、c 变量赋值。注意，因为 a 和 b 变量是继承自父类的，所以赋值的过程没有问题。而 c 变量其实是没有赋值的，因为在 SubClass 类中，c 变量隐藏了父类中的 c 变量，而使用的构造方法是通过调用父类中的构造方法进行的，因此这里的 c 参数值最终赋给了父类中的 c，而并没有赋给子类中的 c。

SuperClass 类中有 public int Calculte（int x，int y）、public int Multiply（int x，int y）、public void pt（）、public void setXY（int x，int y）、public int getX（）、public int getY（）六个方法。

SubClass 类中的 public int Calculte（int x，int y）方法重写了父类中的 public int Calculte（int x，int y）方法，将原来的 return x + y 变为了 return x - y。public int Multiply（int x，int y，int z）方法重载了父类中的 public int Multiply（int x，int y）方法。public void ptVariable（）、public int getA（）、public int getB（）、public int getC（）、public void setC（）五个方法是子类自己的方法。此外，SubClass 还继承了父类中的 public int Multiply（int x，int y）、public void pt（）、public void setXY（int x，int y）、public int getX（）、public int getY（）方法。所以，子类中共有 12 个方法。

需要说明的是，在 TestInheritance 类中的粗体部分，即 SubClassB = new SubClass（1,2,3）；，这里 1 和 2 的值顺利地赋给了子类对象 B 的 a 和 b 变量，而子类对象的 c 变量却不是 3，而是 0。这是因为 SubClass（1，2，3）这个构造方法是调用父类的 SuperClass（1，2，3）构造方法进行赋值的，而 a、b 是子类继承自父类的，因此可以正常赋值；而 c 是子类隐藏父类的，因此子类中的 c 无法通过父类中的构造方法进行设置。SubClass B = new SubClass(1,2,3)；这句话执行完毕后，系统会创建一个隐藏的父类对象，并将这个父类对象中的 c 设为 3。尤其需要注意的是，父类对象 A 中的 c 是不会受到子类对象 B 的影响的，A 中的 c 值仍然保持为 5，而不是 3。在执行 B.setC()；这条语句时，系统会发现 setC 方法是通过调用父类中的 c 为子类中的 c 赋值，这时就会从隐藏的父类对象中将 c 的值提取出来，再赋给子类对象 B 中的 c。

运行结果：

父类中的 a、b、c 分别为:1 1 5
子类中的 a、b、c 分别为:1 2 0
调用父类中的 c 变量给子类中的 c 变量赋值后,子类中的 a、b、c 分别为:1 2 3
父类中计算5,10 的结果:15
子类中计算5,10 的结果:-5
父类中计算二参数乘法的结果:30
子类中计算二参数乘法的结果:30
子类中计算三参数乘法的结果:60
Java 是一门面向对象的程序设计语言
Java 是一门面向对象的程序设计语言

### 4.3.3 多态

多态就是指实例对象表现出来的多种形态。Java 中的多态包括运行时多态和编译时多态。前文讲述的方法重载和重写就属于编译时多态，即同一种方法名在不同的实例对象或者不同的参数列表情况下，能够显示出多种形态。运行时多态主要表现为可以通过父类声明一个实例对象，而在初始化该对象时，则调用子类的构造方法进行操作。这时，该实例对象仍属于父类类型，但在调用方法时，如果这个方法被子类重写，则调用子类中重写的方法。此外，子类中的其他方法，该实例对象是不能调用的。总之，通过子类的构造方法初始化的父类对象，可以完全使用父类中的方法，只有在该方法被子类重写时，才调用被子类重写的方法。此外，子类中的其他一切方法，该实例对象都不能调用。因此，运行时多态可以使得父类对象具有一定的子类性质，换句话说，就是在运行时多态的情况下，父类对象会将子类中重写的方法当成自己的方法，而自身被重写的方法，则不再会被调用。有时也将这种父类具有子类部分特性的情况称为反向继承。下面通过 SuperA.java、SubB.java 和 Polymorphism.java 程序进行演示。

**SuperA.java**

```java
package oop;
public class SuperA{
    public void callme()
    {
        System.out.println("调用父类的 callme 打印语句");
    }
    public void pt()
    {
        System.out.println("调用父类中的 pt 打印语句");
    }
}
```

**SubB.java**

```java
package oop;
public class SubB extends SuperA{
    public void callme()
    {
        System.out.println("调用子类中的 callme 打印语句");
    }
    public void subBPt(){
        System.out.println("SubB 的打印语句");
    }
}
```

**Polymorphism.java**

```java
package oop;
```

```
public class Polymorphism {
    public static void main(String[] args) {
        SuperA A = new SubB();
        //调用子类中重写的callme方法
        A.callme();
        //调用父类中的pt方法
        A.pt();
    }
}
```

代码说明：SuperA 类中的 callme 方法在子类 SubB 中被重写。在 Polymorphism 类中，通过子类 SubB 的构造方法初始化了父类实例对象 A。因此，A 调用的 callme 方法就是子类中被重写的方法，而调用的 pt 方法仍为父类中的方法。

运行结果：

调用子类中的 callme 打印语句
调用父类中的 pt 打印语句

## 4.4　static 与 final 修饰符

在 Java 的多种修饰符中，有两种比较特殊的修饰符：一种是 static，另一种是 final。

### 4.4.1　static 修饰符

static 修饰符主要用于修饰类的变量、方法和初始化块，分别称为类变量（静态变量）、类方法（静态方法）和静态初始化块。注意，类的变量是指类中定义的变量，类变量是指用 static 修饰的类的变量。类的方法是指类中定义的方法，类方法是指用 static 修饰的类的方法。

（1）使用 static 修饰类的变量

在 Java 中，通过 static 关键字修饰的类的变量称为类变量，可以被该类所有的实例对象所共享。任何实例对象对该变量作出的修改都会影响到其他的实例对象。在创建实例对象时，类变量被分配到单独的一个存储区域，任何该类的实例对象对类变量的存取都在这个存储区域中进行。可以通过【对象名．类变量名】的方式来访问类变量，也可以通过【类名．类变量名】的方式来访问类变量，Java 推荐采用后面的方式来访问类变量。

（2）使用 static 修饰类的方法

在 Java 中，通过 static 关键字修饰的类的方法称为类方法。同类变量一样，类方法可以通过【对象名．类方法名】的方式访问，也可以直接通过【类名．类方法名】访问，Java 推荐采用后面的方式来访问类方法。需要注意的，是类方法中不能使用 this 关键字，且只能调用类变量和其他类方法。也就是说，类方法只能访问类中 static 类型的类成员。

下面，通过 StaticFieldAndMethod.java 和 UseStaticFieldAndMethod.java 程序来演示类变量和类方法的使用。

# 第4章 Java 的面向对象特性

**StaticFieldAndMethod. java**

```java
package oop;
public class StaticFieldAndMethod {
    static int x;
    int y;
    public void setXY(int x,int y) {
        this.x = x;
        this.y = y;
    }
    public void ptX() {
        System.out.println("x = " + x);
    }
    public void ptY() {
        System.out.println("y = " + y);
    }
    static public void setX(int a) {
        //static 方法中不能使用 this 关键字
        //this.x = x;
        x = a;
        //static 方法中不能调用非 static 类型的变量
        //y = x;
        //static 方法中不能调用非 static 类型的方法
        //ptY();
    }
}
```

**UseStaticFieldAndMethod. java**

```java
package oop;
public class UseStaticFieldAndMethod {
    public static void main(String[] args) {
        StaticFieldAndMethod A = new StaticFieldAndMethod();
        StaticFieldAndMethod B = new StaticFieldAndMethod();
        A.setXY(5,6);
        B.setXY(7,8);
        A.ptX();
        A.ptY();
        B.ptX();
        B.ptY();
        StaticFieldAndMethod.x = 11;
        A.y = 9;
        B.y = 10;
```

```
        A. ptX( );
        A. ptY( );
        B. ptX( );
        B. ptY( );
        A. setX(12);
        A. ptX( );
        A. ptY( );
        B. ptX( );
        B. setX(13);
        B. ptX( );
        B. ptY( );
        A. ptX( );
        StaticFieldAndMethod. setX(14);
        A. ptX( );
        B. ptX( );
    }
}
```

代码说明：StaticFieldAndMethod 类中，x 为类变量，该变量被所有 StaticFieldAndMethod 类的对象共享。setX 为类方法，不能使用 this 关键字，只能访问 StaticFieldAndMethod 类中的类变量和类方法。

运行结果：

```
x = 7
y = 6
x = 7
y = 8
x = 11
y = 9
x = 11
y = 10
x = 12
y = 9
x = 12
x = 13
y = 10
x = 13
x = 14
x = 14
```

（3）使用 static 修饰初始化块

初始化块是类中除了变量、构造方法和方法之外可以存在的第四种成员。普通的初始化块在类中通过 { } 对构成，{ } 对里的代码在类创建实例对象时执行，且执行的顺序排在构造方法之前。如果类中有多个初始化块，则按照编写时从上到下的顺序依次执行。下面通过 InitialBlock.java 说明初始化块的作用。

**InitialBlock.java**

```java
package oop;
public class InitialBlock {
    private int a,b,c;
    // 初始化块
    {
        a = 1;
        b = 2;
        System.out.println("初始化块被执行");
    }
    // 构造方法
    InitialBlock( int a, int c) {
        this.a = a;
        this.c = c;
        System.out.println("构造方法被执行");
    }
    public void printABC() {
        System.out.println("a = " + a + " b = " + b + " c = " + c);
    }
    public static void main(String[] args) {
        InitialBlock ib = new InitialBlock(3,5);
        ib.printABC();
    }
}
```

代码说明：首先，这个例子采用了与原来的类和类调用不同的写法，前文涉及的类和类调用，是通过设计一个类，然后在另外一个类中使用 main 方法调用设计好的类进行的，因此设计和调用分成了两个类文件。而本例中，将类的设计和类的调用放在了一个类中完成。笔者建议，如果某一个类主要的作用是提供功能而不是提供运行，则采用前一种方式编写代码，否则采用后一种方式编写代码。实际上，在项目开发时，大部分的类是不提供运行的，只是用于被调用，因此第一种写法的概率比较大。当然，用作教材中的示例，第二种写法可以节省一定的版面。其次，该类中的初始化块用于给 a 和 b 变量赋值，并输出一个字符串，这个初始化块是在创建该类的实例对象时调用的，且运行的顺序排在构造方法之前。

**运行结果：**

```
初始化块被执行
构造方法被执行
a = 3 b = 2 c = 5
```

如果对初始化块使用 static 修饰符进行修饰，则该初始化块称为类初始化块（静态初化块)。与类方法相似的是,类初始化块也只能访问类中 static 类型的类成员。类初始化块在类被加载时执行,而不是在使用类创建实例对象时执行,因此类初始化块总是比普通初始化块先执行。如果类中有多个类初始化块,则与普通初始化块的执行顺序相同,也是按照编写时从上到下的顺序依次执行。下面通过 StaticInitialBlock. java 程序进行类初始化块的演示。

**StaticInitialBlock. java**

```java
package oop;
public class StaticInitialBlock {
    private int a,b,c;
    static int d;
    // 初始化块
    {
        a = 1;
        b = 2;
        System. out. println("初始化块被执行");
    }
    // 静态初始化块
    static {
        d = -1;
        System. out. println("静态初始化块被执行");
        System. out. println("d = " + d);
    }
    static {
        d = 1;
        System. out. println("d = " + d);
    }
    static {
        d = 3;
        System. out. println("d = " + d);
    }
    // 构造方法
    StaticInitialBlock(int a, int c) {
        this. a = a;
        this. c = c;
        System. out. println("构造方法被执行");
    }
    public void printABCD() {
        System. out. println("a = " + a + " b = " + b + " c = " + c + " d = " + d);
    }
    public static void main(String[ ] args) {
        System. out. println("main 方法被执行");
```

```
        StaticInitialBlock ib = new StaticInitialBlock(3,5);
        ib.printABCD( );
    }
}
```

代码说明：本例中有一个初始化块，三个类初始化块。当编译器探测到类进行加载时，先执行三个类初始化块，然后转而执行 main 方法，当发现创建类的实例对象时，再执行初始化块，继而执行构造方法，最后执行 ib.printABCD 方法。

运行结果：

```
静态初始化块被执行
d = -1
d = 1
d = 3
main 方法被执行
初始化块被执行
构造方法被执行
a = 3 b = 2 c = 5 d = 3
```

### 4.4.2  final 修饰符

final 修饰符用于修饰变量、方法和类。final 翻译成中文的意思是最终的、到此为止的、不可更改的，因此使用 final 修饰的变量称为常量，一旦赋值就无法改变。用 final 修饰的方法不可以被子类重写，用 final 修饰的类不可以被继承。

（1）使用 final 修饰变量

使用 final 修饰变量有以下三种可能的情况：

① 如果 final 修饰的变量为基本数据类型，则该变量在第一次被赋值后，在整个程序运行阶段无法再次进行赋值。

② 如果 final 修饰的变量为引用数据类型（如数组或某个类的对象），则该变量引用的地址无法改变，但变量内部的值可以改变。

③ 如果希望设置一个类的类变量为常数，则可以将 static 和 final 修饰符联合起来进行声明，此时声明的变量称为类常量。例如如下声明语句：

`static final double PI = 3.14;`

此时 PI 为类常量，该类所有的实例对象共享这个类常量，如果将上述语句改为

`final double PI = 3.14;`

此时 PI 为常量，该类每一个实例对象都拥有一个该常量。对于类常量的赋值，只能在类初始化块或者该常量声明时赋值。对于类中的 final 类型变量的赋值，可以在初始化块、该变量声明时或者构造方法中赋值。只要是 final 修饰的变量，就无法使用方法赋值。

下面通过 FinalVariable.java 程序对 final 修饰符修饰变量进行示例。

**FinalVariable.java**

```java
package oop;
public class FinalVariable {
    // 类中的final型变量,可在变量声明时、初始化块中和构造方法中赋值
    // a在变量声明时赋值
    final int a = 5;
    // b在初始化块中赋值
    final int b;
    // c在构造方法中赋值
    final int c;
    // 类常量可以在常量声明时、类初始化块中赋值
    // PI在常量声明时赋值
    static final double PI = 3.14;
    // e在类初始化块中赋值
    static final double e;
    // final修饰的变量无法通过方法赋值,以下部分不加注释会报错
    /* public void setA(int a) {
        this.a = a;
    } */
    // 初始化块
    {
        b = 9;
    }
    // 构造方法
    FinalVariable() {
        c = 15;
        // 类常量无法在构造方法中赋值,下一行代码不加注释会报错
        // e = 2.718281828459;
    }
    // 类初始化块
    static {
        e = 2.718281828459;
    }
    public static void main(String[] args) {
        FinalVariable fv = new FinalVariable();
        // 常量值一旦确定就无法再改变,以下部分不加注释会报错
        /* fv.a = 6;
        fv.e = 12; */
        System.out.println("a = " + fv.a + "\nb = " + fv.b + "\nc = " + fv.c +
            "\nPI = " + FinalVariable.PI + "\ne = " + FinalVariable.e);
        int[] B = {2,4,6,8};
```

```
        final int [] A = {3,5,7,9};
        // final 类型的 A 数组,数组中的内容是可以改变的
        for(int i = 0;i < A.length;i++)
            A[i] = A[i] +1;
        System.out.print("A = ");
        for(int j:A)
            System.out.print(j+" ");
        // 让 B 指向 A 的地址,此时 B 和 A 指向同一个数组
        B = A;
        System.out.print("\nB = ");
        for(int j:B)
            System.out.print(j+" ");
        // final 修饰的 A 数组属于引用类型,引用的地址不能改变,下一行不加注释会报错
        //A = B;
    }
}
```

代码说明：在本例中，定义了 a、b、c 三个常量，分别在声明时赋值、在初始化块中赋值、在构造方法中赋值；定义了 PI 和 e 两个类常量，分别在声明时赋值、在类初始化块中赋值。在 main 方法中定义了 A 和 B 两个数组，A 为 final 类型数组，B 为普通数组，A 数组和 B 数组中的值都可以变化，B 指向的地址也可以变化，但 A 指向的地址不能变化。

**运行结果：**

```
a = 5
b = 9
c = 15
PI = 3.14
e = 2.718281828459
A = 4 6 8 10
B = 4 6 8 10
```

（2）使用 final 修饰方法

使用 final 修饰的方法是无法被子类重写的，但是子类可以重载父类中的 final 方法。下面通过 FinalMethod.java 和 SubFinalMethod.java 来进行示例。

**FinalMethod.java**

```
package oop;
public class FinalMethod {
    final int Add(int a,int b) {
        return a+b;
    }
}
```

**SubFinalMethod. java**

```java
package oop;
public class SubFinalMethod extends FinalMethod {
    // 父类中 Add 方法为 final 类型,不可被重写,下列注释部分取消注释则报错
    /*
     * final int Add(int a,int b) { return 2 * a + 2 * b;}
     */
    // Add 方法不可重写,但可以重载
    final int Add(int a,int b,int c) {
        return a + b + c;
    }
    public static void main(String[] args) {
        // TODO Auto-generated method stub
        SubFinalMethod sfm = new SubFinalMethod();
        // 调用父类中的二参数 Add 方法
        int result = sfm.Add(10,15);
        System.out.println("result = " + result);
        // 调用子类中重载的三参数 Add 方法
        result = sfm.Add(10,15,20);
        System.out.println("result = " + result);
    }
}
```

代码说明：在 FinalMethod 类中有一个 final 类型的 Add 方法,用于计算两个 int 数据的和。该方法在子类中无法重写,但是可以重载,经过重载,Add 方法可以完成三个 int 数据的求和。

**运行结果：**

```
result = 25
result = 45
```

（3）使用 final 修饰类

使用 final 修饰的类无法被继承,也就是说,final 类型的类无法派生出子类。例如,Java 中的 Math 类、String 类、System 类等都属于 final 类型,用户不能创建这些类的子类。如果使用 extends 关键字去继承 final 类型的类,则系统会给出报错提示。

## 4.5 抽象类和接口

在程序设计中,经常会遇到一类问题：明确地知道某一种方法一定要做,但是由于不同的应用背景,这个方法的做法会有所不同,也就是说,父类会有一种方法明确要求子类去重写,但是不同的子类对于这个方法的重写是不同的。例如,在某图形类中,需要实现求面积和周长的方法,然而对于这个图形类的子类,如三角形类、矩形类和圆形类来说,求面积和

周长的方法是不同的。图形类明确要求它的子类必须能够实现求面积和周长的方法,却又不告诉子类该如何去做,这时就可以通过抽象(abstract)来实现。

### 4.5.1 抽象类和抽象方法

abstract 修饰符用于修饰类和方法,分别称为抽象类和抽象方法。对于抽象类和抽象方法,相应的规范要求如下:

1)抽象类不能创建实例对象,且必须被继承。

2)抽象方法只能有方法声明,不能有方法体。也就是说,抽象方法不提供具体的方法实现,方法的具体实现由子类根据实际情况自行设计完成。

3)含有抽象方法的类只能被定义为抽象类。抽象类可以包含非抽象的方法,但至少要包含一个抽象方法。

下面通过 Shape.java、Triangle.java、Circle.java 和 TestAbstract.java 程序对抽象类和抽象方法进行示例。

**Shape.java**

```java
package oop;
public abstract class Shape {
    private String shapeName;
    public String getShapeName() {
        return shapeName;
    }
    public void setShapeName(String shapeName) {
        this.shapeName = shapeName;
    }
    public void printPerimeter() {
        System.out.println(getShapeName() + "周长 = " +
                this.ComputePerimeter());
    }
    public void printArea() {
        System.out.println(getShapeName() + "面积 = " +
                this.ComputeArea());
    }
    public abstract double ComputePerimeter();
    public abstract double ComputeArea();
}
```

**Triangle.java**

```java
package oop;
public class Triangle extends Shape {
    private double a,b,c;
    Triangle(double a,double b,double c) {
```

```java
        this.setSides(a,b,c);
        super.setShapeName("三角形");
    }
    public void setSides(double a,double b,double c){
        if( (a+b<=c) || (b+c<=a) || (a+c<=b)){
            System.out.println("三角形两边之和必须大于第三边");
            return;
        }
        this.a = a;
        this.b = b;
        this.c = c;
    }
    // 实现父类中的ComputePerimeter抽象方法
    public double ComputePerimeter(){
        return this.a + this.b + this.c;
    }
    // 实现父类中的ComputeArea抽象方法
    public double ComputeArea(){
        double p = (this.a + this.b + this.c)/2;
        return Math.sqrt(p*(p-this.a)*(p-this.b)*(p-this.c));
    }
}
```

**Circle.java**

```java
package oop;
public class Circle extends Shape{
    private double radius;
    Circle(double radius){
        this.setRadius(radius);
        super.setShapeName("圆形");
    }
    public void setRadius(double radius){
        if(radius <=0){
            System.out.println("半径必须大于0");
            return;
        }
        this.radius = radius;
    }
    // 实现父类中的ComputePerimeter抽象方法
    public double ComputePerimeter(){
        return 2*Math.PI*this.radius;
```

# 第4章 Java的面向对象特性

```java
    }
    // 实现父类中的ComputeArea抽象方法
    public double ComputeArea() {
        return Math.PI * Math.pow(radius,2);
    }
}
```

**TestAbstract.java**

```java
package oop;
public class TestAbstract {
    public static void main(String [] args) {
        // s1和s2的定义属于运行时多态的形式,是Shape实例对象,可以调用Triangle和Circle中重写
        的ComputePerimeter和ComputeArea抽象方法
        Shape s1 = new Triangle(4,5,3);
        Shape s2 = new Circle(10);
        s1.printPerimeter();
        s1.printArea();
        s2.printPerimeter();
        s2.printArea();
    }
}
```

代码说明:在Shape类中定义了shapeName变量,用于表示形状的名称,并设置了该变量的setter和getter方法。printPerimeter和printArea方法用于输出周长和面积,这两个方法可以被子类继承。ComputePerimeter和ComputeArea方法用于计算周长和面积,因为不同的形状计算的方式不同,因此这两个方法定义为抽象方法,也即子类必须实现这两个方法。Triangle类是Shape的子类,表示三角形形状,该类实现了Shape类中用于计算周长和面积的抽象方法。Circle类也是Shape的子类,表示圆形形状,该类也实现了Shape类中用于计算周长和面积的抽象方法。在TestAbstract类中创建了Shape类的两个实例对象s1和s2,s1通过Triangle类的构造方法初始化,s2通过Circle类的构造方法初始化,因此s1和s2属于Shape类的实例对象,但分别可以调用Triangle类和Circle类的计算周长和面积的方法。因为Triangle类和Circle类的构造方法中调用了Shape类的setShapeName方法,因此s1和s2的shapeName变量分别被设为了三角形和圆形。

运行结果:

```
三角形周长=12.0
三角形面积=6.0
圆形周长=62.83185307179586
圆形面积=314.1592653589793
```

通过上述例子可以看出,抽象的作用在于提供一种模板,通过统一的功能机制描述,使得子类必须遵循父类的要求来完成对应的方法设计,并且在不同的子类中,虽然操作的过程

可能有所不同,但是这种操作具有高度的统一性,从而避免了子类中对于相同性质方法设计的随意性。

### 4.5.2 接口

在上一节中,通过抽象类和抽象方法完成了类似于模板的设计。但是,由于抽象类中可以拥有非抽象的方法,因此这种模板是松散的,子类中只需要实现父类中的抽象方法即可,而对父类中的非抽象方法则没有重写的要求,从而显得父类和子类之间的操作机制不是高度的统一和规范。针对这个问题,Java 提供了一种更为抽象的技术,使得子类必须实现父类中所有规定的方法,这种技术称为接口(Interface)。

与抽象类相比,接口是一种更为彻底的模板,接口中的方法全部为抽象方法,也即子类必须实现接口中的全部方法。接口中的方法都用 public abstract 修饰符修饰,即使在编写接口时不为方法指定这两个修饰符。除了常量、抽象方法和内部类(内部类的概念和知识在本书中不涉及,有兴趣的读者可查阅资料进行学习)外,接口中不允许有其他的成员存在,甚至连构造方法和初始化块也不允许存在。

在 Java 中,接口也是类的一种形式,通过 Interface 关键字进行定义,语法如下:

```
[修饰符] interface interfaceName {
    常量定义……
    抽象方法定义……
}
```

接口只能继承接口,不能继承类,某个类如果要实现接口,需在类声明时通过 implements 关键字进行声明,语法如下:

```
public class className implements interfaceName {
    statement
    ……
    实现 interfaceName 这个接口的所有方法
    ……
}
```

下面通过 InterfaceShape.java、TriangleByInterface.java、CircleByInterface.java 和 TestInterFace.java 程序对接口的创建和使用进行示例。

**InterFaceShape.java**

```
package oop;
public interface InterfaceShape {
    final static String triangle = "三角形";
    final static String circle = "圆形";
    public abstract void printPerimeter();
    public abstract void printArea();
```

```java
    public abstract double ComputePerimeter();
    public abstract double ComputeArea();
}
```

### TriangleByInterface.java

```java
package oop;
public class TriangleByInterface implements InterfaceShape {
    private double a,b,c;
    TriangleByInterface(double a,double b,double c) {
        this.setSides(a,b,c);
    }
    public void setSides(double a,double b,double c) {
        if( (a+b<=c) || (b+c<=a) || (a+c<=b)) {
            System.out.println("三角形两边之和必须大于第三边");
            return;
        }
        this.a = a;
        this.b = b;
        this.c = c;
    }
    // 实现接口中的四个方法
    public double ComputePerimeter() {
        return this.a + this.b + this.c;
    }
    public double ComputeArea() {
        double p = (this.a + this.b + this.c)/2;
        return Math.sqrt(p*(p-this.a)*(p-this.b)*(p-this.c));
    }
    public void printPerimeter() {
        System.out.println(InterfaceShape.triangle + "周长 = " +
                this.ComputePerimeter());
    }

    public void printArea() {
        System.out.println(InterfaceShape.triangle + "面积 = " +
                this.ComputeArea());
    }
}
```

### CircleByInterface.java

```java
package oop;
public class CircleByInterface implements InterfaceShape {
```

```java
    private double radius;
    CircleByInterface(double radius) {
        this.setRadius(radius);
    }
    public void setRadius(double radius) {
        if(radius <=0) {
            System.out.println("半径必须大于0");
            return;
        }
        this.radius = radius;
    }
    // 实现接口中的四个方法
    public double ComputePerimeter() {
        return 2 * Math.PI * this.radius;
    }
    public double ComputeArea() {
        return Math.PI * Math.pow(radius,2);
    }
    public void printPerimeter() {
        System.out.println(InterfaceShape.circle + "周长 = " +
                this.ComputePerimeter());
    }
    public void printArea() {
        System.out.println(InterfaceShape.circle + "面积 = " +
                this.ComputeArea());
    }
}
```

**TestInterFace.java**

```java
package oop;
public class TestInterFace {
    public static void main(String [] args) {
        TriangleByInterface s1 = new TriangleByInterface(4,5,3);
        CircleByInterface s2 = new CircleByInterface(10);
        s1.printPerimeter();
        s1.printArea();
        s2.printPerimeter();
        s2.printArea();
    }
}
```

代码说明：本例创建了接口 InterfaceShape，该接口中有两个 String 常量：triangle 和 cir-

第 4 章　Java 的面向对象特性

cle，分别用于代表三角形和圆形；还有四个抽象方法，分别用于输出周长面积和计算周长面积。TriangleByInterface 类实现了 InterfaceShape 接口，即此接口的四个抽象方法在 TriangleByInterface 类中都得到了实现，在输出周长和面积时，通过直接调用 InterfaceShape 接口的 triangle 常量，来确保在输出周长和面积时加上【三角形】的定语。CircleByInterface 类与 TriangleByInterface 类相似，用于圆形的操作。可以看出，通过接口技术实现了比抽象类更加统一和规范的设计，用户实现接口时必须按照接口的机制进行操作。在第 5 章的图形用户界面设计中，使用到的监听器，就属于一种典型的接口技术。

运行结果：与 TestAbstract.java 运行结果相同。

## 4.6　Java 字符串

字符串就是连续的字符组成的序列。在 Java 中，单个字符属于 char 类型，多个字符组成的字符串，可以放置在一个 char 类型的数组中。为了便于程序的开发，Java 提供了专门的字符串类来进行字符串的各种操作。Java 中的字符串类共有三种，分别为 String 类、StringBuffer 类和 StringBuilder 类。其中，StringBuffer 类和 StringBuilder 类的区别在于前者是线程安全的，后者是线程不安全的，从执行效率上来说，后者更快一些。需要说明的是，StringBuilder 从 JDK 1.5 版本开始出现，之前的版本是不支持的。这三种字符串都是 final 类型，因此不能被继承，无法创建这三个类的子类。

### 4.6.1　String 字符串

String 字符串又称为不可变字符串，也就是说，一旦声明了某个 String 类型的实例对象，并给该对象赋值后，这个对象内部的值和长度不能再发生改变，除非为该实例对象重新赋值。String 类型的实例对象可以通过以下几种方法进行初始化，其中第一行和第二行的形式比较常用。

```
String s = "characters sequence";
String s = new String("characters sequence");
String s = new String();s = "characters sequence";
char [ ] data = {every char[i]};String s = new String(data);
```

由于字符串的操作在程序设计时是经常使用到的，因此 JDK 为字符串的操作设置了大量的方法可供调用，在此列举部分常用方法，见表 4-2。需要注意的是，Java 中的字符串的首位字符的下标从 0 开始。

表 4-2　String 类中的部分方法

| 方 法 声 明 | 方 法 功 能 |
| --- | --- |
| public char charAt（int index） | 返回 index 位置处的字符 |
| public boolean equals（Object anObject） | 比较字符串的内容是否一致 |
| public boolean equalsIgnoreCase（String anotherString） | 比较字符串的内容是否一致，忽略大小写 |
| public int compareTo（String anotherString） | 按照字典顺序比较字符串大小 |

(续)

| 方 法 声 明 | 方 法 功 能 |
|---|---|
| public int compareToIgnoreCase（String str） | 按照字典顺序比较字符串大小，忽略大小写 |
| public boolean startsWith（String prefix，int toffset） | toffset 位置是否以 prefix 开头 |
| public boolean endsWith（String suffix） | 字符串是否以 suffix 结尾 |
| public int indexOf（int ch） | 字符 ch 首次出现的位置 |
| public int lastIndexOf（int ch） | 字符 ch 末次出现的位置 |
| public int indexOf（String str） | 子串 str 首次出现的位置 |
| public int lastIndexOf（String str） | 子串 str 末次出现的位置 |
| public String substring（int beginIndex） | 返回 beginIndex 位置开始处的子串 |
| public String concat（String str） | 连接 str 字符串形成新字符串并返回 |
| public String replace（char oldChar，char newChar） | 将 oldChar 字符替换为 newChar 字符 |
| public boolean contains（CharSequence s） | 返回是否包含字符序列 s |
| public String toLowerCase（） | 将所有字符转为小写字母并返回新字符串 |

下面通过 StringTest.java 程序演示 String 类型字符串的使用。

**StringTest.java**

```
package oop;
public class StringTest {
    public static void main(String[] args) {
        String s = "today is Friday!";
        String str = "Today is Friday!";
        System.out.println("s 的长度为:" + s.length());
        System.out.println(s.isEmpty()?
                "s 字符串为空":"s 字符串不为空");
        System.out.println(s.equals(str)?
                "s 和 str 是相同的字符串":"s 和 str 是不同的字符串");
        System.out.println(s.equalsIgnoreCase(str)?
                "s 和 str 是相同的字符串":"s 和 str 是不同的字符串");
        System.out.println("compareTo 方法的比较结果:" +
                s.compareTo(str));
        int i = 2;
        System.out.println("s 字符串的第" + (i+1) + "个字符是:" +
                s.charAt(2));
        System.out.println("将 s 和 str 连接起来的新字符串是:" +
                s.concat(str));
        System.out.println("将 s 中的 't' 换为 'T' 的结果是:" +
                s.replace('t','T'));
        System.out.println("s 中第一次出现 'a' 的位置是:" +
                s.indexOf('a'));
```

# 第4章 Java 的面向对象特性

```java
        System.out.println("将 s 中字符全部变为小写的结果是:" +
                s.toLowerCase());
        System.out.println("s 中是否包括 'rid' 的结果是:" +
                s.contains("rid"));
    }
}
```

通过 String 提供的方法,确实可以方便地解决很多字符串的问题,但是一些比较复杂的问题,一次性使用 String 提供的方法可能无法完成,这时需要通过重复使用某个或某几个方法一起进行设计。下面以查找字符串中某子串第 n 次出现的位置、某子串在字符串中出现的次数这两个问题为例进行说明,见 MyStringMehod.java。

**MyStringMehod.java**

```java
package oop;
public class MyStringMehod {
    // 查找某 sub 子串在字符串 s 中第 n 次出现的位置
    public int FindPosition(String s, String sub, int n) {
        // 如果次数 n 小于等于0,则给出提示后退出
        if (n <= 0) {
            System.out.println("次数 n 必须大于0");
            System.exit(0);
        }
        if (n > FindCount(s, sub)) {
            System.out.println(sub + "在" + s + "中不可能出现" + n +
                    "次,最多" + FindCount(s, sub) + "次");
            System.exit(0);
        }
        // 若要得到 sub 第 i 次出现的位置,则从 sub 第 i-1 次出现的位置以后开始查找
        // 当 i 变成 n 时,则得到 sub 第 n 次的位置
        // 先得到第一次出现 sub 的位置
        int position = s.indexOf(sub);
        for (int i = 2; i <= n; i++)
            position = s.indexOf(sub, position + sub.length());
        return position;
    }
    // 查找某 sub 子串在字符串 s 中第 n 次出现的位置,通过递归方法完成
    public int FindPositionByRecursion(String s, String sub, int n) {
        if (n <= 0) {
            System.out.println("次数 n 必须大于0");
            System.exit(0);
        }
        if (n > FindCount(s, sub)) {
```

```java
                System.out.println(sub + "在" + s + "中不可能出现" + n +
                        "次,最多" + FindCount(s,sub) + "次");
            System.exit(0);
        }
        // 如果n为1,则返回第一次出现sub的位置
        if(n==1)
                return s.indexOf(sub);
        // 如果n>1,则从(n-1)次出现sub的位置以后查找sub首次出现的位置
        else
                return s.indexOf(sub,FindPositionByRecursion(s,sub,n-1) +
                        sub.length());
    }
    // 返回sub在s中出现的次数
    public int FindCount(String s,String sub){
        int count = 0;
        int position = 0;
        // 计算sub在s中出现的次数,每找到一次,则从当次的后面再进行查找
        while(s.indexOf(sub,position) >= 0){
            count ++;
            position = s.indexOf(sub,position) + sub.length();
        }
        return count;
    }
    public static void main(String[] args){
        // TODO Auto-generated method stub
        MyStringMehod msm = new MyStringMehod();
        String s = "aabbaaccddbbaaabbccc";
        String sub = "aa";
        int n = 2;
        int position_1 = 0;
        int position_2 = 0;
        position_1 = msm.FindPosition(s,sub,n);
        position_2 = msm.FindPositionByRecursion(s,sub,n);
        System.out.println(sub + "在" + s + "中一共出现了" +
                msm.FindCount(s,sub) + "次");
        System.out.println(sub + "在" + s + "中第" + n + "次出现的位置为:" +
                position_1);
        System.out.println(sub + "在" + s + "中第" + n + "次出现的位置为:" +
                position_2);
    }
}
```

# 第4章 Java 的面向对象特性

代码说明：在本例中定义了以下三种方法：

① public int FindCount（String s，String sub）用于在 s 字符串中计算 sub 字符串出现的次数。方法设计的思想在于从当前位置开始能够在 s 中找到 sub，则次数自增一次，然后将位置移动到当前 sub 在 s 中的位置之后继续寻找。

② public int FindPosition（String s，String sub，int n）用于计算 sub 字符串在 s 字符串中第 n 次出现的位置。方法设计的思想在于首先筛选出不合理的 n，然后在合理的 n 的范围内，确定出 s 中第一次 sub 的位置，以及第 i 次出现 sub 的位置，相当于从 s 中第 i−1 次 sub 出现的位置之后开始寻找 sub 第一次出现的位置。

③ public int FindPositionByRecursion（String s，String sub，int n）的功能同上，采用递归的方法实现。设计的思想和上面的方法也是一样的。

运行结果：显然，n 为负数或者 n 超过了待查串出现的次数时，n 是不合理的，其他情况下，n 是合理的。n 为合理的情况下的结果如下：

aa 在 aabbaaccddbbaaabbccc 中一共出现了 3 次
aa 在 aabbaaccddbbaaabbccc 中第 2 次出现的位置为:4
aa 在 aabbaaccddbbaaabbccc 中第 2 次出现的位置为:4

n 为不合理的情况下的结果如下：

aa 在 aabbaaccddbbaaabbccc 中不可能出现 7 次,最多 3 次
或者
次数 n 必须大于 0

有时希望将一个字符串分割为若干字符串。例如，将表示 IP 地址的字符串【192.168.1.101】解析成四个字符串，将表示日期的字符串【2014-6-17】解析成三个字符串等。这时，可以使用 String 类的 split 方法进行操作。split 方法中涉及正则表达式的概念，本书不讨论这部分的内容。这里通过 [ ] 中括号对来匹配分隔符。下面通过 StringSplit.java 程序进行演示。

**StringSplit.java**

```
package oop;
public class StringSplit {
    public static void main(String[ ] args) {
        String str = "192.168.1.101";
        String [ ] ss = str.split("[.]");
        for(String s:ss)
            System.out.println(s);
        str = "2014-6-17";
        ss = str.split("[-]");
        for(String s:ss)
            System.out.println(s);
    }
}
```

代码说明：在 split 方法中，方法的参数为一个正则表达式，这个内容比较难懂，本书

中不予讲述。初学者只需要知道，将分隔符放置在 split 方法参数内的中括号对内，就可以实现通过分隔符将字符串分割为若干字符串即可。

**运行结果：**

```
192
168
1
101
2014
6
17
```

### 4.6.2 StringBuffer 字符串

StringBuffer 字符串又称为可变字符串，即创建了 StringBuffer 类的实例对象后，不需要为该实例对象重新赋值，即可直接更改该实例对象的内容。与 String 类相同，JDK 也为 StringBuffer 类提供了大量的操作方法可供直接使用，其中 String 类的部分方法也可供 StringBuffer 类使用。下面列举部分 StringBuffer 类的方法，见表 4-3。

表 4-3 StringBuffer 类中的部分方法

| 方 法 声 明 | 方 法 功 能 |
| --- | --- |
| public StringBuffer append（CharSequence s） | 将 s 追加到字符串尾部 |
| public StringBuffer delete（int start，int end） | 删除 start 至 end-1 的字符并移动到一个子串中 |
| public StringBuffer insert（int dstOffset，CharSequence s） | 将 s 插入到 dstOffset 位置 |
| public StringBuffer replace（int start，int end，String str） | 将 str 替换 start 至 end-1 的字符 |
| public String substring（int start，int end） | 返回 start 至 end-1 的字符 |
| public StringBuffer reverse（） | 将字符串镜像倒转 |
| public String toString（） | 将类型转为 String |

下面通过 StringBufferTest.java 程序对 StringBuffer 类的使用进行说明。

**StringBufferTest.java**

```
package oop;
public class StringBufferTest {
    public static void main(String[] args) {
        StringBuffer s = new StringBuffer("Today is Monday");
        System.out.println("s = " + s);
        s.append(",tomorrow is Tuesday");
        System.out.println("s = " + s);
        // 将 ....!!!...! 串从 4 位置开始到 7-1 位置处的字符追加到 s 尾部
        s.append("....!!!...!",4,7);
```

# 第4章 Java 的面向对象特性

```
            System.out.println("s = " + s);
            // 将 good 串添加到 17 位置
            s.insert(17,"good,");
            System.out.println("s = " + s);
            // 将 21 位置的字符设为!
            s.setCharAt(21,'!');
            System.out.println("s = " + s);
            // 将 9~17-1 位置处的字符删除
            s.delete(9,17);
            System.out.println("s = " + s);
            // 将 36 位置处的字符删除
            s.deleteCharAt(36);
            System.out.println("s = " + s);
            // 将 s 镜像倒转
            System.out.println("镜像倒转后 s = " + s.reverse());
            System.out.println(s + "长度为:" + s.length());
            System.out.println(s + "改为小写字母为:");
            s = new StringBuffer(s.toString().toLowerCase());
            System.out.println(s);
    }
}
```

代码说明：本例中使用了一些 StringBuffer 类的方法，在 API 手册中可以很方便地查找到用法。需要说明的是，如果 StringBuffer 类的实例对象希望调用 String 类的方法，则可以通过 toString 方法将自身转换为 String 类后再进行调用，但此时实例对象的类型发生了改变，从 StringBuffer 变为了 String。因此如果希望将调用方法后处理完毕的结果重新设置为 StringBuffer 类型，则需要通过 new 关键字重新创建原实例对象，将结果作为该实例对象的值并使用 StringBuffer 的构造方法进行初始化。

**运行结果：**

```
s = Today is Monday
s = Today is Monday,tomorrow is Tuesday
s = Today is Monday,tomorrow is Tuesday!!!
s = Today is Monday,good,tomorrow is Tuesday!!!
s = Today is Monday,good! tomorrow is Tuesday!!!
s = Today is good! tomorrow is Tuesday!!!
s = Today is good! tomorrow is Tuesday!!
镜像倒转后 s = !! yadseuT si worromot ! doog si yadoT
!! yadseuT si worromot ! doog si yadoT 长度为:36
!! yadseuT si worromot ! doog si yadoT 改为小写字母为:
!! yadseut si worromot ! doog si yadot
```

StringBuilder 类的使用与 StringBuffer 类基本一致，在此不再赘述。

## 4.7 装箱、拆箱和数字-字符串转换

在 Java 中，一切的事物都看作是某个类的具体实例对象，但是有一种例外的存在，就是在第 3 章中介绍的八种基本数据类型，即 byte、short、int、long、float、double、char 和 boolean。现实中的数字、字符和逻辑值与这八种基本数据类型中的某一种相对应。可以看出，这八种基本数据类型是不符合面向对象程序设计理念的，对此 Java 提供了与这八种基本数据类型相对应的包装类，见表 4-4。

表 4-4 基本数据类型及其对应的包装类

| 基本数据类型 | 对应的包装类 | 基本数据类型 | 对应的包装类 |
| --- | --- | --- | --- |
| byte | Byte | float | Float |
| short | Short | double | Double |
| int | Integer | char | Character |
| long | Long | boolean | Boolean |

从表 4-4 可以看出，基本数据类型对应的包装类，除 int 和 char 外，均是将首字母大写即可。从 JDK 1.5 版本开始，提供了自动装箱（Auto-Boxing）和自动拆箱（Auto-Unboxing）功能，使得基本数据类型与其对应的包装类之间可以很方便地进行转换。

### 4.7.1 装箱、拆箱

所谓的装箱（Boxing）就是将基本数据类型的值转换为对应包装类的对象。与之相反的操作是拆箱（Unboxing），就是将包装类的对象转换为对应的基本数据类型的值。例如，有语句 `Integer c = new Integer(10);`，则这条语句就是将 int 型整数 10 装箱到 Integer 类的实例对象 c 中，此时 c 也等于 10，但这里的 10 不再是整数 10，而变成了对象 10。4.2.1 节中已经说过，对象是不存在大小的概念的，只有对象的内容是否相同的概念。又如，有语句 `int a = c.intValue();`，则这条语句就是将 Integer 类的实例对象 c 所对应的数字拆箱形成数值后赋给 int 型变量 a。

Java 提供了三种装箱方式：第一种是通过构造方法进行装箱，第二种是通过 valueOf 方法进行装箱，第三种是直接将基本数据类型的值赋给对应的包装类实例对象，前两种称为手动装箱，最后一种称为自动装箱。拆箱的方式可以通过 xxxValue 方法完成，这里的 xxx 是指某种基本数据类型，也可以直接将包装类的实例对象赋给对应基本数据类型的变量，后者称为自动拆箱。下面通过 BoxingTest.java 对装箱、拆箱的过程进行说明。

**BoxingTest.java**

```
package oop;
public class BoxingTest {
    public static void main(String[] args) {
        int a = 100;
```

```java
        int b = 100;
        // 手动装箱,通过构造方法完成
        Integer c = new Integer(a);
        Integer d = new Integer(b);
        System.out.println("a = = b? " + (a = = b));
        System.out.println("c = = d? " + (c = = d));
        // 手动装箱,通过 valueOf 方法完成,对于 -128 ~ 127 的数字在内存中是复用的
        c = Integer.valueOf(a);
        d = Integer.valueOf(b);
        System.out.println("c = = d? " + (c = = d));
        // 自动装箱,将基本数据类型的数据赋给对象,对于 -128 ~ 127 的数字,在内存中是复用的
        c = 120;
        d = 120;
        System.out.println("c = = d? " + (c = = d));
        // 手动拆箱
        int e = c.intValue();
        double f = d.doubleValue();
        System.out.println("e = " + e + " f = " + f);
        // 自动装箱,将数字赋给对象
        c = 15;
        d = 16;
        System.out.println("c = " + c + " d = " + d);
        // 自动拆箱,将对象地址中存储的数值赋给基本数据类型的数据
        e = c;
        f = d;
        System.out.println("e = " + e + " f = " + f);
        //以下通过调用包装类的 MAX 和 MIN 值,输出各基本数据类型能表示的最大数和最小数
        System.out.println("The Max Byte is " + Byte.MAX_VALUE);
        System.out.println("The Min Byte is " + Byte.MIN_VALUE);
        System.out.println("The Max Short is " + Short.MAX_VALUE);
        System.out.println("The Min Short is " + Short.MIN_VALUE);
        System.out.println("The Max Int is " + Integer.MAX_VALUE);
        System.out.println("The Min Int is " + Integer.MIN_VALUE);
        System.out.println("The Max Long is " + Long.MAX_VALUE);
        System.out.println("The Min Long is " + Long.MIN_VALUE);
        System.out.println("The Max Float is " + Float.MAX_VALUE);
        System.out.println("The Min Float is " + Float.MIN_VALUE);
        System.out.println("The Max Double is " + Double.MAX_VALUE);
        System.out.println("The Min Double is " + Double.MIN_VALUE);
        System.out.println("The Max Char is " + (int)Character.MAX_VALUE);
        System.out.println("The Min Char is " + (int)Character.MIN_VALUE);
    }
}
```

代码说明：本例演示了手动装箱、手动拆箱、自动装箱和自动拆箱的过程。

① 手动装箱可以通过调用包装类的构造方法进行，将待装箱的基本数据类型变量作为构造方法的参数，如程序中粗体部分所示。这种方法会为每一个包装类的实例对象，开辟一个内存空间进行存储，此时即使两个实例对象的内容相同，在使用==符号判断时，结果仍为false，因为比较的是地址不是对象内容。

② 手动装箱可以通过调用 valueOf 方法进行，将待装箱的基本数据类型变量作为方法的参数，如程序中的下画线部分所示。这种方法对于 -128~127 的数据做了优化，当包装类的实例对象通过 -128~127 的数字进行实例化时，同一个数字创建的不同的实例对象会指向同一个地址，也即 -128~127 的数字，在内存中可以用于对象的复用。此时如果两个实例对象的内容相同，则在使用==符号判断时，得到的结果是 true，因为两个对象引用的是同一个地址。

③ 自动装箱是直接将基本数据类型的值赋给对应的包装类实例对象，如程序中粗体带下画线部分所示。与手动装箱的第二种方式相同，自动装箱对 -128~127 的数据也做了优化。此时如果两个实例对象的内容相同，则在使用==符号判断时，得到的结果是 true，因为两个对象引用的是同一个地址。

④ 手动拆箱通过 xxxValue 方法完成，这里的 xxx 是指某种基本数据类型，如程序中的斜体部分所示。手动拆箱是将包装类的实例对象引用地址中的数据赋值给基本数据类型变量的操作。

⑤ 自动拆箱直接将包装类的实例对象赋给对应基本数据类型的变量，如程序中粗体加斜体部分所示，目的是将包装类的实例对象引用地址中的数据赋值给基本数据类型变量。

⑥ 程序中通过各包装类的类常量 MAX_VALUE 和 MIN_VALUE 输出了各包装类的最大值和最小值，Boolean 包装类只有 true 和 false 两个逻辑值，不存在最大值和最小值。针对 Character 包装类的最大和最小值，程序中通过 int 强制转换为整数输出。

**运行结果：**

```
a = = b? true
c = = d? false
c = = d? true
c = = d? true
e = 120 f = 120.0
c = 15 d = 16
e = 15 f = 16.0
The Max Byte is 127
The Min Byte is - 128
The Max Short is 32767
The Min Short is - 32768
The Max Int is 2147483647
The Min Int is - 2147483648
The Max Long is 9223372036854775807
The Min Long is - 9223372036854775808
The Max Float is 3.4028235E38
```

```
The Min Float is 1.4E -45
The Max Double is 1.7976931348623157E308
The Min Double is 4.9E -324
The Max Char is 65535
The Min Char is 0
```

### 4.7.2 数字-字符串转换

在实际开发中,经常会遇到数字与字符串之间的转换问题。例如,从文本框中获取一门课程的成绩时,由于文本框中的内容是以字符串的形式存在的,而课程的成绩属于数字类型,因此需要将字符串形式的数字串转换为数值类型的数字,这就是字符串到数字的转换。相反,如果需要从数据库中读取一门课程的成绩并显示到文本框中,就需要将数值类型的数字成绩转换为字符串类型的数字串,因为文本框中能够显示的只能是字符串类型的数据,这就是数字到字符串的转换。

(1)字符串转换为数字

字符串转换为数字的操作,可以通过包装类的 valueOf 方法和 parseXxx 方法进行,这里 Xxx 表示希望转换的数字基本数据类型。这两种方法都可以将字符串转换为数字,但前者得到的是包装类实例对象形式的数字,属于一个对象;后者得到的是基本数据类型的数字,属于一个数值。下面通过表 4-5 来说明 valueOf 方法。

表 4-5 字符串转换为数字的 valueOf 方法

| 方法 | 作用 |
| --- | --- |
| public static Boolean valueOf(String s) | 将 boolean 形式的 s 转为 Boolean 对象 |
| public static Byte valueOf(String s) | 将 byte 形式的 s 转为 Byte 对象 |
| public static Short valueOf(String s) | 将 short 形式的 s 转为 Short 对象 |
| public static Integer valueOf(String s) | 将 int 形式的 s 转为 Integer 对象 |
| public static Long valueOf(String s) | 将 long 形式的 s 转为 Long 对象 |
| public static Float valueOf(String s) | 将 float 形式的 s 转为 Float 对象 |
| public static Double valueOf(String s) | 将 double 形式的 s 转为 Double 对象 |

需要说明的是,由 valueOf 方法是将字符串转换为数字,因此如果待转换的字符串中包含有非数字的元素,则转换将会出错。所以,除 Boolean 外,每一个包装类的 valueOf 方法,在声明时都抛出一个数字格式错误的异常(异常的概念,将在下一节介绍)。

上述 valueOf 方法是将字符串转换为数据包装类的实例对象。如果用户需要直接得到字符串对应的基本数据类型的数值,则可以通过包装类的 parseXxx 方法进行,Xxx 表示希望得到的数值所属的基本数据类型。下面通过表 4-6 来说明 parseXxx 方法。

表4-6 字符串转换为数字的 parseXxx 方法

| 方法 | 作用 |
| --- | --- |
| public static boolean parseBoolean（String s） | 将 boolean 形式的 s 转为 boolean 值 |
| public static byte parseByte（String s） | 将 byte 形式的 s 转为 byte 值 |
| public static short parseShort（String s） | 将 short 形式的 s 转为 short 值 |
| public static int parseInt（String s） | 将 int 形式的 s 转为 int 值 |
| public static long parseLong（String s） | 将 Tong 形式的 s 转为 long 值 |
| public static float parseFloat（String s） | 将 float 形式的 s 转为 float 值 |
| public static double parseDouble（String s） | 将 double 形式的 s 转为 double 值 |

与 valueOf 方法一样，由于 parseXxx 方法是将字符串转换为数字，因此，如果待转换的字符串中包含有非数字的元素，则转换将会出错。所以除 Boolean 外，每一个包装类的 parseXxx 方法在声明时都抛出一个数字格式错误的异常。

下面通过 String2Number.java 程序对字符串转换为数字的过程进行示例。

**String2Number.java**

```
package oop;
public class String2Number {
    public static void main(String[] args) {
        String s1 = "123";
        // 通过自动拆箱,将 s1 转换后的 Integer 实例对象指向的地址内容赋给 a
        int a = Integer.valueOf(s1);
        // 通过 parseInt 方法将 s1 转换为 int 数据
        int b = Integer.parseInt(s1);
        System.out.println("a = " + a + "\nb = " + b);
        String s2 = "true";
        // 通过自动拆箱,将 s2 转换后的 Boolean 实例对象指向的地址内容赋给 x
        boolean x = Boolean.valueOf(s2);
        // 通过 parseBoolean 方法将 s2 转换为 boolean 数据
        boolean y = Boolean.parseBoolean(s2);
        System.out.println("x = " + x + "\ny = " + y);
        String s3 = "34.56";
        // 通过自动拆箱,将 s3 转换后的 Double 实例对象指向的地址内容赋给 p
        double p = Double.valueOf(s3);
        // 通过 parseDouble 方法将 s3 转换为 double 数据
        double q = Double.parseDouble(s3);
        System.out.println("p = " + p + "\nq = " + q);
    }
}
```

代码说明：本例使用了 valueOf 和 parseXxx 方法将字符串转换为数字。需要注意的是，这两种方法转换得到的结果是不同的，前者获得的是一个包装类的实例对象，后者得到的是一个基本数据类型的数值。在程序中,通过定义相同基本数据类型的变量得到这两种方法转换后的结果。自动拆箱技术可以直接将包装类的实例对象引用地址中的数据赋值给对应的基本数据类型变量,读者在此切不可混淆这两种方法的结果。通过程序可以看出,使用valueOf方法转换字符串为数字,并对基本数据类型的变量赋值,实际上需要拆箱的环节,因此对于这种操作,笔者建议通过parseXxx的方法进行处理。对于数值型的包装类而言,如果转换的字符串包含非数字字符,则转换时会出现错误。对于Boolean类而言,如果待转换的字符串为true(大小写任意),则通过valueOf方法返回的是Boolean类的逻辑值true的实例对象,否则返回逻辑值false的实例对象。同样,对于Boolean类而言,如果待转换的字符串为true(大小写任意),则通过parseBoolean方法返回的是逻辑值true,否则返回逻辑值false。

**运行结果:**

```
a = 123
b = 123
x = true
y = true
p = 34.56
q = 34.56
```

如果将s1的内容变为123abc,则会出现以下错误:

```
Exception in thread "main" java.lang.NumberFormatException:For input string:"123abc"
    at java.lang.NumberFormatException.forInputString(NumberFormatException.java:65)
    at java.lang.Integer.parseInt(Integer.java:492)
    at java.lang.Integer.valueOf(Integer.java:582)
    at oop.String2Number.main(String2Number.java:6)
```

这是因为123abc属于非数字型字符串,这种字符串是不能转换为数字的。若强制转换,则系统会报NumberFormatException的异常。

(2)数字转换为字符串

将数字转换为字符串,可以通过String类的valueOf方法进行,见表4-7。需要说明的是,valueOf方法不仅可以将数字转换为字符串,也可以将字符数组转换为字符串。

表4-7 数字转换为字符串的valueOf方法

| 方法 | 作用 |
| --- | --- |
| public static String valueOf(boolean b) | 将逻辑值b转为字符串 |
| public static String valueOf(int i) | 将整数i转为字符串 |
| public static String valueOf(long l) | 将长整数l转为字符串 |
| public static String valueOf(float f) | 将单精度浮点数f转为字符串 |
| public static String valueOf(double d) | 将双精度浮点数d转为字符串 |

这里,String并没有提供将byte和short类型的数据转为字符串的方法,如果程序中需要

将 byte 或 short 类型的数据转换为字符串，则可以先将这两种类型的数据转换为 int 型，然后再进行转换。因为字符串可以为任意的字符序列，所以在将数字转换为字符串时，不需要考虑格式是否会出现异常的情况。下面通过 Number2String.java 程序对数字转换为字符串的过程进行示例。

**Number2String.java**

```
package oop;
public class Number2String {
    public static void main(String[] args) {
        boolean b = false;
        int a = 43;
        double d = 90.99;
        String s = null;
        s = String.valueOf(b);
        System.out.println("将" + b + "转为字符串的结果是:" + s);
        s = String.valueOf(a);
        System.out.println("将" + a + "转为字符串的结果是:" + s);
        s = String.valueOf(d);
        System.out.println("将" + d + "转为字符串的结果是:" + s);
    }
}
```

代码说明：本例中定义了布尔型变量 b、int 型变量 a 和 double 型变量 d，将这三个变量通过 String 类的 valueOf 方法分别转换为字符串，然后输出。

运行结果：

将 false 转为字符串的结果是:false
将 43 转为字符串的结果是:43
将 90.99 转为字符串的结果是:90.99

## 4.8 Java 异常处理

在进行程序设计的过程中，我们总是按照程序执行的流程来编写代码，并希望程序能够按照既定的设计流程来运行。然而，在实际开发中经常会遇到这种情况：程序在执行过程中，因为某种原因突然产生了不符合设计流程的结果。例如，在设计除法运算的方法时，如果遇到分母为 0 的情况，则除法运算方法无法得到正确的返回结果。又如，通过某个循环为数组赋值时，循环的次数超出了数组的长度，此时会发生数组下标超界的情况。

Java 将程序运行中可能发生的各种非正常情况统一归类为异常（Exception，也称例外或意外）。如今，大部分的高级程序设计语言都提供了异常处理机制，从而确保程序运行时的容错性、健壮性和程序的美观性（注意，C 语言是没有异常处理机制的）。

从解决异常的角度出发，绝大部分的异常其实都可以通过 if…else if…else 的结构来解

第 4 章 Java 的面向对象特性

决。例如以下的处理办法：

```
if(程序正常执行或方法参数符合合理范围){
    正常执行的代码……
}
else if(程序可能会出问题的异常 1){
    处理异常 1 的代码……
}
……
else{
    处理异常 n 的代码……
}
```

这种解决方案理论上是可以处理异常的，但是带来的问题是，针对可能出现异常的语句都需要这样一段 if...else if...else 结构的代码块来进行预防，程序整体的可读性、美观性都受到了破坏，也不利于程序开发人员维护和修改代码。在现代的程序设计思想中，总是希望将不同的业务归类到不同的区域实现，从而达到各种业务逻辑分离的要求。不同的语言通过不同的手段来完成异常的处理，在 Java 中则是通过 try、catch、finally、throws 和 throw 五个关键字来实现异常处理机制的。最后需要强调的是，Java 的异常实际上包括运行时异常和编译时异常两种，编译时异常可以通过编译器查错的功能排除，以下涉及的内容为 Java 运行时异常。

### 4.8.1　Java 异常处理机制

Java 异常处理机制可以描述如下：程序代码中可能会出现异常的语句，统一放置在 try 控制的代码块内，try 代码块内某个语句出现异常时，转到捕捉该异常的 catch 控制的代码块执行语句，不管 try 代码块还是 catch 代码块执行完毕后，总是要执行 finally 控制的代码块内的语句。这种处理机制称为 try...catch...finally 结构。需要指出的是，有了 try 代码块，最好有（注意，这里不是必须有）配套的 catch 代码块。catch 代码块可以是一个，也可以是多个，数量取决于希望在 try 代码块中捕捉的异常情况的个数。finally 代码块最多只能有一个，可以有（如果没有 catch 代码块，则必须有），也可以没有（如果有 catch 代码块，则可以没有），取决于是否需要在 finally 中处理发生异常后的资源清理操作。

总之，在 Java 异常处理机制中：
1) 必须存在 try 代码块，用于存放程序正常的、但可能产生异常的业务逻辑。
2) catch 和 finally 两种代码块必须至少出现一种。当出现时，catch 代码块可以有多个，finally 代码块最多有一个。
3) 如果 try 代码块中某条正常执行的语句突然因为某种原因产生了异常，则立刻会产生一个该异常的实例对象，此时系统停止执行 try 代码块中剩余的语句，并寻找是否有配套的 catch 代码块可以执行。如果有，则转到该 catch 代码块并执行语句，执行完毕后，再执行 finally 代码块内的语句（如果有 finally 代码块）；如果没有配套的 catch 代码块可以执行，则直接转到 finally 代码块中执行语句。
4) 如果存在多个 catch 代码块，则每一个 catch 代码块之间是互相排斥的，也即一个异常产生后，执行完与之配套的 catch 代码块，不会再执行其他 catch 代码块。

在 Java 中，异常是通过 Exception 类来描述的，如果明确知道需要捕捉的异常属于哪个范围，则可以通过 Exception 类中对应的子类来描述。例如，IOException 用于描述输入/输出异常，SQLException 用于描述数据库处理异常，NumberFormatException 用于描述数值格式异常，ArrayIndexOutOfBoundsException 用于描述数组下标越界异常，ArithmeticException 用于描述算术运算异常等。当然，如果只知道程序可能会发生异常，但无法判断出异常的范围，则可以直接使用 Exception 类来描述异常，并通过 Exception 类的实例对象来捕获异常。最后，给出 Java 异常处理机制的伪码描述：

```
try {
    try_statements
}
catch(ExceptionName_1 e) {
    catch_statements_1
}
……
catch(ExceptionName_n e) {
    catch_statements_n
}
finally {
    finally_statements
}
```

下面通过几个程序来演示 Java 是如何进行异常处理的，见 ExceptionTest.java、ExceptionTest_1.java、ExceptionTest_2.java。

**ExceptionTest.java**

```java
package oop;
public class ExceptionTest {
    public static void main(String[] args) {
        int x = 5;
        int y = 0;
        String s = "1234";
        int result = 0;
        double [] d = new double [5];
        try {
            result = x/y;
            System.out.println(x + " ÷ " + y + " = " + result);
            result = Integer.parseInt(s);
            System.out.println(s + "转为整数后为:" + result);
            for(int i = 0; i < 10; i++) {
                d[i] = i;
            }
```

```
                System.out.println("d 数组中的值为:");
                for(double i:d){
                    System.out.println(i+" ");
                }
            }
            catch(ArithmeticException e){
                System.out.println("算术运算出错啦!");
            }
            catch(NumberFormatException e){
                System.out.println("字符串转为数值时格式出错啦!");
            }
            catch(ArrayIndexOutOfBoundsException e){
                System.out.println("数组下标超界啦!");
            }
            finally{
                System.out.println("哪儿错了,好好找找!");
            }
        }
    }
```

代码说明：本例中包括除法运算、字符串转换为整数、数组元素赋值三个可能出现异常的操作，因此这些操作均放置在 try 代码块内。因为已经明确知道可能会出现的异常范围为算术运算异常、数字格式异常和数组下标越界异常，因此通过三个 catch 代码块分别捕捉这三种异常，程序中粗体显示的字母 e 是每一种异常的实例对象。当产生异常后，Java 总是会抛出一个异常的实例对象，这里的 e 就是抛出的各种异常实例对象。再次提醒读者，每产生一个异常后，程序就会跳转到配套的 catch 代码块去处理这个异常，try 代码块中剩余的语句和其他的 catch 代码块是不会再执行的。如果有 finally 代码块，则执行完 catch 代码块后，再执行 finally 代码块内的语句。

运行结果如下。

① 如果是除法运算中分母为 0，其他语句均正常，则运行结果如下：

```
算术运算出错啦!
哪儿错了,好好找找!
```

② 如果是字符串转换为数值时字符串不为全数字序列，其他语句均正常，则运行结果如下：

```
5÷4=1
字符串转为数值时格式出错啦!
哪儿错了,好好找找!
```

③ 如果是数组下标越界，其他语句均正常，则运行结果如下：

5÷4=1
1234 转为整数后为:1234
数组下标超界啦!
哪儿错了,好好找找!

### ExceptionTest_1.java

```java
package oop;
public class ExceptionTest_1 {
    public static void main(String[] args) {
        int x = 5;
        int y = 0;
        String s = "1234";
        int result = 0;
        double[] d = new double[5];
        try {
            result = x/y;
            System.out.println(x + "÷" + y + "=" + result);
            result = Integer.parseInt(s);
            System.out.println(s + "转为整数后为:" + result);
            for(int i = 0; i < 10; i++) {
                d[i] = i;
            }
            System.out.println("d 数组中的值为:");
            for(double i:d) {
                System.out.println(i + " ");
            }
        }
        catch(ArithmeticException |
              NumberFormatException |
              ArrayIndexOutOfBoundsException e) {
            if (e instanceof ArithmeticException)
                System.out.println("算术运算出错啦!");
            else if (e instanceof NumberFormatException)
                System.out.println("字符串转为数值时格式出错啦!");
            else
                System.out.println("数组下标超界啦!");
        }
        finally {
            System.out.println("哪儿错了,好好找找!");
        }
    }
}
```

代码说明:本例中采用 JDK 1.7 版本中的增强 catch 语句,即通过一个 catch 可以捕捉多

个异常，不同的异常在 catch 中使用 | 符号隔开。为了判断 catch 捕捉的是何种异常，需要在 catch 内通过 if 语句和 instanceof 关键字判断捕捉到的异常实例对象属于哪个异常类，再根据不同的异常类给出不同的错误提示。

运行结果：与 ExceptionTest. java 程序相同。

**ExceptionTest_ 2. java**

```
package oop;
public class ExceptionTest_2 {
    public int Convert(String s) {
        int i = 5;
        try {
            i = Integer. parseInt(s);
            System. out. println("i = " + i);
            return i;
        }
        catch (NumberFormatException e) {
            System. out. println("数字格式错误!");
            i = 6;
            System. out. println("i = " + i);
            return i;
        }
        finally {
            System. out. println("finally code is executed");
            i = 7;
            System. out. println("i = " + i);
            return i;
        }
    }
    public static void main(String[ ] args) {
        ExceptionTest_2 A = new ExceptionTest_2();
        int x = A. Convert("1234");
        System. out. println("x = " + x);
    }
}
```

代码说明：本例用于解释 try...catch...finally 结构执行的顺序。从程序可以看出，在 try、catch 和 finally 代码块中均有 return 语句。

① 当字符串为标准的数字序列、可以正常完成字符串向数值转换时，try 代码块的每条语句都得到执行，此时 i = 1234，并将 i 的值返回给 Convert 方法。由于使用了 return 语句，因此 Convert 方法在得到 i 的值后应立即结束，但是由于 finally 代码块的存在，使得方法仍必须执行 finally 代码块的语句，于是 i 被重新赋值为 7，并将新的 i 值返回给 Convert 方法。所以，最终 main 方法中的 x 变量得到的值为 7，而不是 1234。

② 如果将 finally 代码块中粗体显示的 return i 注释掉，则 x 的值又变成了 1234，这是因为 finally 代码块虽然重新将 i 的值赋为 7，但是没有返回给 Convert 方法，因此方法的值仍为原 try 代码块中返回的 1234。

③ 如果字符串不为标准数字序列，无法完成正常的转换，则程序跳转到 catch 代码块执行语句，与①相同。此时 Convert 方法得到的最终返回值是 finally 代码块中的 return i 语句给出的值，也即为 7，而非 catch 代码块中返回的 6。

④ 在③的基础上，如果将 finally 代码块中粗体显示的 return i 注释掉，则会再次发现 x 的值变成了 6，这是因为 finally 代码块虽然重新将 i 的值赋为 7，但是没有返回给 Convert 方法，因此方法的值仍为原 catch 代码块中返回的 6。

运行结果如下。

按照①执行的结果如下：

```
i = 1234
finally code is executed
i = 7
x = 7
```

按照②执行的结果如下：

```
i = 1234
finally code is executed
i = 7
x = 1234
```

按照③执行的结果如下：

```
数字格式错误!
i = 6
finally code is executed
i = 7
x = 7
```

按照④执行的结果如下：

```
数字格式错误!
i = 6
finally code is executed
i = 7
x = 6
```

### 4.8.2 使用 throws 关键字抛出异常

有时不希望在当前方法中处理异常，或者当前方法不知道该如何处理异常，这时需要在方法声明时通过 throws 关键字将异常抛出，由调用该方法的方法来处理异常。调用抛出异常

# 第4章 Java的面向对象特性

方法的方法,在调用时要么使用try...catch...finally结构处理调用的方法可能产生的异常,要么通过throws关键字将异常抛出,交由调用自己的上一级方法处理,要么什么也不做,此时的异常将由JVM来处理。JVM处理异常的通常手段就是打印出异常信息,并结束程序。下面通过ThrowsException.java来进行示例。

**ThrowsException.java**

```java
package oop;
public class ThrowsException {
    private String s;
    public void setS(String s) {
        this.s = s;
    }
    public int Convert() throws NumberFormatException {
        int i = 5;
        i = Integer.parseInt(s);
        return i;
    }
    public void pt() {
        System.out.println("转换结果为:" + Convert());
    }
    public static void main(String[] args) {
        ThrowsException te = new ThrowsException();
        te.setS("12d34");
        te.Convert();
        te.pt();
    }
}
```

代码说明:本例中,Convert方法抛出一个数字格式异常,表明它自身不处理这个可能产生的异常,而是由调用它的方法来处理。程序中的pt方法调用了Convert,但是没有处理这个异常,该异常继续传递给调用pt方法的main方法,main方法也不处理这个异常,于是最终当程序出现数字格式异常时,由JVM来负责处理出现的异常。

**运行结果:**

```
Exception in thread "main" java.lang.NumberFormatException:For input string:"12d34"
    at java.lang.NumberFormatException.forInputString(NumberFormatException.java:65)
    at java.lang.Integer.parseInt(Integer.java:492)
    at java.lang.Integer.parseInt(Integer.java:527)
    at oop.ThrowsException.Convert(ThrowsException.java:9)
    at oop.ThrowsException.main(ThrowsException.java:19)
```

实际上,对于初学者而言,笔者并不建议过多地研究异常的处理,只要知道能够通过try...catch...finally结构处理异常就可以了。Java是一门非常健壮的语言,当程序中出现异常时，JVM 会打印出异常的信息，初学者可以根据打印出的异常信息来完善自己的代码。如果程序中有必须添加异常处理的地方，则 Eclipse 也会给出提示。

### 4.8.3 使用 throw 关键字抛出异常

上一节中使用的 throws 关键字是在方法声明时抛出异常，表明该方法在执行时可能会出现某种异常情况。本节的 throw 关键字是在程序中的某条代码位置抛出异常，也就是说，throw 是用作单独的语句来执行的，而不是像 throws 关键字是用作申明的。下面通过 ThrowException.java 进行示例。

**ThrowException.java**

```java
package oop;
public class ThrowException {
    public static void main(String[] args) {
        double[] x = new double[5];
        try {
            for (int i = 0; i < 10; i++) {
                if (i >= x.length) {
                    System.out.println("手动抛出异常");
                    throw new ArrayIndexOutOfBoundsException();
                }
                x[i] = i;
            }
        }
        catch (ArrayIndexOutOfBoundsException e) {
            System.out.println("数组下标越界！");
        }
    }
}
```

代码说明：本例通过 if 语句判断数组下标是否越界，手动抛出一个数组下标越界的异常，当系统执行到这条 throw 语句时，会自动转到匹配的 catch 代码块中。

运行结果：

手动抛出异常
数组下标越界！

初学者对于 throws 和 throw 这两个关键字只要知道一个是用来在方法声明时提示可能会有异常，一个是在程序代码中手动抛出异常就可以了。

### 4.8.4 自定义异常

有时 Java 提供的异常并不完全符合实际的需要，这时可以通过自定义异常来解决。自定义异常必须继承 Exception 类，最好提供一个无参数的构造方法和一个有参数的构造方法，用于在出现自定义异常时进行提示。下面通过 MyException.java 和 UseMyException.java 程序进行自定义异常的示例。

**MyException. java**

```java
package oop;
public class MyException extends Exception{
    MyException(){
        System. out. println("哪儿出错了");
    }
    MyException(String s){
        System. out. println("错误是这里:" +s);
    }
}
```

**UseMyException. java**

```java
package oop;
public class UseMyException{
    public static void main(String[] args){
        int x;
        try{
            x=10;
            if(x > 10)
                throw new MyException();
            else if(x = =10)
                throw new MyException("x 等于 10!");
        }
        catch(MyException me){
            System. out. println("自定义异常出现");
        }
    }
}
```

代码说明：本例定义了 MyException 为自定义异常，在 UseMyException 程序中，当 x > 10 和 x = =10 时调用该自定义异常。

运行结果如下：

**当 x > 10 时：**

```
哪儿出错了
自定义异常出现
```

**当 x = =10 时：**

```
错误是这里:x 等于 10!
自定义异常出现
```

## 4.9　Java 集合

在第 3 章中介绍了数组类型，数组是一个具有相同数据类型的数据集合，数组的容量一旦指定，则无法再发生改变。通过数组的性质可以看出，数组中无法存放不同数据类型的元素，容量也不具备可调性。尤其是容量不可调，在程序设计时往往是大伤脑筋的问题。因为数据的个数经常是难以确定的，例如学生的人数、参与排序的数字个数、课程的门数等。数组容量设置的小，显然无法满足多个数据存储的要求；数组容量设置的大，又会出现空占资源的现象。

Java 中提供了集合框架，实现了不同数据类型存放、容量可调等技术，可以很好地弥补上述描述中数组存在的缺陷。Java 集合框架是两大体系的汇总，其中，Collection 体系用于描述一维的存储体系，Map 体系用于描述关系的存储体系（也称配对或映射存储体系）。Collection 体系中常用的有 Set、List 和 Queue 三大子接口，分别用于表示无序集合、有序集合和队列。Map 体系中常用的有 HashMap 子类、EnumMap 子类和 SortedMap 子接口等。Collection 和 Map 体系中包含多种子接口和子类，读者可查阅 API 手册进行研究。下面介绍几个最常用的集合类。

### 4.9.1　迭代器

迭代器（Iterator）接口也是 Java 集合框架的组成部分，其主要用途并不在于存储数据，而在于遍历数据。与 foreach 循环中的指针变量相类似，Iterator 也是通过每次引用集合中的某一个元素来实现遍历的。如果使用 Iterator 来遍历集合，则必须创建 Iterator 的实例对象来完成操作。初始化 Iterator 实例对象的过程并不由 Iterator 接口完成，而是由需要使用 Iterator 进行数据遍历的集合，通过调用 iterator 方法来进行的。关于 Iterator 的详细用法，在下面开始的集合类使用中进行说明。

### 4.9.2　ArrayList 列表

ArrayList 可能是最常用的 List 接口的实现类，通过实现 List 接口的一系列方法，用户可以非常方便地使用 ArrayList 存储各种不同类型的数据，而不用担心是否会产生容量溢出的问题。从 ArrayList 列表中获取和遍历数据是相当简单和方便的。下面通过 UseArrayList.java 进行示例。

**UseArrayList.java**

```
package oop;
import java.util.ArrayList;
import java.util.Iterator;
import java.util.List;
public class UseArrayList {
    public static void main(String[] args) {
        // 创建一个 list 列表,通过 ArrayList 初始化,该列表中存放 Integer 对象
        List<Integer> list = new ArrayList<Integer>();
```

```java
// 通过 add 方法添加 Integer 对象
list.add(1);
list.add(2);
list.add(2);
list.add(2);
list.add(3);
list.add(4);
list.add(2);
list.add(2);
list.add(2);
list.add(6);
list.add(2);
// 创建 list 的 Iterator 迭代器 it
Iterator<Integer> it = list.iterator();
// 遍历 list,并将其中内容为 2 的元素删除
while (it.hasNext())
    if (it.next().equals(2))
        it.remove();
// 遍历并输出 list 列表
it = list.iterator();
System.out.println("通过迭代器输出 list 列表");
while (it.hasNext())
    System.out.print(it.next() + " ");
// 通过 for 循环遍历并输出 list 列表
System.out.println("\n通过 for 循环输出 list 列表");
for (int i = 0; i < list.size(); i++)
    System.out.print(list.get(i) + " ");
// 通过 foreach 循环遍历并输出 list 列表
System.out.println("\n通过 foreach 循环输出 list 列表");
for (Integer i : list)
    System.out.print(i + " ");
// 清空 list 列表
list.removeAll(list);
System.out.println("\nnow the list size = " + list.size());
// 重新向 list 列表添加元素
list.add(1);
list.add(2);
list.add(2);
list.add(2);
list.add(3);
list.add(4);
list.add(2);
```

```
            list. add(2);
            list. add(2);
            list. add(6);
            list. add(2);
            // 从 list 列表中删除内容为 2 的元素
            for (int i = 0;i < list. size( );i ++ ){
                if (((int) list. get(i) = = 2) {
                    list. remove(i);
                    i = i - 1;
                }
            }
            // 遍历并输出 list 列表
            it = list. iterator( );
            System. out. println("通过迭代器输出 list 列表");
            while (it. hasNext( ))
                System. out. print(it. next( ) + " ");
        }
}
```

代码说明：本例中涉及多个知识点和内容，下面通过分类的方式进行说明。

① `List < Integer > list = new ArrayList < Integer > ( );` 表示创建一个 list，这个 list 是 List 接口创建的，但通过 ArrayList 进行实例化。这么写的好处在于，如果将来不希望用 ArrayList 而是用 LinkedList 来实例化 list 列表时，只需要将这句话中的 ArrayList 改为 LinkedList 即可。因为这些类都是实现 List 接口的，相应的方法也都来源于 List 接口。< Integer > 表示泛型，也就是指定 list 列表中的元素都为 Integer 类型。虽然集合类支持存储不同数据类型的数据，但笔者并不建议在程序设计时这样做。其实集合类在存储不同数据类型的数据时，是将其统一转换为 Object 类型存储的，从根本上说，还是同一种数据类型。

② 向 List 类型的列表中添加数据，通过 add 方法完成。

③ 创建 list 的迭代器，通过 `Iterator < Integer > it = list. iterator( );` 语句进行，这里的迭代器也使用了泛型，表明迭代器所指向的数据也是 Integer 的对象。

④ 迭代器通过 hasNext 方法判断是否还有下一条记录，通过 next 方法移动到下一条记录。可以这样理解，迭代器初始时是指向 list 列表第一条记录的前一个位置的，而不是直接指向列表的第一条记录。

⑤ 迭代器通过 remove 方法删除 list 列表中最后一次通过 next 方法指向的元素。

⑥ 程序通过迭代器、for 循环和 foreach 循环输出 list 列表，其中的不同，读者可以自行分析。

⑦ 列表 list 通过 get 方法获得指定下标处的元素。

⑧ 如果不通过迭代器，而是通过 list 列表本身删除 list 中的数据，当删除第 i 条记录时，列表长度会减 1，第 i + 1 条记录会变成第 i 条记录，第 i + 2 条记录会变成 i + 1 条记录，依此类推。所以，程序中粗体部分 `i = i - 1;` 是必须有的，否则会出现连续的两条可以删除的

记录只删除前一条,而后一条记录由于取代了前一条记录的位置、同时程序中对位置有++操作导致的不删除的现象。

⑨ 创建 ArrayList 时,如果不指定容量,则默认容量为 10,也可在 ArrayList 的构造方法中指明初始容量。当 ArrayList 中的元素数量超过初始容量时,会自动进行扩容。

**运行结果:**

```
通过迭代器输出 list 列表
1 3 4 6
通过 for 循环输出 list 列表
1 3 4 6
通过 foreach 循环输出 list 列表
1 3 4 6
now the list size = 0
通过迭代器输出 list 列表
1 3 4 6
```

下面再举一个稍微复杂的例子。创建一个 stuRecord 类,该类用于描述一个学生记录,包括学号 id、姓名 name、年龄 age、专业 major 四个变量,以及针对这四个变量的 setter 和 getter 方法。具体的实现见 stuRecord.java。

**stuRecord.java**

```java
package oop;
public class stuRecord {
    private String id;
    private String name;
    private int age;
    private String major;
    public String getId() {
        return id;
    }
    public void setId(String id) {
        this.id = id;
    }
    public String getName() {
        return name;
    }
    public void setName(String name) {
        this.name = name;
    }
    public int getAge() {
        return age;
    }
    public void setAge(int age) {
```

```
            this.age = age;
    }
    public String getMajor() {
            return major;
    }
    public void setMajor(String major) {
            this.major = major;
    }
}
```

通过 ArrayList 对 stuRecord 类型的数据进行处理，见 ArrayListExample.java。

**ArrayListExample.java**

```
package oop;
import java.util.*;
public class ArrayListExample {
    public static void main(String[] args) {
        List<stuRecord> v = new ArrayList<stuRecord>();
        boolean done = true;
        Scanner sc = new Scanner(System.in);
        System.out.println("please input students' records:");
        while(done) {
            stuRecord stu = new stuRecord();
            System.out.print("ID:");
            stu.setId(sc.next());
            System.out.print("\nName:");
            stu.setName(sc.next());
            System.out.print("\nAge:");
            stu.setAge(sc.nextInt());
            System.out.print("\nMajor:");
            stu.setMajor(sc.next());
            v.add(stu);
            System.out.print("\nNeed add another student? (Y/N)?");
            if(sc.next().equals("N"))
                done = false;
        }
        sc.close();
        System.out.println("students' number: " + v.size());
        System.out.println("all students' record by Iterator:");
        Iterator<stuRecord> it = v.iterator();
        while(it.hasNext()) {
            stuRecord sr = it.next();
```

```
            System. out. println("ID: " + sr. getId());
            System. out. println("Name: " + sr. getName());
            System. out. println("Age: " + sr. getAge());
            System. out. println("Major: " + sr. getMajor());
        }
        System. out. println("all students' record by foreach:");
        for(stuRecord sr:v) {
            System. out. println("ID: " + sr. getId());
            System. out. println("Name: " + sr. getName());
            System. out. println("Age: " + sr. getAge());
            System. out. println("Major: " + sr. getMajor());
        }
        it = v. iterator();
        while(it. hasNext()) {
            if(it. next(). getName(). equals("tom"))
                it. remove();
        }
        System. out. println("all students' record by for:");
        for(int i = 0;i < v. size();i ++) {
            System. out. println("ID: " + v. get(i). getId());
            System. out. println("Name: " + v. get(i). getName());
            System. out. println("Age: " + v. get(i). getAge());
            System. out. println("Major: " + v. get(i). getMajor());
        }
    }
}
```

代码说明：本例列表 v 中存放的每一个元素都是 stuRecord 类型的数据，通过调用 setter 和 getter 方法，可以对每一个元素进行数据的赋值和获取操作。本例中其他的操作与 UseArrayList. java 程序相似，在此不再赘述。

运行结果：请读者通过手动输入记录自主完成。

### 4.9.3　HashMap 映射集合

Map 是一种存储配对关系或映射关系的集合。一种比较简单的理解方式就是，在 Map 中保存了两个列表，且这两个列表中对应位置的元素具有配对或映射的关系。例如，课程和成绩之间就属于一种配对关系，学号和姓名之间也是一种配对关系。习惯上用 key – value 对来描述 Map 中存储的元素。其中，key 值是不可重复的，而 value 值是可以重复的。例如，课程名无法重复，学号无法重复，但是课程分数可以重复，姓名也可以重复。在 Map 中，通过检索 key 就能取出唯一对应的 value，但是通过 value 可能会检索出多个与之对应的 key。每一个 key-value 对称为一个条目（Entry）。此外，Map 中没有顺序的概念，直接的体现就是条目加入 Map 中的顺序，与 Map 中条目输出的顺序不一定相同。

HashMap 是 Map 接口中常用的实现类，下面通过 MapExample.java 来进行示例。
**MapExample.java**

```java
package oop;
import java.util.*;
import java.util.Map.Entry;
public class MapExample {
    // M 是一个 key 为 String 类型、value 为 Integer 类型的 Map
    private Map<String,Integer> M;
    // 设置 M
    public void SetMap(Map<String,Integer> M) {
        this.M = new HashMap<String,Integer>();
        this.M = M;
    }
    // 直接将 M 转换为字符串形式的输出
    public void PtMap_1() {
        System.out.println("第一种方法输出 map: " + M.toString());
    }
    // 通过 keySet 方法得到 M 的 key 集，通过 key 得到对应的 value
    public void PtMap_2() {
        for (String key : M.keySet())
            System.out.println("第二种方法输出 map: " + key + ": " + M.get(key));
    }
    // 通过 entrySet 方法得到 M 的所有条目，并输出这些条目
    public void PtMap_3() {
        for(Entry<String,Integer> key : M.entrySet())
            System.out.println("第三种方法输出 map: " + key);
    }
    // 创建 M 所有条目的迭代器，通过迭代器输出这些条目
    public void PtMap_4() {
        Iterator<Entry<String,Integer>> it = M.entrySet().iterator();
        while(it.hasNext())
            System.out.println("第四种方法输出 map: " + it.next());
    }
    // 创建 M 的 key 集合的迭代器，通过迭代器得到 key 后，再由 key 得到 value
    public void PtMap_5() {
        Iterator<String> it = M.keySet().iterator();
        while(it.hasNext()) {
            String key = it.next();
            System.out.println("第五种方法输出 map: " + key + ": " + M.get(key));
        }
    }
    // 根据 key 进行排序
```

```java
public void SortByKey( ) {
    // 列表 key 用于存放所有的 key
    List < String >  key = new ArrayList < String > ( );
    // 列表 value 用于存放所有的 value
    List < Integer >  value = new ArrayList < Integer > ( );
    // 通过迭代器得到 M 的每一个条目
    Iterator < Entry < String,Integer >> it = M. entrySet( ). iterator( );
    while( it. hasNext( ) ) {
        // 将条目中的 key 和 value 分别加入到列表 key 和列表 value
        Entry < String,Integer >  et = it. next( );
        key. add( et. getKey( ) );
        value. add( et. getValue( ) );
    }
    // 通过交换排序比较每个 key 的字典顺序大小
    for( int i = 0;i < key. size( ) - 1;i ++ ) {
        for ( int j = i + 1;j < key. size( );j ++ )
            if( key. get( i ). compareTo( key. get( j ) ) > 0 ) {
                // 通过 swap 方法交换 i 和 j 位置处的元素
                Collections. swap( key,i,j );
                Collections. swap( value,i,j );
            }
    }
    System. out. println( "按照 key 排序后的顺序如下" );
    // 输出排序后结果
    for( int i = 0;i < key. size( );i ++ )
        System. out. println( key. get( i ) + " = " + value. get( i ) );
}
// 根据 value 排序,原理同上
public void SortByValue( ) {
    List < String >  key = new ArrayList < String > ( );
    List < Integer >  value = new ArrayList < Integer > ( );
    Iterator < Entry < String,Integer >> it = M. entrySet( ). iterator( );
    while( it. hasNext( ) ) {
        Entry < String,Integer >  et = it. next( );
        key. add( et. getKey( ) );
        value. add( et. getValue( ) );
    }
    for( int i = 0;i < value. size( ) - 1;i ++ ) {
        for ( int j = i + 1;j < value. size( );j ++ )
            if( value. get( i ) > value. get( j ) ) {
                Collections. swap( key,i,j );
                Collections. swap( value,i,j );
            }
    }
```

```java
            System.out.println("按照value排序后的顺序如下");
            for(int i = 0;i < key.size();i++)
                System.out.println(key.get(i) + " = " + value.get(i));
    }
    // 根据key删除M中的条目
    public void DeleteByKey(String key){
        M.remove(key);
    }
    // 根据value删除M中的条目
    public void DeleteByValue(Integer value){
        Iterator<Entry<String,Integer>> it = M.entrySet().iterator();
        while(it.hasNext()){
            if(it.next().getValue().equals(value))
                it.remove();
        }
    }
    // 根据key检索M中的条目
    public void QueryByKey(String key){
        if(M.containsKey(key))
            System.out.println("The Result of Query By Key is: " + key + " " + M.get(key));
        else
            System.out.println("no this key exists");
    }
    // 根据value检索M中的条目
    public void QueryByValue(Integer value){
        if(M.containsValue(value)){
            System.out.println("The Result of Query By Value is: ");
            Iterator<Entry<String,Integer>> it = M.entrySet().iterator();
            while(it.hasNext()){
                Entry<String,Integer> et = it.next();
                if(et.getValue().equals(value))
                    System.out.print(et.getKey() + " " + et.getValue() + ";");
            }
            System.out.println();
        }
        else
            System.out.println("no this value exists");
    }
    // 根据key更新value
    public void UpdateByKey(String key ,Integer value){
        if(M.containsKey(key)){
            // 向Map中置入相同key的记录,原记录的value会被覆盖
```

```java
            M.put(key,value);
            QueryByKey(key);
        }
        else
            System.out.println("no this key exists");
    }
    public static void main(String[] args) {
        Map<String,Integer> M = new HashMap<String,Integer>();
        boolean done = true;
        Scanner sc = new Scanner(System.in);
        while(done) {
            System.out.print("课程名：");
            String subject = sc.next();
            System.out.print("分    数：");
            int mark = sc.nextInt();
            // 通过 put 方法置入各记录
            M.put(subject,mark);
            System.out.print("\n还需要输入配对条目吗？(Y/N)?");
            if(sc.next().equals("N"))
                done = false;
        }
        sc.close();
        MapExample me = new MapExample();
        Integer value = Integer.valueOf(90);
        me.SetMap(M);
        me.PtMap_1();
        me.PtMap_2();
        me.PtMap_3();
        me.PtMap_4();
        me.PtMap_5();
        System.out.println("-----------------------");
        me.SortByKey();
        System.out.println("-----------------------");
        me.SortByValue();
        me.QueryByKey("math");
        me.QueryByValue(value);
        me.UpdateByKey("math",60);
        me.DeleteByKey("math");
        me.PtMap_1();
        me.DeleteByValue(value);
        me.PtMap_2();
    }
}
```

代码说明：本例通过多种方式输出了 Map 中的记录，代码中添加了相关的注释，读者可自行查看。此外，程序中提供了根据 key 和 value 对 Map 中的条目进行排序输出、检索和删除的操作，以及根据 key 对 Map 记录进行更新和添加的操作。

运行结果：请读者自行手动输入记录后查看。

##  4.10　Java 时间类

Java 中有专门用于处理时间的类，这里的时间不仅包括时、分、秒，也包括年、月、日的概念。Date 类是 Java 中最早用于处理时间的类，现在已经处于淘汰的边缘。取而代之的是名为 Calendar 的类。Calendar 是一个抽象类，无法通过构造方法来产生时间的实例对象。实际中经常使用 getInstance 方法返回一个时间的实例对象，或者直接使用 Calendar 类的子类 GregorianCalendar 类。

Calendar 类中提供了很多类常量和方法用于时间的设置、获取和计算，具体的内容读者可以查看 API 手册。下面通过 CalendarTest.java 来进行示例。

**CalendarTest.java**

```java
package oop;
import java.text.ParseException;
import java.text.SimpleDateFormat;
import java.util.*;
public class CalendarTest {
    // 计算给定日期和间隔天数情况下的日期
    public static String GetDateByDays(String from, int days) throws ParseException {
        // 定义时间格式
        SimpleDateFormat sdf = new SimpleDateFormat("yyyy-MM-dd");
        // 将参数中的 from 字符串转换为日期
        Date from_date = sdf.parse(from);
        // 创建新日期
        Date to_date = new Date();
        // 设置新日期
        to_date.setTime(days * (1000 * 60 * 60 * 24) + from_date.getTime());
        // 返回字符串形式的新日期
        return sdf.format(to_date);
    }
    // 计算两个日期之间相差的天数,起止日期通过字符串形式表达
    public static long DaysDistance(String from, String to)
            throws ParseException {
        // 定义时间格式
        SimpleDateFormat sdf = new SimpleDateFormat("yyyy-MM-dd");
        // 根据时间格式转换时间
        Date from_date = sdf.parse(from);
```

```java
        Date to_date = sdf.parse(to);
        // 返回相差的天数
        return (to_date.getTime() - from_date.getTime()) /
                (1000 * 60 * 60 * 24);
    }
    public static void main(String[] args) throws ParseException {
        // 创建 Calendar 实例对象 cal
        Calendar cal = Calendar.getInstance();
        int year, month, day, hour, minute, second;
        // 取得当前时间的年份
        year = cal.get(Calendar.YEAR);
        // 取得当前时间的月份,月份从 0 开始,故要 +1
        month = cal.get(Calendar.MONTH) + 1;
        // 取得当前的天数在月中是哪一天
        day = cal.get(Calendar.DAY_OF_MONTH);
        // 取得 24 小时制时数
        hour = cal.get(Calendar.HOUR_OF_DAY);
        // 取得分钟数
        minute = cal.get(Calendar.MINUTE);
        // 取得秒数
        second = cal.get(Calendar.SECOND);
        System.out.println("现在时间是:" + year + "年" + month + "月" +
                day + "日" + hour + "时" + minute + "分" + second + "秒");
        // 设置时间格式
        SimpleDateFormat sdf = new SimpleDateFormat("HH:mm:ss@ yyyy-MM-dd");
        // 将当前时间格式化后输出
        System.out.println("现在时间是:" + sdf.format(cal.getTime()));
        // 重新设置时间格式
        sdf.applyPattern("yyyy-MM-dd");
        // 定义时间
        String date = "2014-5-6";
        // 将字符串时间转为 Date 日期
        cal.setTime(sdf.parse(date));
        // 得到当前日期是一年的第几天
        int how_many_day = cal.get(Calendar.DAY_OF_YEAR);
        // 得到当前日期是一年的第几周
        int week_year = cal.get(Calendar.WEEK_OF_YEAR);
        // 得到当前日期是本月的第几周
        int week_month = cal.get(Calendar.WEEK_OF_MONTH);
        // 得到当前日期是星期几,注意星期天为每周的开始,所以要减 1
        int week_day = cal.get(Calendar.DAY_OF_WEEK) - 1;
```

```
            System.out.println(date + "\n 是当年的第" + how_many_day + "天" +
                    "\n 是当年的第" + week_year + "周" + "\n 是当月的第" + week_month +
                    "周" + "\n 是星期" + week_day);
            System.out.println("每月1号开始算,每七天为一周,是当月的第" +
                    cal.get(Calendar.DAY_OF_WEEK_IN_MONTH) + "周");
            String s1 = "2014-5-15";
            String s2 = "2014-5-20";
            System.out.println(s1 + "距离" + s2 + "还有" +
                    CalendarTest.DaysDistance(s1,s2) + "天");
            int days = 15;
            System.out.println(s1 + "经过" + days + "天后的日期为:" +
                    CalendarTest.GetDateByDays(s1,days));
        }
    }
```

代码说明：本例定义了一个方法，用于计算两个日期之间相差的天数；定义了一个方法用于计算给定日期和间隔天数的情况下，应该得到的日期；输出当前的时间，计算指定的日期是当年的第几天、是当年的第几周、是当月的第几周、是星期几，按照每月1号开始，每七天算一周的规律是当月的第几周。

① 当前日期的年、月、日、时、分、秒分别通过 get 方法得到，其中 get 方法的参数分别为 Calendar.YEAR、Calendar.MONTH、Calendar.DAY_OF_MONTH、Calendar.HOUR_OF_DAY、Calendar.MINUTE、Calendar.SECOND。注意，月份是从0开始的，所以得到的月份需要进行 +1 的操作才是正确的月份。

② 当前日期是一年中的第几天、第几周，是当月的第几周，是星期几，是自然月的第几周，也是通过 get 方法得到的。其中 get 方法的参数分别是：Calendar.DAY_OF_YEAR、Calendar.WEEK_OF_YEAR、Calendar.WEEK_OF_MONTH、Calendar.DAY_OF_WEEK、Calendar.DAY_OF_WEEK_IN_MONTH。注意，星期天算每周的第一天，因此得到的星期几需要进行减1的操作才是正确的。

③ SimpleDateFormat 用于格式化日期，H 表示24小时制的时数，m 表示分钟数，s 表示秒数，y 表示年数，M 表示月数，d 表示天数。通过指定的模板，使用 format 方法可以将一个 Date 类型的时间转为模板的时间表达形式。同时，使用 parse 方法可以将一个模板时间表达形式转为一个 Date 类型的时间。

④ Date 类的 getTime 方法，返回当前 Date 实例对象的 long 型数据来描述时间，单位为 ms。所以，计算两个 Date 实例对象之间相差的天数，通过 getTime 方法相减后，需要除以 1000×60×60×24 以换算成天数。

运行结果：

现在时间是:2014年5月21日21时36分38秒
现在时间是:21:36:38@2014-05-21
2014-5-6
是当年的第126天

# 第4章 Java 的面向对象特性

是当年的第 19 周
是当月的第 2 周
是星期 2
每月 1 号开始算,每七天为一周,是当月的第 1 周
2014-5-15 距离 2014-5-20 还有 5 天
2014-5-15 经过 15 天后的日期为:2014-05-30

1. 设计一个类,具体要求如下:
① 判断某整数是否为偶数。
② 判断某整数是否为正数。
③ 使用重载得到两个整数中较大的数、得到三个浮点数中最大的数。
④ 使用重载得到两个整数中较小的数、得到三个浮点数中最小的数。
⑤ 使用重载实现对 int 型和 double 型两种数组的排序。
⑥ 求一维数组中第 i 次出现元素 a 的位置,要求用重载实现对 int 型 a 元素、double 型 a 元素的操作。
2. 判断一个字符串中小写字母、大写字母、数字和其他字符的个数。
3. 设计一个加法类,完成两个数的和、三个数的和、四个数的和。
4. 设计一个计算类,对上题进行继承,除完成上题功能外,还提供减、乘和除的操作。
5. 使用 ArrayList 创建一个通信录列表,列表用于存储联系人信息,包括手机号码、姓名和类别(如同事、朋友、同学等),要求完成如下操作:
① 联系人数据的录入、求联系人的数目。
② 将一条新的联系人数据插入到列表第 i 个位置。
③ 将列表第 j 个位置处的联系人数据删除。
④ 更新列表第 k 个位置处的联系人数据,如更新其手机号码、姓名或者类别。
⑤ 查询列表中所有属于朋友类别的记录,并输出这些记录的信息以及条目数。
6. 计算当前日期距离 2020 年 11 月 20 日还有多少天,当前日期再过 35 天后是哪一年哪一月哪一日。
7. 分别使用抽象类和接口完成不同图形周长和面积的计算。
8. 简述 this 与 super 关键字在 Java OOP 设计中的作用。
9. 简述 static 和 final 修饰符在 Java OOP 设计中的作用。
10. 简述 import 和 import static 关键字在 Java OOP 设计中的作用。

# 第 5 章

# Java 图形用户界面设计

### 主要内容：

- ◆ Java 图形用户界面设计概述。
- ◆ Java 事件处理机制。
- ◆ 使用 AWT 组件库设计图形界面。
- ◆ 使用 Swing 组件库设计图形界面。
- ◆ GUI 设计实例。

## 5.1 Java 图形用户界面设计概述

本章之前的所有程序均是基于控制台（命令行）的，程序的输出比较简陋，用户基本没有运行程序的直观体验。程序的运行结果只能通过 Console 窗口或命令行窗口查看，非专业人士难以对应用程序进行准确的运行和操作。与基于控制台的程序相比，基于图形用户界面的应用程序更为简单和直观，用户使用的体验感更好，操作更加方便快捷。如今，基于图形用户界面的应用程序已经成为行业内开发的主流模式，这种方式给用户提供了更为直接的体验和更为便捷的操作，但是增加了程序设计人员开发的难度。

### 5.1.1 Java 图形界面设计概述

图形用户界面（Graphics User Interface，GUI）就是通过应用程序向用户提供图形化的操作界面，包括窗口、按钮、菜单、工具栏等各种图形元素，使得用户可以通过单击鼠标或敲击键盘的方式，对应用程序进行操作。从 JDK 1.0 版本开始，Java 为图形用户界面的开发提供了一套基本的 GUI 设计类库，称为抽象窗口工具集合（Abstract Window Toolkit，AWT），但是这套类库的功能较弱，界面也较为简单。后来，Java 推出了一套全新的 GUI 设计类库，称为 Swing。与 AWT 组件库相比，Swing 的界面更为美观，功能也更为强大。

Swing 组件库并没有完全取代 AWT 组件库，作为 AWT 组件库的升级版，Swing 组件库摒弃了 AWT 中一部分过时的组件，新增了一部分组件，但是使用的事件处理机制仍然是与 AWT 组件库一致的。从运行速度的角度来看，由于 AWT 组件库是基于本地方法的 C/C++ 程序，而 Swing 组件库则是完全使用 Java 代码实现的，因此基于 AWT 的应用程序运行速度

# 第 5 章　Java 图形用户界面设计

要快于基于 Swing 的应用程序。

GUI 设计主要包括三个方面：①组件的外观（表象）设计，也就是组件本身的容貌设计；②组件之间的布局设计，也就是各组件之间的相对位置和距离的设计；③组件的功能设计，也就是说，当组件产生某种动作以后，能够完成什么样的功能。前两种设计可称为美工设计，这部分工作较多地由美术或艺术设计人员完成，而组件的功能设计则属于程序开发人员的工作。本书主要讲述第三种设计。

AWT 和 Swing 两种组件库提供了大量的组件，逐个向读者介绍每个组件是不现实的，本书将重点放在组件的事件处理上，这才是 Java 图形界面设计中程序设计人员的核心工作。只有掌握了事件处理机制，才算是掌握了 Java 图形界面设计的核心思想，至于各种组件的具体使用方法，读者可以参考 Java API 手册。

## 5.1.2　简单的 GUI 程序举例

下面分别使用 AWT 库和 Swing 库编写一个简单的 GUI 程序，使读者有一个初步的体会和认识。

**AWTExample.java**

```java
package gui;
import java.awt.*;
public class AWTExample {
    // 定义和创建窗体 f
    private Frame f = new Frame();
    // 定义和创建按钮 btn_1 和 btn_2
    private Button btn_1 = new Button();
    private Button btn_2 = new Button();
    // 定义和创建文本框 tf
    private TextField tf = new TextField();
    // 定义和创建单选按钮及复选框 red、green、blue、married
    private Checkbox red = new Checkbox();
    private Checkbox green = new Checkbox();
    private Checkbox blue = new Checkbox();
    private Checkbox married = new Checkbox();
    // 定义和创建复选框组 cbg
    private CheckboxGroup cbg = new CheckboxGroup();
    // 定义和创建下拉菜单 c
    private Choice gender = new Choice();
    AWTExample() {
        // 设置 f 的标题
        f.setTitle("This is an AWT example");
        // 设置 f 的大小
        f.setSize(350,200);
        // 设置 f 出现的位置
        f.setLocation(400,200);
```

```java
// 设置f的背景色
f.setBackground(new Color(20,120,110));
// 设置f的布局方式为流式布局
f.setLayout(new FlowLayout());
// 设置f的图标
f.setIconImage(Toolkit.getDefaultToolkit().getImage("./icon/ok.png"));
// 设置按钮的标签和前景色
btn_1.setLabel("Button one");
btn_1.setForeground(Color.blue);
btn_2.setLabel("Button two");
btn_2.setForeground(Color.red);
// 设置文本框的文本、前景色和大小
tf.setText("Please input your text here");
tf.setForeground(Color.red);
// 注意,当窗体使用了布局管理器后,setSize方法会失效,设置组件大小一般用//setPreferredSize方法
tf.setPreferredSize(new Dimension(300,20));
// 设置复选框的标题和前景色
red.setLabel("red");
red.setForeground(Color.red);
green.setLabel("green");
green.setForeground(Color.green);
blue.setLabel("blue");
blue.setForeground(Color.blue);
married.setLabel("married?");
married.setState(false);
// 组成复选框组,此时组内复选框只能单选,默认选中red
red.setCheckboxGroup(cbg);
green.setCheckboxGroup(cbg);
blue.setCheckboxGroup(cbg);
cbg.setSelectedCheckbox(red);
// 设置下拉菜单的选项,默认选中female项
gender.addItem("male");
gender.addItem("female");
gender.select("female");
// 将各组件布置在f上
f.add(tf);
f.add(btn_1);
f.add(btn_2);
f.add(red);
f.add(green);
f.add(blue);
```

# 第 5 章 Java 图形用户界面设计

```
        f.add(gender);
        f.add(married);
        // 设置 f 可见性
        f.setVisible(true);
    }
    public static void main(String[] args) {
        new AWTExample();
    }
}
```

代码说明：本例用于生成一个简单的基于 AWT 组件库开发的 GUI 界面。界面中有一个文本框、两个按钮、一个单选按钮组（包括三个单选按钮）、一个下拉列表和一个复选框。各组件的布局方式采用了流式布局方法，如程序中的粗体加下画线部分所示。流式布局就是将组件按照从左到右、从上到下的方式排列。需要注意的是，窗口的显示，默认是不可见的，一定要在程序中显式地通过 setVisible 方法设置为 true 才能够可见，而且设置可见的操作需要放在所有组件设置属性的最后一句，如程序中的粗体部分所示。此外，在程序中使用了图标，也即 GUI 窗口左上角的图片，用户需将图标文件夹 icon 放置在 java_code 项目下，与 src 和 bin 目录同级。程序中使用粗斜体表示的代码，使用的是图标的相对路径，其中，*./* 表示的是当前的项目路径，这里也就是 java_code 项目的路径。因为 icon 图标文件夹位于 java_code 项目下，因此该文件夹的相对路径为 *./icon*。

运行结果：如图 5-1 所示。

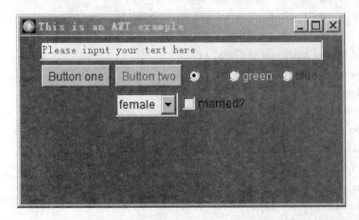

图 5-1　简单的 AWT 图形界面示例

**SwingExample.java**

```
package gui;
import java.awt.*;
import javax.swing.*;
public class SwingExample {
    private JFrame f = new JFrame();
    private JButton btn_1 = new JButton();
```

```java
private JButton btn_2 = new JButton();
private JTextField tf = new JTextField();
private JRadioButton red = new JRadioButton();
private JRadioButton green = new JRadioButton();
private JRadioButton blue = new JRadioButton();
private JCheckBox married = new JCheckBox();
private ButtonGroup bg = new ButtonGroup();
private JComboBox<String> jcb = new JComboBox<String>();
SwingExample() {
    f.setTitle("This is an Swing example");
    f.setSize(400,200);
    f.setLocation(400,200);
    f.getContentPane().setBackground(new Color(20,120,110));
    f.setIconImage(Toolkit.getDefaultToolkit().getImage("./icon/ok.png"));
    btn_1.setText("Button one");
    btn_1.setIcon(new ImageIcon("./icon/1.gif"));
    btn_1.setVerticalTextPosition(SwingConstants.TOP);
    btn_1.setHorizontalTextPosition(SwingConstants.CENTER);
    btn_1.setForeground(Color.blue);
    btn_2.setText("Button two");
    btn_2.setIcon(new ImageIcon("./icon/2.gif"));
    btn_2.setVerticalTextPosition(SwingConstants.BOTTOM);
    btn_2.setHorizontalTextPosition(SwingConstants.CENTER);
    btn_2.setForeground(Color.red);
    tf.setText("Please input your text here");
    tf.setForeground(Color.red);
    tf.setPreferredSize(new Dimension(300,30));
    red.setText("red");
    red.setForeground(Color.red);
    red.setBackground(new Color(20,120,110));
    green.setText("green");
    green.setForeground(Color.green);
    green.setBackground(new Color(20,120,110));
    blue.setText("blue");
    blue.setForeground(Color.blue);
    blue.setBackground(new Color(20,120,110));
    married.setText("married?");
    married.setSelected(false);
    married.setBackground(new Color(20,120,110));
    bg.add(red);
    bg.add(green);
    bg.add(blue);
```

```
        red.setSelected(true);
        jcb.addItem("male");
        jcb.addItem("female");
        jcb.setSelectedItem("female");
        f.setLayout(new FlowLayout());
        f.add(tf);
        f.add(btn_1);
        f.add(btn_2);
        f.add(red);
        f.add(green);
        f.add(blue);
        f.add(jcb);
        f.add(married);
        f.setVisible(true);
    }
    public static void main(String[] args) {
        new SwingExample();
    }
}
```

代码说明：本例用于生成一个简单的基于 Swing 组件库开发的 GUI 界面。界面中有一个文本框、两个按钮、一个单选按钮组（包括三个单选框）、一个下拉列表和一个复选框。

运行结果：如图 5-2 所示。

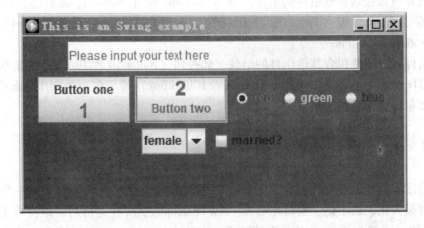

图 5-2 简单的 Swing 图形界面示例

从 AWTExample.java 和 SwingExample.java 两个程序中可以看出，AWT 组件库和 Swing 组件库中的组件，在定义时名称是不一样的。例如，在 AWT 组件库中，按钮组件的名称为 Button；而在 Swing 库中，按钮组件的名称为 JButton。一般来说，Swing 组件库中的组件，在名称开头会有一个大写字母 J。AWT 库的所有组件可以在 java.awt 包及其子包下找到，如

Button、Checkbox、Choice、Frame、Menu、Panel、TextField 等。Swing 库中的所有组件可以在 javax. swing 包及其子包下找到，如 JButton、JRadioButton、JFrame、JMenu、JPanel、JTextField 等。AWT 组件库中的很多组件在 Swing 组件库中均能找到对应的版本，如 Button 对应于 JButton、TextField 对应于 JTextField、Frame 对应于 JFrame 等。对于同类型的组件而言，Swing 组件的功能更强大，外观也更漂亮。

如果将以上两个程序中使用粗体加下画线显示的代码删除或注释掉，然后运行程序，则会发现，最后只有一个名为 married 的组件被显示出来，其他组件都没有显示，这是为什么呢？这就引出了一个必须事先说明的概念，Java 在向容器中添加组件的时候，有一套专门的布局管理器，以上两个例子中使用的是 FlowLayout 布局管理方式，这也是最简单的一种布局管理，称为流式布局方式。按照从左到右、从上到下的顺序，依次将组件添加到容器中，程序中，先加入容器的组件会显示在容器的左侧和上侧，后加入的组件会显示在容器的右侧和下侧。如果不在程序中显式地声明容器的布局管理方式，则 Frame 和 JFrame 默认不使用布局，所以组件会按照先后顺序逐个地向窗口上添加，最后添加的组件会将其他事先已经添加的组件覆盖，从而只能显示最后添加的组件，之前添加的组件因为被遮挡的原因，就无法显示在界面之上。

### 5.1.3 组件的分类

从上一节的例子可以看出，GUI 图形用户界面实际上就是组件的集合。无论何种 GUI，总需要有一个边框窗口作为 GUI 中其他组件的承载（或称为母体）。在边框窗口上可以放置各种组件，如文本框、按钮、复选框、单选按钮、下拉菜单等。一般来说，按照组件在 GUI 界面中扮演的角色，可以将组件分为两种类型：容器（Container）和基本组件（Component）。

容器就是可以包含其他组件的组件，窗口（Frame 或者 JFrame）就是一个容器。此外，常用的容器还包括面板（Panel 或者 JPanel）、对话框（Dialog 或者 JDialog）、滚动条（ScrollPane 或者 JScrollPane）等。

基本组件就是不能包含其他组件的组件，如按钮（Button 或者 JButton）、文本框（TextField 或者 JTextField）、复选框（Checkbox 或者 JCheckBox）等。在一个 GUI 界面中，通常基本组件的数量要大于容器的数量。

## 5.2 Java 事件处理机制

细心的读者可能已经发现，在 5.1.2 节中举例的两个程序，均可以实现一些简单的操作，如窗口最大化、最小化、窗口拖动等。AWTExample. java 在运行后，即使单击窗口中的【关闭】按钮，窗口也无法实现关闭的功能。SwingExample. java 在运行后，单击窗口中的【关闭】按钮，虽然可以直接关闭窗口，但在 Eclipse 的 Console 窗口中，■标记仍然存在，这表示程序依然处于运行状态，没有退出。这是什么原因呢？这就很自然地引出了事件处理的概念。

在 Java 的 GUI 设计中，各组件（无论是 AWT，还是 Swing）主要负责的是自身外观和属性的设计。例如，对于 Swing 组件库中的 JButton 而言，可以通过 setText 的方法设置按钮，

# 第 5 章 Java 图形用户界面设计

可以通过 setForeground 方法设置前景色等。而对组件何时产生何种动作，以及对这些动作会有何种响应，并不由组件本身来完成，或者说，组件本身不具备这些功能。虽然 Java 已经封装了一些基本的操作，例如 5.1.2 节中，窗口的最大化、最小化和拖拽功能不需要编写代码即可实现，然而，更多更复杂的操作则需要开发人员根据实际的需要自主编写代码完成。发现组件产生动作，以及对这个动作的响应，Java 统一交给事件监听器（Listener）或者适配器（Adapter）进行处理。

### 5.2.1 事件处理机制中的要素

在事件处理机制中有几个构成要素及其之间的相互关系是非常重要的，主要包括事件、事件源、事件监听器、事件适配器等。

1）事件（Event）：可以理解为对一个组件的某种同类型操作动作的集合。例如，单击一个按钮、在文本框中输入一个字符串、选择一个菜单选项、选中一个单选按钮等都可以认为是一个操作动作。而利用鼠标单击按钮、进入按钮、移出按钮、按下按钮、松开按钮等，可以认为是同一种类型的动作操作，因其都是通过鼠标完成的，这种同类型的动作操作，就可以统一的由鼠标事件来描述。Java 按照事件产生的方式，将事件归类汇总后分为若干种类型，如鼠标事件、键盘事件、窗口事件、选择事件等。

2）事件源（Event Source）：可以理解为产生事件的源头，也即发生事件的组件。Java 认为，如果组件产生了一个动作，就表明发生了这个动作所归属的事件。例如，单击一次 btn 按钮，则 btn 按钮就是一个事件源，对应的事件为鼠标事件；在 tf 文本框中输入一个字符串，则 tf 文本框也是一个事件源，对应的事件为键盘事件。

3）事件监听器（Listener）：事件处理机制中的核心部分。它的主要功能如下：①监听组件，观察组件有没有发生某类事件；②如果监听的组件发生了某类事件，则调用对应的动作处理方法立刻处理这个事件。通过监听器的功能可以看出，在 Java 事件处理机制中，监听器处于主体地位。与事件分类对应，监听器也相应地分成若干种类型，如鼠标事件对应鼠标监听器，键盘事件对应键盘监听器，窗口事件对应窗口监听器等。需要说明的是，如果希望监听并处理一个组件的某类事件，则必须先给该组件添加对应的事件监听器。如果不给组件添加事件监听器，则该组件发生任何的事件都不会被监听器监听到，从而也不会产生任何的响应。监听器属于接口类型，实现某一种监听器就必须实现该监听器的所有方法。

4）事件适配器（Adapter）：这个概念可以认为是一个简化版的监听器。监听器是对一类事件可能产生的所有动作进行监听。例如，鼠标监听器监听的是鼠标按键能够产生的所有动作，包括鼠标单击、鼠标按下、鼠标松开等。因为监听器属于接口，如果纯粹使用监听器来完成动作处理的操作，则程序必须实现这个监听器所有的动作处理方法。在进行具体的程序设计时，只需要监听某类事件中的一个动作即可。例如，有时候我们仅对鼠标单击按钮这个动作感兴趣，而对鼠标进入按钮、鼠标移出按钮等动作不需要进行编程响应动作。这个时候，就可以使用事件适配器，因为适配器可以由程序设计人员自主选择监听和响应的动作，从而简化了监听器的监听工作，当然，相应的能够监听的动作会变少，具体需要监听并响应何种动作，由程序设计人员根据实际需要在代码中自行指定。

143

##  5.2.2 Java中常用的事件类和事件监听器

Java中经常使用的事件处理机制的事件共有16种，这里仅介绍常用的10种。事件分为高级事件（语义事件）和低级事件两大类型。高级事件包括 ActionEvent、AdjustmentEvent、ItemEvent、TextEvent 四种，低级事件包括 ComponetEvent、ContainerEvent、WindowEvent、FocusEvent、KeyEvent、MouseEvent 六种。具体的事件类、对应的事件监听器、对应的动作处理方法以及方法的激发时机，见表5-1。

表5-1 事件类、对应的事件监听器、对应的处理方法以及方法的激发时机

| 事 件 类 | 对应的事件监听器 | 对应的处理方法 | 方法激发时机 |
| --- | --- | --- | --- |
| ActionEvent | ActionListener | actionPerformed | 动作发生时调用 |
| AdjustmentEvent | AdjustmentListener | adjustmentValueChanged | 滑块移动时调用 |
| ItemEvent | ItemListener | itemStateChanged | 某项被选中或取消时调用 |
| TextEvent | TextListener | textValueChanged | 文本发生改变时调用 |
| ComponetEvent | ComponetListener | componentHidden<br>componentMoved<br>componentResized<br>componentShown | 组件被隐藏时调用<br>组件被移动时调用<br>组件大小被改变时调用<br>组件被显示时调用 |
| ContainerEvent | ContainerListener | componentAdded<br>componentRemoved | 添加组件时调用<br>移除组件时调用 |
| WindowEvent | WindowlListener | windowActivated<br>windowClosed<br>windowClosing<br>windowDeactivated<br>windowDeiconified<br>windowIconified<br>windowOpened | 窗口被激活时调用<br>窗口被关闭后调用<br>窗口被关闭时调用<br>窗口被失去激活时调用<br>窗口被恢复时调用<br>窗口被最小化时调用<br>窗口首次打开时调用 |
| FocusEvent | FocusListener | focusGained<br>focusLost | 组件获得焦点时调用<br>组件失去焦点时调用 |
| KeyEvent | KeyListener | keyPressed<br>keyReleased<br>keyTyped | 按下某个按键时调用<br>松开某个按键时调用<br>单击某个按键时调用 |
| MouseEvent | MouseListener | mouseClicked<br>mouseEntered<br>mouseExited<br>mousePressed<br>mouseReleased | 组件被鼠标单击时调用<br>组件被鼠标进入时调用<br>鼠标移出组件时调用<br>组件被鼠标按下时调用<br>组件被鼠标松开时调用 |
| | MouseMotionListener | mouseDragged<br>mouseMoved | 组件被鼠标按下拖动时调用<br>鼠标在组件上移动时调用 |
| | MouseWheelListener | mouseWheelMoved | 滚轮在组件上移动时调用 |

注：阴影部分表示高级事件

通过表5-1可以看出,Java的事件类、对应的监听器和对应的处理方法能够通过英文猜测出可能的用途。下面以通过实现AWTExample.java中的窗口关闭功能为例,对事件处理机制加以说明。由表5-1可以发现,窗口关闭的动作属于窗口事件WindowEvent,对应的监听器为WindowListener,对应的处理方法为windowClosing,因此需要给Frame窗口绑定WindowListener监听器,从而使得Frame窗口能够被WindowListener监听到是否发生窗口事件,然后通过实现windowClosing方法,使得Frame窗口产生关闭动作时,监听器能够完成窗口关闭的操作。具体代码见AWTFrameClose.java。

**AWTFrameClose.java**

```java
package gui;
import java.awt.*;
import java.awt.event.WindowEvent;
import java.awt.event.WindowListener;
// 该类中Frame窗口f绑定了窗口监听器,所以必须实现监听器中所有的方法
public class AWTFrameClose implements WindowListener {
    private Frame f = new Frame();
    private Button btn_1 = new Button();
    private Button btn_2 = new Button();
    private TextField tf = new TextField();
    private Checkbox red = new Checkbox();
    private Checkbox green = new Checkbox();
    private Checkbox blue = new Checkbox();
    private Checkbox married = new Checkbox();
    private CheckboxGroup cbg = new CheckboxGroup();
    private Choice gender = new Choice();
    AWTFrameClose() {
        f.setTitle("This is an AWT example");
        f.setSize(350,200);
        f.setLocation(400,200);
        f.setBackground(new Color(20,120,110));
        f.setLayout(new FlowLayout());
        f.setIconImage(Toolkit.getDefaultToolkit().getImage("./icon/ok.png"));
        btn_1.setLabel("Button one");
        btn_1.setForeground(Color.blue);
        btn_2.setLabel("Button two");
        btn_2.setForeground(Color.red);
        tf.setText("Please input your text here");
        tf.setForeground(Color.red);
        tf.setPreferredSize(new Dimension(300,20));
        red.setLabel("red");
        red.setForeground(Color.red);
        green.setLabel("green");
```

```java
            green.setForeground(Color.green);
            blue.setLabel("blue");
            blue.setForeground(Color.blue);
            married.setLabel("married?");
            married.setState(false);
            red.setCheckboxGroup(cbg);
            green.setCheckboxGroup(cbg);
            blue.setCheckboxGroup(cbg);
            cbg.setSelectedCheckbox(red);
            gender.addItem("male");
            gender.addItem("female");
            gender.select("female");
            f.add(tf);
            f.add(btn_1);
            f.add(btn_2);
            f.add(red);
            f.add(green);
            f.add(blue);
            f.add(gender);
            f.add(married);
            // 为 Frame 窗口绑定窗口监听器
            f.addWindowListener(this);
            f.setVisible(true);
    }
    public static void main(String[] args) {
            new AWTFrameClose();
    }
    // 以下为实现窗口监听器的所有方法
    @Override
    public void windowActivated(WindowEvent e) {
    }
    @Override
    public void windowClosed(WindowEvent e) {
    }
    @Override
    public void windowClosing(WindowEvent e) {
            // 在 windowClosing 方法中,实现窗口关闭的动作
            System.exit(0);
    }
    @Override
    public void windowDeactivated(WindowEvent e) {
    }
```

# 第5章 Java图形用户界面设计

```
    @Override
    public void windowDeiconified(WindowEvent e){

    }
    @Override
    public void windowIconified(WindowEvent e){

    }
    @Override
    public void windowOpened(WindowEvent e){

    }
}
```

代码说明：本例给 Frame 窗口 f 绑定了窗口监听器 WindowListener，从而使得 f 的窗口事件能够得到监听，当 f 产生了一个窗口关闭动作，也即单击了 f 的【关闭】按钮时，窗口监听器立即就能够发现 f 产生了窗口事件，并判断出发生的这个窗口事件的动作属于窗口关闭操作，从而自动转到 windowClosing 方法中执行程序退出的代码。程序一旦退出，则程序的所有资源都被屏幕和内存释放，窗口这个实体自然也就不存在了。

运行结果：出现 AWTExample.java 运行的窗口，单击【关闭】按钮后，窗口关闭，程序退出运行。

通过上述程序可以看出，如果使用监听器监听组件，就必须实现监听器的全部动作处理方法。有时只需要监听并响应组件的某个事件中的某一个或若干个动作即可，而不需要监听和响应这个事件中的全部动作。这时全部实现监听器的处理方法显得不是非常必要，而且会增加程序的长度、降低代码的可阅读性，此时就可以通过适配器简化监听的内容。需要指出的是，为了监听组件是必须添加监听器的，适配器无法完成事件监听的功能，只不过可以使用适配器作为监听器的参数，并在适配器中指定需要监听和响应的动作处理方法即可。下面通过 AWTFrameCloseByAdapter.java 程序进行示例。

**AWTFrameCloseByAdapter.java**

```
package gui;
import java.awt.*;
import java.awt.event.WindowAdapter;
import java.awt.event.WindowEvent;
public class AWTFrameCloseByAdapter{
    private Frame f = new Frame();
    private Button btn_1 = new Button();
    private Button btn_2 = new Button();
    private TextField tf = new TextField();
    private Checkbox red = new Checkbox();
    private Checkbox green = new Checkbox();
    private Checkbox blue = new Checkbox();
    private Checkbox married = new Checkbox();
    private CheckboxGroup cbg = new CheckboxGroup();
```

```java
    private Choice gender = new Choice();
    AWTFrameCloseByAdapter() {
        f.setTitle("This is an AWT example");
        f.setSize(350,200);
        f.setLocation(400,200);
        f.setBackground(new Color(20,120,110));
        f.setLayout(new FlowLayout());
        f.setIconImage(Toolkit.getDefaultToolkit().getImage("./icon/ok.png"));
        btn_1.setLabel("Button one");
        btn_1.setForeground(Color.blue);
        btn_2.setLabel("Button two");
        btn_2.setForeground(Color.red);
        tf.setText("Please input your text here");
        tf.setForeground(Color.red);
        tf.setPreferredSize(new Dimension(300,20));
        red.setLabel("red");
        red.setForeground(Color.red);
        green.setLabel("green");
        green.setForeground(Color.green);
        blue.setLabel("blue");
        blue.setForeground(Color.blue);
        married.setLabel("married?");
        married.setState(false);
        red.setCheckboxGroup(cbg);
        green.setCheckboxGroup(cbg);
        blue.setCheckboxGroup(cbg);
        cbg.setSelectedCheckbox(red);
        gender.addItem("male");
        gender.addItem("female");
        gender.select("female");
        f.add(tf);
        f.add(btn_1);
        f.add(btn_2);
        f.add(red);
        f.add(green);
        f.add(blue);
        f.add(gender);
        f.add(married);
        // 为 Frame 窗口绑定窗口监听器,通过适配器简化,只监听窗口关闭动作
        f.addWindowListener(new WindowAdapter() {
            public void windowClosing(WindowEvent e) {
                System.exit(0);
            }
        });
```

# 第 5 章  Java 图形用户界面设计

```
        f.setVisible(true);
    }
    public static void main(String[] args) {
        new AWTFrameCloseByAdapter();
    }
}
```

代码说明：本例给 Frame 窗口 f 绑定了窗口监听器，以适配器作为窗口监听器的参数，并在适配器中指明只需要监听窗口 f 的 windowClosing 动作。这样，通过适配器简化了监听器的功能，使得监听器仅需要监听窗口关闭的动作。使用适配器的方式来完成事件处理，可以降低代码的长度、增加代码的阅读性，但是需要程序员自己记住动作处理方法的声明。使用监听器的方式来完成事件处理，相应的代码较长，需要实现监听器的所有动作处理方法，但程序员不需要自己记住动作处理方法的声明。具体选择哪种方式完成动作处理，读者可根据自己的实际情况自主选择。

运行结果：与 AWTFrameClose.java 的运行结果相同。

在 Swing 组件库中，对于 JFrame 窗口的关闭操作进行了简化设计，不需要再为 JFrame 窗口绑定窗口监听器，也不需要实现 windowClosing 方法，而是直接在程序中为 JFrame 窗口设置默认的关闭操作即可，如 SwingFrameClose.java 程序所示。

**SwingFrameClose.java**

```
package gui;
import java.awt.*;
import javax.swing.*;
public class SwingFrameClose {
    private JFrame f = new JFrame();
    private JButton btn_1 = new JButton();
    private JButton btn_2 = new JButton();
    private JTextField tf = new JTextField();
    private JRadioButton red = new JRadioButton();
    private JRadioButton green = new JRadioButton();
    private JRadioButton blue = new JRadioButton();
    private JCheckBox married = new JCheckBox();
    private ButtonGroup bg = new ButtonGroup();
    private JComboBox<String> jcb = new JComboBox<String>();
    SwingFrameClose() {
        f.setTitle("This is an Swing example");
        f.setSize(400,200);
        f.setLocation(400,200);
        f.getContentPane().setBackground(new Color(20,120,110));
        f.setIconImage(Toolkit.getDefaultToolkit().getImage("./icon/ok.png"));
        btn_1.setText("Button one");
        btn_1.setIcon(new ImageIcon("./icon/1.gif"));
```

```java
btn_1.setVerticalTextPosition(SwingConstants.TOP);
btn_1.setHorizontalTextPosition(SwingConstants.CENTER);
btn_1.setForeground(Color.blue);
btn_2.setText("Button two");
btn_2.setIcon(new ImageIcon("./icon/2.gif"));
btn_2.setVerticalTextPosition(SwingConstants.BOTTOM);
btn_2.setHorizontalTextPosition(SwingConstants.CENTER);
btn_2.setForeground(Color.red);
tf.setText("Please input your text here");
tf.setForeground(Color.red);
tf.setPreferredSize(new Dimension(300,30));
red.setText("red");
red.setForeground(Color.red);
red.setBackground(new Color(20,120,110));
green.setText("green");
green.setForeground(Color.green);
green.setBackground(new Color(20,120,110));
blue.setText("blue");
blue.setForeground(Color.blue);
blue.setBackground(new Color(20,120,110));
married.setText("married?");
married.setSelected(false);
married.setBackground(new Color(20,120,110));
bg.add(red);
bg.add(green);
bg.add(blue);
red.setSelected(true);
jcb.addItem("male");
jcb.addItem("female");
jcb.setSelectedItem("female");
f.setLayout(new FlowLayout());
f.add(tf);
f.add(btn_1);
f.add(btn_2);
f.add(red);
f.add(green);
f.add(blue);
f.add(jcb);
f.add(married);
// 设置JFrame窗口f的默认关闭操作为关闭窗口,退出程序
f.setDefaultCloseOperation(JFrame.EXIT_ON_CLOSE);
f.setVisible(true);
```

```
public static void main(String[ ]args) {
    new SwingFrameClose( );
}
}
```

代码说明:从程序可以看出,本例仅比 SwingExample.java 程序多出了一行,如代码中的粗体部分所示。JFrame 的窗口关闭操作比 Frame 窗口简单了许多。

运行结果:出现如 SwingExample.java 运行的窗口,单击【关闭】按钮后,窗口关闭,程序退出运行。

## 5.3 使用 AWT 组件库设计图形界面

本节首先介绍 AWT 组件库中几个最常用的组件,然后通过一系列的实例代码来演示如何通过 AWT 组件库完成图形界面设计的工作。读者不必拘泥于某个组件的具体使用和设置方法,这部分的内容在 API 手册中全部都有,而是应该将主要精力放在学习 AWT 库中的组件是如何按照事件处理机制的模型进行工作和完成对应操作的。

### 5.3.1 AWT 组件库的常用组件

在之前的几个程序中已经使用了部分常用的 AWT 组件,如窗口 Frame、按钮 Button、文本框 TextField 等。下面介绍一些在实际开发中常用的 AWT 组件。

(1) Frame

Frame 窗口是 AWT 库中最常用的容器类,可以向其中添加其他组件。Frame 是一个矩形的窗口,默认状态下是不可见的,必须在程序中显式地调用 setVisible(true) 方法,设置为可见,否则即使程序运行也看不到窗口显示。如果需要销毁一个 Frame 窗口,则调用 dispose 方法即可,此时 Frame 及其承载的所有组件均从屏幕和内存中销毁。

(2) Button

Button 表示按钮组件,是一个矩形的可供鼠标单击的实体。

(3) Checkbox 和 CheckboxGroup

Checkbox 表示复选框组件,如果将多个 Checkbox 组件放在一个 CheckboxGroup 中时,这些 Checkbox 组件将不再具有复选功能,而只具有单选功能,也即变成单选按钮。

(4) Choice

Choice 表示下拉列表组件,列表中的每一个选项称为一个 Item。Item 的类型一般为 String 字符串。

(5) Label

Label 表示标签组件,主要作用在于创建提示性的文本。

(6) MenuBar、Menu 和 MenuItem

MenuBar 表示菜单条组件,该组件由 Menu 菜单构成。Menu 菜单又可由 Menu 菜单和 MenuItem 菜单项构成。

(7) TextField

TextField 表示文本框组件，与文本域组件不同的是，文本框中只能有一行文本。

（8）TextArea

TextArea 表示文本域组件，可以容纳多行文本。

（9）ScrollPane

ScrollPane 表示滚动条组件，包括水平滚动条和垂直滚动条两种类型，属于容器组件。该组件一般用于容纳一个 TextArea 组件。

（10）Panel

Panel 表示面板组件，属于容器组件。该组件不能单独存在，必须放置于某一个更高级的容器当中。Panel 一般用于组件的布局设计。

###  5.3.2　AWT 组件库常用组件举例

下面通过一系列的实例问题，结合 Java 事件处理机制，讲解如何使用 AWT 组件库进行 GUI 程序设计。

【问题1】在窗口 f 中有一个文本框 tf、三个按钮 btn_1、btn_2、btn_3。当使用鼠标单击 btn_1 时，文本框显示 btn_1 按钮被单击；当使用鼠标单击 btn_2 按钮时，文本框显示 btn_2 按钮被单击；当使用鼠标单击 btn_3 按钮或者窗口 f 的【关闭】按钮时，窗口关闭，程序退出。

【设计思路】显然，需要给三个按钮分别绑定鼠标监听器，用于监听鼠标事件中的鼠标单击动作。通过判断引发动作的事件源，鼠标单击动作需完成不同的操作。同时，窗口需要绑定窗口监听器，用于监听窗口事件中的窗口关闭动作。

**Question_1.java**

```
package gui;
import java.awt.*;
import java.awt.event.*;
public class Question_1 {
    private Frame f = new Frame();
    private Button btn_1 = new Button();
    private Button btn_2 = new Button();
    private Button btn_3 = new Button();
    private TextField tf = new TextField();
    Question_1() {
        f.setSize(350,100);
        f.setLocation(400,200);
        f.setBackground(new Color(20,120,110));
        f.setLayout(new FlowLayout());
        btn_1.setLabel("Button one");
        btn_2.setLabel("Button two");
        btn_3.setLabel("Button three");
        tf.setPreferredSize(new Dimension(300,20));
        f.add(tf);
```

```java
        f.add(btn_1);
        f.add(btn_2);
        f.add(btn_3);
        f.addWindowListener(new WindowAdapter() {
            public void windowClosing(WindowEvent e) {
                System.exit(0);
            }
        });
        btn_1.addMouseListener(new MouseAdapter() {
            public void mouseClicked(MouseEvent e) {
                tf.setText("Button one is clicked");
            }
        });
        btn_2.addMouseListener(new MouseAdapter() {
            public void mouseClicked(MouseEvent e) {
                tf.setText("Button two is clicked");
            }
        });
        btn_3.addMouseListener(new MouseAdapter() {
            public void mouseClicked(MouseEvent e) {
                System.exit(0);
            }
        });
        f.setVisible(true);
    }
    public static void main(String[] args) {
        new Question_1();
    }
}
```

代码说明：本例中，f 绑定窗口监听器，用于监听窗口关闭动作；btn_1、btn_2、btn_3 绑定鼠标监听器，用于监听鼠标单击动作，根据产生事件的事件源不同，鼠标单击动作完成不同的操作。

运行结果：单击 Button one 时，文本框显示 Button one is clicked；单击 Button two 时，文本框显示 Button two is clicked；单击 Button three 时，窗口关闭，程序退出；单击 f 的【关闭】按钮时，窗口关闭，程序退出，如图 5-3 和图 5-4 所示。

【问题2】在【问题1】中，相关的动作操作是通过适配器完成的，如果改用监听器完成，代码应该进行怎样的修改？

【设计思路】【问题1】的代码给三个按钮绑定监听器时，分别使用了三个不同的适配器进行鼠标单击动作监听，也就是说，三个按钮各自拥有一个鼠标单击动作处理方法，相互之间是不冲突的。如果统一由监听器来完成，则三个按钮共享一个鼠标单击动作的处理方法，

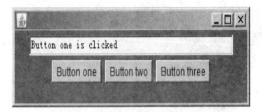

图 5-3　单击 Button one

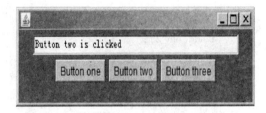

图 5-4　单击 Button two

这就涉及鼠标单击动作处理方法的判断问题。也就是说，鼠标单击动作的处理方法需要判断发生鼠标单击动作的事件源是什么，然后根据事件源来完成不同的操作。

**Question_2. java**

```java
package gui;
import java.awt.*;
import java.awt.event.*;
public class Question_2 implements WindowListener,MouseListener{
    private Frame f = new Frame();
    private Button btn_1 = new Button();
    private Button btn_2 = new Button();
    private Button btn_3 = new Button();
    private TextField tf = new TextField();
    Question_2(){
        f.setSize(350,100);
        f.setLocation(400,200);
        f.setBackground(new Color(20,120,110));
        f.setLayout(new FlowLayout());
        btn_1.setLabel("Button one");
        btn_2.setLabel("Button two");
        btn_3.setLabel("Button three");
        tf.setPreferredSize(new Dimension(300,20));
        f.add(tf);
        f.add(btn_1);
        f.add(btn_2);
        f.add(btn_3);
        f.addWindowListener(this);
        btn_1.addMouseListener(this);
        btn_2.addMouseListener(this);
        btn_3.addMouseListener(this);
        f.setVisible(true);
    }
    public static void main(String[] args){
        new Question_2();
    }
```

```java
@Override
public void mouseClicked(MouseEvent e) {
    if (e.getSource().equals(btn_1))
        tf.setText("Button one is clicked");
    else if (e.getSource().equals(btn_2))
        tf.setText("Button two is clicked");
    else if (e.getSource().equals(btn_3))
        System.exit(0);
}
@Override
public void mouseEntered(MouseEvent e) {
}
@Override
public void mouseExited(MouseEvent e) {
}
@Override
public void mousePressed(MouseEvent e) {
}
@Override
public void mouseReleased(MouseEvent e) {
}
@Override
public void windowActivated(WindowEvent e) {
}
@Override
public void windowClosed(WindowEvent e) {
}
@Override
public void windowClosing(WindowEvent e) {
    if (e.getSource().equals(f))
        System.exit(0);
}
@Override
public void windowDeactivated(WindowEvent e) {
}
@Override
public void windowDeiconified(WindowEvent e) {
}
@Override
public void windowIconified(WindowEvent e) {
}
```

```
        @Override
        public void windowOpened(WindowEvent e){
        }
}
```

代码说明：本例中需要注意的是，由于三个绑定鼠标监听器的按钮同时共享了鼠标单击动作的处理方法 mouseClicked，因此在 mouseClicked 方法中需要通过 getSource 的方法判断产生鼠标单击动作的事件源是哪一个按钮（如程序中粗体部分所示），然后根据不同的事件源，处理不同的操作。笔者建议，在不增加程序复杂程度的基础上，如果使用监听器而不是适配器处理动作，则尽量在代码中加上判断事件源的方法，以增加代码的健壮性。

运行结果：与 Question_1.java 相同。

【问题3】在【问题1、2】中都是采用鼠标监听器完成的动作监听和操作，如果改用其他监听器完成，代码应该进行怎样的修改？

【设计思路】在 5.2.2 节的表 5-1 中可以看到，ActionListener 这个监听器能够监听到动作事件，而鼠标单击也是一个动作，因此可以使用 ActionListener 完成与前两例同样的功能。

**Question_3.java**

```
package gui;
import java.awt.*;
import java.awt.event.*;
public class Question_3 implements WindowListener,ActionListener{
    private Frame f = new Frame();
    private Button btn_1 = new Button();
    private Button btn_2 = new Button();
    private Button btn_3 = new Button();
    private TextField tf = new TextField();
    Question_3(){
        f.setSize(350,100);
        f.setLocation(400,200);
        f.setBackground(new Color(20,120,110));
        f.setLayout(new FlowLayout());
        btn_1.setLabel("Button one");
        btn_2.setLabel("Button two");
        btn_3.setLabel("Button three");
        tf.setPreferredSize(new Dimension(300,20));
        f.add(tf);
        f.add(btn_1);
        f.add(btn_2);
        f.add(btn_3);
        f.addWindowListener(this);
        btn_1.addActionListener(this);
```

```java
        btn_2.addActionListener(this);
        btn_3.addActionListener(this);
        f.setVisible(true);
    }
    public static void main(String[] args) {
        new Question_3();
    }
    @Override
    public void windowActivated(WindowEvent e) {
    }
    @Override
    public void windowClosed(WindowEvent e) {
    }
    @Override
    public void windowClosing(WindowEvent e) {
        if (e.getSource().equals(f))
            System.exit(0);
    }
    @Override
    public void windowDeactivated(WindowEvent e) {
    }
    @Override
    public void windowDeiconified(WindowEvent e) {
    }
    @Override
    public void windowIconified(WindowEvent e) {
    }
    @Override
    public void windowOpened(WindowEvent e) {
    }
    @Override
    // 这是使用 ActionListener 监听器的 actionPerformed 方法完成操作
    public void actionPerformed(ActionEvent e) {
        if (e.getSource().equals(btn_1))
            tf.setText("Button one is clicked");
        else if (e.getSource().equals(btn_2))
            tf.setText("Button two is clicked");
        else if (e.getSource().equals(btn_3))
            System.exit(0);
    }
}
```

代码说明：本例中使用 ActionListener 取代 MouseListener，对三个按钮进行动作监听，ActionListener 属于语义事件监听器，能够监听高级语义事件动作，全部的语义操作均由 actionPerformed 方法完成。

运行结果：与 Question_1.java 相同。

【问题4】在【问题1、2、3】中引入对话框的概念，当单击 Button three 或者窗口【关闭】按钮时，弹出一个对话框加以确认或取消，代码应该进行怎样的修改？

【设计思路】首先，程序中必须引入 Dialog 对话框，然后对话框中要设定两个按钮，分别表示"是"和"否"的操作，单击【是】按钮，则窗口关闭，退出整个程序；单击【否】按钮或对话框的【关闭】按钮，则对话框消失，仍然回到原来的窗口。

Question_4.java

```java
package gui;
import java.awt.*;
import java.awt.event.*;
public class Question_4 implements WindowListener,ActionListener{
    private Frame f = new Frame();
    private Button btn_1 = new Button();
    private Button btn_2 = new Button();
    private Button btn_3 = new Button();
    private Button btn_yes = new Button("yes");
    private Button btn_no = new Button("no");
    private TextField tf = new TextField();
    private Label label = new Label("退出程序?");
    private Panel p1 = new Panel();
    private Panel p2 = new Panel();
    private Dialog dl = new Dialog(f,"我的对话框",true);
    Question_4(){
        f.setSize(350,100);
        f.setLocation(400,200);
        f.setBackground(new Color(20,120,110));
        f.setLayout(new FlowLayout());
        btn_1.setLabel("Button one");
        btn_2.setLabel("Button two");
        btn_3.setLabel("Button three");
        btn_yes.setPreferredSize(new Dimension(60,30));
        btn_no.setPreferredSize(new Dimension(60,30));
        tf.setPreferredSize(new Dimension(300,20));
        p1.add(label);
        p2.setLayout(new FlowLayout());
        p2.add(btn_yes);p2.add(btn_no);
        dl.setLayout(new BorderLayout());
        dl.setSize(200,100);
```

```
                dl.setLocation(f.getX()+100,f.getY()+100);
                dl.setIconImage(Toolkit.getDefaultToolkit().getImage("./icon/exit.png"));
                dl.add("Center",p1);
                dl.add("South",p2);
                // 单击对话框中的【关闭】按钮,则销毁对话框,回到原窗口
                dl.addWindowListener(new WindowAdapter()
                {
                    public void windowClosing(WindowEvent e){
                        dl.dispose();
                    }
                }
                );
                f.add(tf);
                f.add(btn_1);
                f.add(btn_2);
                f.add(btn_3);
                f.addWindowListener(this);
                btn_1.addActionListener(this);
                btn_2.addActionListener(this);
                btn_3.addActionListener(this);
                btn_yes.addActionListener(this);
                btn_no.addActionListener(this);
                f.setVisible(true);
}
public static void main(String[] args){
    new Question_4();
}
@Override
public void windowActivated(WindowEvent e){
}
@Override
public void windowClosed(WindowEvent e){
}
@Override
public void windowClosing(WindowEvent e){
    // 如果单击窗口中的【关闭】按钮,则弹出对话框
    if(e.getSource().equals(f))
        dl.setVisible(true);
}
@Override
public void windowDeactivated(WindowEvent e){
}
@Override
```

```java
        public void windowDeiconified(WindowEvent e){
        }
    @Override
        public void windowIconified(WindowEvent e){
        }
    @Override
        public void windowOpened(WindowEvent e){
        }
    @Override
        public void actionPerformed(ActionEvent e){
            if (e.getSource().equals(btn_1))
                tf.setText("Button one is clicked");
            else if (e.getSource().equals(btn_2))
                tf.setText("Button two is clicked");
        // 如果单击 btn_3,则弹出对话框
            else if (e.getSource().equals(btn_3))
                dl.setVisible(true);
        // 如果单击 btn_yes,则窗口关闭,程序退出
            else if(e.getSource().equals(btn_yes))
                System.exit(0);
        // 如果单击 btn_no,则销毁对话框,重新回到原窗口
            else if(e.getSource().equals(btn_no))
                dl.dispose();
        }
    }
```

代码说明：本例中使用了 Dialog 对话框组件，并在该组件上使用了 Panel 面板进行布局，对话框的布局方式在程序中用的是 BorderLayout，也即边界式布局方式。

运行结果：当单击 Button Three 按钮或者 f 窗口中的【关闭】按钮时，弹出对话框，如果单击对话框中的 yes 按钮，则整个窗口关闭，退出程序；如果单击对话框中的 no 按钮或者窗口中的【关闭】按钮，则销毁对话框，回来原来的窗口，如图 5-5 所示。

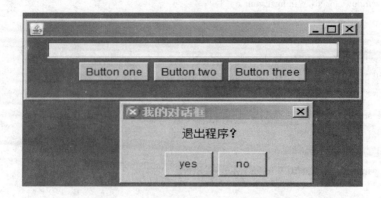

图 5-5　Question_4.java 运行结果

## 5.4 使用 Swing 组件库设计图形界面

在 5.3 节中介绍了 AWT 组件库中的部分组件，因为 AWT 属于 Java 的早期 GUI 设计类库，所以在功能和美观程度上都有所欠缺。例如，在 AWT 中，按钮 Button 是不支持图标的。相对 AWT 组件库而言，Swing 组件库更加出色，功能更为强大，界面更为美观，但是由于纯粹通过 Java 语言编写，因此其在速度上相对于 AWT 组件库而言略显缓慢。

### 5.4.1 Swing 组件库的常用组件

一般来说，大多数 AWT 组件在 Swing 中都能找到对应的组件，且 Swing 中的组件一般会以大写字母 J 开头。

（1）JFrame

JFrame 对应于 AWT 中的 Frame。JFrame 简化了窗口关闭的操作，只需要在程序中显式地调用 setDefaultCloseOperation（JFrame.EXIT_ON_CLOSE）即可完成窗口关闭操作，无须再另行绑定监听器完成。

（2）JButton

JButton 对应于 AWT 中的 Button，JButton 支持图标。

（3）JRadioButton 和 ButtonGroup

在 Swing 中与 Checkbox 对应的是 JCheckBox，实际使用时，如果需要创建单选按钮组，则经常使用的是 JRadioButton 而非 JCheckBox。如果将多个 JRadioButton 组件放在一个 ButtonGroup 中，则这些 JRadioButton 组件将不再具有复选功能，而是只具有单选功能，也即变成单选按钮。

（4）JComboBox

JcomboBox 对应于 AWT 中的 Choice，表示下拉列表组件，列表中的每一个选项称为一个 Item。Item 的类型一般为 String 字符串，也可以是指定的泛型类型。

（5）JLabel

Jlabel 对应于 AWT 中的 Label，表示标签组件，主要作用在于创建提示性的文本。

（6）JMenuBar、JMenu 和 JMenuItem

JMenuBar、JMenu 和 JMenuItem 分别对应于 AWT 中的 MenuBar、Menu 和 MenuItem。JMenuBar 表示菜单条组件，该组件由 JMenu 菜单构成。JMenu 菜单又是由 JMenu 菜单或 JMenuItem 菜单项构成的。

（7）JTextField

JTextField 对应于 AWT 中的 TextField，表示文本框组件，与文本域组件不同的是，文本框中只能有一行文本。

（8）JTextArea

JTextArea 对应于 AWT 中的 TextArea，表示文本域组件，可以容纳多行文本。

（9）JScrollPane

JScrollPane 对应于 AWT 中的 ScrollPane，表示滚动条组件，包括水平滚动条和垂直滚动条两种类型,属于容器组件。该组件一般用于容纳一个 JTextArea 组件。

(10) JPanel

JPanel 对应于 AWT 中的 Panel,表示面板组件,属于容器组件。该组件不能单独存在,必须放置于某一个更高级的容器当中。JPanel 一般用于组件的布局设计。

### 5.4.2 Swing 组件库常用组件举例

5.3.2 节中的例子通过 Swing 组件来实现。由于运行的结果基本类似,这里不再给出代码说明和运行结果。

**JQuestion_1. java**

```java
package gui;
import java.awt.*;
import java.awt.event.*;
import javax.swing.*;
public class JQuestion_1 {
    private JFrame f = new JFrame();
    private JButton btn_1 = new JButton();
    private JButton btn_2 = new JButton();
    private JButton btn_3 = new JButton();
    private JTextField tf = new JTextField();
    JQuestion_1() {
        f.setSize(350,100);
        f.setLocation(400,200);
        f.setBackground(new Color(20,120,110));
        f.setLayout(new FlowLayout());
        // Swing 中的按钮设置标签采用 setText 方法,setLabel 方法已不再使用
        btn_1.setText("Button one");
        btn_2.setText("Button two");
        btn_3.setText("Button three");
        tf.setPreferredSize(new Dimension(300,20));
        f.add(tf);
        f.add(btn_1);
        f.add(btn_2);
        f.add(btn_3);
        f.addWindowListener(new WindowAdapter() {
            public void windowClosing(WindowEvent e) {
                System.exit(0);
            }
        });
        btn_1.addMouseListener(new MouseAdapter() {
            public void mouseClicked(MouseEvent e) {
```

```java
                tf.setText("Button one is clicked");
            }
        });
        btn_2.addMouseListener(new MouseAdapter() {
            public void mouseClicked(MouseEvent e) {
                tf.setText("Button two is clicked");
            }
        });
        btn_3.addMouseListener(new MouseAdapter() {
            public void mouseClicked(MouseEvent e) {
                System.exit(0);
            }
        });
        f.setVisible(true);
    }
    public static void main(String[] args) {
        new JQuestion_1();
    }
}
```

### JQuestion_2.java

```java
package gui;
import java.awt.*;
import java.awt.event.*;
import javax.swing.*;
public class JQuestion_2 implements WindowListener,MouseListener {
    private JFrame f = new JFrame();
    private JButton btn_1 = new JButton();
    private JButton btn_2 = new JButton();
    private JButton btn_3 = new JButton();
    private JTextField tf = new JTextField();
    JQuestion_2() {
        f.setSize(350,100);
        f.setLocation(400,200);
        f.setBackground(new Color(20,120,110));
        f.setLayout(new FlowLayout());
        btn_1.setText("Button one");
        btn_2.setText("Button two");
        btn_3.setText("Button three");
        tf.setPreferredSize(new Dimension(300,20));
        f.add(tf);
        f.add(btn_1);
```

```java
        f.add(btn_2);
        f.add(btn_3);
        f.addWindowListener(this);
        btn_1.addMouseListener(this);
        btn_2.addMouseListener(this);
        btn_3.addMouseListener(this);
        f.setVisible(true);
    }
    public static void main(String[] args) {
        new JQuestion_2();
    }
    @Override
    public void mouseClicked(MouseEvent e) {
        if (e.getSource().equals(btn_1))
            tf.setText("Button one is clicked");
        else if (e.getSource().equals(btn_2))
            tf.setText("Button two is clicked");
        else if (e.getSource().equals(btn_3))
            System.exit(0);
    }
    @Override
    public void mouseEntered(MouseEvent e) {
    }
    @Override
    public void mouseExited(MouseEvent e) {
    }
    @Override
    public void mousePressed(MouseEvent e) {
    }
    @Override
    public void mouseReleased(MouseEvent e) {
    }
    @Override
    public void windowActivated(WindowEvent e) {
    }
    @Override
    public void windowClosed(WindowEvent e) {
    }
    @Override
    public void windowClosing(WindowEvent e) {
        if (e.getSource().equals(f))
```

```java
            System.exit(0);
        }
        @Override
        public void windowDeactivated(WindowEvent e) {
        }
        @Override
        public void windowDeiconified(WindowEvent e) {
        }
        @Override
        public void windowIconified(WindowEvent e) {
        }
        @Override
        public void windowOpened(WindowEvent e) {
        }
}
```

**JQuestion_3.java**

```java
package gui;
import java.awt.*;
import java.awt.event.*;
import javax.swing.*;
public class JQuestion_3 implements WindowListener,ActionListener {
    private JFrame f = new JFrame();
    private JButton btn_1 = new JButton();
    private JButton btn_2 = new JButton();
    private JButton btn_3 = new JButton();
    private TextField tf = new TextField();
    JQuestion_3() {
        f.setSize(350,100);
        f.setLocation(400,200);
        f.setBackground(new Color(20,120,110));
        f.setLayout(new FlowLayout());
        btn_1.setText("Button one");
        btn_2.setText("Button two");
        btn_3.setText("Button three");
        tf.setPreferredSize(new Dimension(300,20));
        f.add(tf);
        f.add(btn_1);
        f.add(btn_2);
        f.add(btn_3);
        f.addWindowListener(this);
        btn_1.addActionListener(this);
```

```java
        btn_2.addActionListener(this);
        btn_3.addActionListener(this);
        f.setVisible(true);
    }
    public static void main(String[] args) {
        new JQuestion_3();
    }
    @Override
    public void windowActivated(WindowEvent e) {
    }
    @Override
    public void windowClosed(WindowEvent e) {
    }
    @Override
    public void windowClosing(WindowEvent e) {
        if (e.getSource().equals(f))
            System.exit(0);
    }
    @Override
    public void windowDeactivated(WindowEvent e) {
    }
    @Override
    public void windowDeiconified(WindowEvent e) {
    }
    @Override
    public void windowIconified(WindowEvent e) {
    }
    @Override
    public void windowOpened(WindowEvent e) {
    }
    @Override
    public void actionPerformed(ActionEvent e) {
        if (e.getSource().equals(btn_1))
            tf.setText("Button one is clicked");
        else if (e.getSource().equals(btn_2))
            tf.setText("Button two is clicked");
        else if (e.getSource().equals(btn_3))
            System.exit(0);
    }
}
```

## JQuestion_4.java

```java
package gui;
import java.awt.*;
import java.awt.event.*;
import javax.swing.*;
public class JQuestion_4 implements WindowListener,ActionListener{
    private JFrame f = new JFrame();
    private JButton btn_1 = new JButton();
    private JButton btn_2 = new JButton();
    private JButton btn_3 = new JButton();
    private JButton btn_yes = new JButton("yes");
    private JButton btn_no = new JButton("no");
    private JTextField tf = new JTextField();
    private JLabel label = new JLabel("退出程序?");
    private JPanel p1 = new JPanel();
    private JPanel p2 = new JPanel();
    private JDialog dl = new JDialog(f,"我的对话框",true);
    JQuestion_4(){
        f.setSize(350,100);
        f.setLocation(400,200);
        f.setBackground(new Color(20,120,110));
        f.setLayout(new FlowLayout());
        btn_1.setText("Button one");
        btn_2.setText("Button two");
        btn_3.setText("Button three");
        btn_yes.setPreferredSize(new Dimension(60,30));
        btn_no.setPreferredSize(new Dimension(60,30));
        tf.setPreferredSize(new Dimension(300,20));
        p1.add(label);
        p2.setLayout(new FlowLayout());
        p2.add(btn_yes);p2.add(btn_no);
        dl.setLayout(new BorderLayout());
        dl.setSize(200,100);
        dl.setLocation(f.getX()+100,f.getY()+100);
        dl.setIconImage(Toolkit.getDefaultToolkit().getImage("./icon/exit.png"));
        dl.add("Center",p1);
        dl.add("South",p2);
        dl.addWindowListener(new WindowAdapter()
        {
            public void windowClosing(WindowEvent e){
```

```
                dl.dispose();
            }
        }
    );
    f.add(tf);
    f.add(btn_1);
    f.add(btn_2);
    f.add(btn_3);
    f.addWindowListener(this);
    btn_1.addActionListener(this);
    btn_2.addActionListener(this);
    btn_3.addActionListener(this);
    btn_yes.addActionListener(this);
    btn_no.addActionListener(this);
    f.setDefaultCloseOperation(JFrame.DO_NOTHING_ON_CLOSE);
    f.setVisible(true);
}
public static void main(String[] args) {
    new JQuestion_4();
}
@Override
public void windowActivated(WindowEvent e) {
}
@Override
public void windowClosed(WindowEvent e) {
}
@Override
public void windowClosing(WindowEvent e) {
    if(e.getSource().equals(f))
        dl.setVisible(true);
}
@Override
public void windowDeactivated(WindowEvent e) {
}
@Override
public void windowDeiconified(WindowEvent e) {
}
@Override
public void windowIconified(WindowEvent e) {
}
@Override
public void windowOpened(WindowEvent e) {
}
```

```
@Override
public void actionPerformed(ActionEvent e) {
    if (e.getSource().equals(btn_1))
        tf.setText("Button one is clicked");
    else if (e.getSource().equals(btn_2))
        tf.setText("Button two is clicked");
    else if (e.getSource().equals(btn_3))
        dl.setVisible(true);
    else if(e.getSource().equals(btn_yes))
        System.exit(0);
    else if(e.getSource().equals(btn_no))
        dl.dispose();
}
}
```

## 5.5 GUI 设计实例

下面给出几个相对复杂的 GUI 设计实例程序,请读者仔细阅读并调试运行程序,根据程序的运行结果学习代码中使用的组件和各种方法。为提高读者自学的能力,代码中不给出相应的注释。

**JScrollPaneTest.java**

```
package gui;
import java.awt.*;
import java.awt.event.*;
import javax.swing.*;
public class JScrollPaneTest implements ActionListener {
    private JScrollPane jsp;
    private JTextArea jta;
    private JFrame jf;
    private JButton exit,clear;
    JScrollPaneTest() {
        jf = new JFrame();
        jf.setTitle("滚动条的例子");
        jf.setLayout(new FlowLayout());
        jf.setLocation(400,300);
        jf.setSize(new Dimension(400,300));
        jf.setDefaultCloseOperation(JFrame.EXIT_ON_CLOSE);
        exit = new JButton();
        exit.setText("退出");
        exit.addActionListener(this);
```

# Java 程序设计教程

```java
            clear = new JButton();
            clear.setText("清空");
            clear.addActionListener(this);
            jta = new JTextArea(10,40);
            jta.setText("请输入文本");
            jta.setFont(new Font("仿宋_GB2312",Font.ITALIC + Font.BOLD,15));
            jsp = new JScrollPane();
            jsp.setViewportView(jta);
            jsp.setHorizontalScrollBarPolicy(JScrollPane.
                    HORIZONTAL_SCROLLBAR_AS_NEEDED);
            jsp.setVerticalScrollBarPolicy(JScrollPane.
                    VERTICAL_SCROLLBAR_AS_NEEDED);
            jf.add(jsp);
            jf.add(exit);
            jf.add(clear);
            jf.setVisible(true);
    }
    public static void main(String[] args) {
        new JScrollPaneTest();
    }
    @Override
    public void actionPerformed(ActionEvent e) {
        if(e.getSource().equals(clear))
            jta.setText("");
        else if(e.getSource().equals(exit))
            System.exit(0);
    }
}
```

### SwingAdvancedWindowClose.java

```java
package gui;
import java.awt.*;
import java.awt.event.*;
import javax.swing.*;
public class SwingAdvancedWindowClose implements WindowListener {
    private JFrame f = new JFrame();
    private JPanel jp = new JPanel();
    private JButton btn_1 = new JButton();
    private JButton btn_2 = new JButton();
    private JTextField tf = new JTextField();
    private JRadioButton cb_1 = new JRadioButton();
    private JRadioButton cb_2 = new JRadioButton();
```

```java
    private JRadioButton cb_3 = new JRadioButton();
    private JRadioButton cb_4 = new JRadioButton();
    private ButtonGroup bg = new ButtonGroup();
    private JComboBox<String> jcb = new JComboBox<String>();
    void run() {
        f.setTitle("This is an Swing example");
        f.setSize(350,300);
        f.setLocation(400,200);
        f.getContentPane().setBackground(new Color(20,120,110));
        f.setIconImage(Toolkit.getDefaultToolkit().
                getImage("./icon/ok.png"));
        btn_1.setText("Button one");
        btn_1.setIcon(new ImageIcon("./icon/1.gif"));
        btn_1.setVerticalTextPosition(SwingConstants.BOTTOM);
        btn_1.setHorizontalTextPosition(SwingConstants.CENTER);
        btn_1.setForeground(Color.blue);
        btn_2.setText("Button two");
        btn_2.setIcon(new ImageIcon("./icon/2.gif"));
        btn_2.setVerticalTextPosition(SwingConstants.BOTTOM);
        btn_2.setHorizontalTextPosition(SwingConstants.CENTER);
        btn_2.setForeground(Color.red);
        tf.setText("Please input your text here");
        tf.setForeground(Color.red);
        tf.setPreferredSize(new Dimension(320,30));
        cb_1.setText("red");
        cb_1.setForeground(Color.red);
        cb_2.setText("green");
        cb_2.setForeground(Color.green);
        cb_3.setText("blue");
        cb_3.setForeground(Color.blue);
        cb_4.setText("married?");
        cb_4.setSelected(false);
        bg.add(cb_1);
        bg.add(cb_2);
        bg.add(cb_3);
        cb_1.setSelected(true);
        jcb.addItem("male");
        jcb.addItem("female");
        jcb.setSelectedIndex(0);
        jp.setLayout(new FlowLayout());
        jp.add(tf);
        jp.add(btn_1);
```

```java
            jp.add(btn_2);
            jp.add(cb_1);
            jp.add(cb_2);
            jp.add(cb_3);
            jp.add(jcb);
            jp.add(cb_4);
            f.add(jp);
            f.setDefaultCloseOperation(JFrame.DO_NOTHING_ON_CLOSE);
            f.addWindowListener(this);
            f.setVisible(true);
    }
    public static void main(String[] args) {
            new SwingAdvancedWindowClose().run();
    }
    @Override
    public void windowOpened(WindowEvent e) {
    }
    @Override
    public void windowClosing(WindowEvent e) {
            if (e.getSource().equals(f)) {
                    int x = JOptionPane.showOptionDialog(f,"是否关闭程序",
                            "这是一个选项对话框",
                            JOptionPane.YES_NO_CANCEL_OPTION,
                            JOptionPane.QUESTION_MESSAGE,null,null,null);
                    if (x == JOptionPane.YES_OPTION)
                            System.exit(0);
                    else if (x == JOptionPane.NO_OPTION) {
                            String s[] = new String[3];
                            s[0] = "First";
                            s[1] = "Second";
                            s[2] = "Third";
                            Object obj = JOptionPane.showInputDialog(null,"请选择",
                                    "这是一个选择框",
                                    JOptionPane.INFORMATION_MESSAGE,null,s,s[2]);
                            if(obj != null) {
                                    if(! obj.toString().isEmpty())
                                            System.out.println(obj.toString());
                                    else if(obj.toString().isEmpty())
                                            System.out.println("nothing inputed");
                            }
                            else
                                    System.out.println("InputDialog cancelled");
                    }
```

```
                else
                    System.out.println("OptionDialog cancelled");
        }
    }
    @Override
    public void windowClosed(WindowEvent e) {
    }
    @Override
    public void windowIconified(WindowEvent e) {
    }
    @Override
    public void windowDeiconified(WindowEvent e) {
    }
    @Override
    public void windowActivated(WindowEvent e) {
    }
    @Override
    public void windowDeactivated(WindowEvent e) {
    }
}
```

**SortTextField.java**

```
package gui;
import java.awt.event.*;
import javax.swing.*;
public class SortTextField {
    private JTextField[] jtf;
    private JFrame jf;
    private JButton sort;
    SortTextField() {
        jtf = new JTextField[5];
        for (int i = 0; i < jtf.length; i++) {
            jtf[i] = new JTextField("数字" + i);
        }
        jf = new JFrame();
        sort = new JButton("排序");
        jf.setSize(400,500);
        jf.setLocation(400,300);
        jf.setLayout(null);
        jf.setDefaultCloseOperation(JFrame.EXIT_ON_CLOSE);
        for (int i = 0; i < jtf.length; i++) {
```

```java
            jtf[i].setBounds(50,50+i*50,300,50);
            jf.add(jtf[i]);
        }
        sort.setBounds(150,300,100,80);
        sort.addMouseListener(new MouseAdapter() {
            public void mouseClicked(MouseEvent e) {
                if (e.getSource().equals(sort)) {
                    int[] num = new int[5];
                    int temp;
                    for (int i=0;i<num.length;i++) {
                        try {
                            num[i] = Integer.parseInt(jtf[i].getText());
                        }
                        catch (NumberFormatException e1) {
                            JOptionPane.showOptionDialog
                                (jf,"数字转换出错","第"+(i+1)+
                                    "个输入框请输入整数",
                                JOptionPane.CLOSED_OPTION,
                                JOptionPane.ERROR_MESSAGE,null,
                                null,null);
                            jtf[i].requestFocusInWindow();
                            jtf[i].setCaretPosition(0);
                            return;
                        }
                    }
                    for (int i=0;i<num.length-1;i++) {
                        for (int j=i+1;j<num.length;j++) {
                            if (num[i] > num[j]) {
                                temp = num[i];
                                num[i] = num[j];
                                num[j] = temp;
                            }
                        }
                    }
                    for (int i=0;i<num.length;i++) {
                        jtf[i].setText(String.valueOf(num[i]));
                    }
                }
            }
        });
        jf.add(sort);
```

```java
        jf.setVisible(true);
    }
    public static void main(String[] args) {
        new SortTextField();
    }
}
```

### TestOperation.java

```java
package gui;
import java.awt.*;
import java.awt.event.*;
import javax.swing.*;
public class TestOperation implements WindowListener,MouseListener,
        ItemListener,KeyListener,ActionListener{
    private JFrame f = new JFrame();
    private JPanel jp = new JPanel();
    private JButton btn_1 = new JButton();
    private JButton btn_2 = new JButton();
    private JTextField tf = new JTextField();
    private JRadioButton cb_1 = new JRadioButton();
    private JRadioButton cb_2 = new JRadioButton();
    private JRadioButton cb_3 = new JRadioButton();
    private JRadioButton small = new JRadioButton();
    private JRadioButton middle = new JRadioButton();
    private JRadioButton big = new JRadioButton();
    private JRadioButton cb_4 = new JRadioButton();
    private ButtonGroup bg = new ButtonGroup();
    private ButtonGroup bg2 = new ButtonGroup();
    private JCheckBox c_1 = new JCheckBox();
    private JCheckBox c_2 = new JCheckBox();
    private JComboBox<String> jcb = new JComboBox<String>();
    private int fontsize;
    private int mode = Font.PLAIN;
    TestOperation(){
        fontsize = 18;
        mode = Font.PLAIN;
        f.setTitle("This is an Swing example");
        f.setSize(400,400);
        f.setLocation(400,200);
        f.getContentPane().setBackground(new Color(20,120,110));
        f.setDefaultCloseOperation(JFrame.EXIT_ON_CLOSE);
        jp.setLayout(new FlowLayout());
```

```java
btn_1.setText("Button one");
btn_1.setForeground(Color.blue);
btn_1.addMouseListener(this);
btn_2.setText("Button two");
btn_2.setForeground(Color.red);
btn_2.addMouseListener(this);
tf.setText("Please input your text here");
tf.setForeground(Color.red);
tf.setPreferredSize(new Dimension(350,50));
tf.addKeyListener(this);
tf.setFont(new Font("楷体_GB2312",mode,fontsize));
c_1.setText("加粗");
c_2.setText("斜体");
c_1.addActionListener(this);
c_2.addActionListener(this);
small.setText("小");
middle.setText("中");
big.setText("大");
bg2.add(small);
bg2.add(middle);
bg2.add(big);
middle.setSelected(true);
small.addItemListener(this);
big.addItemListener(this);
middle.addItemListener(this);
cb_1.setText("red");
cb_1.setForeground(Color.red);
cb_1.addItemListener(this);
cb_2.setText("green");
cb_2.setForeground(Color.green);
cb_2.addItemListener(this);
cb_3.setText("blue");
cb_3.setForeground(Color.blue);
cb_3.addItemListener(this);
cb_4.setText("隐藏?");
cb_4.addItemListener(this);
cb_4.setSelected(false);
bg.add(cb_1);
bg.add(cb_2);
bg.add(cb_3);
cb_1.setSelected(true);
jcb.addItem("male");
```

```java
        jcb.addItem("female");
        jcb.setSelectedIndex(0);
        jcb.addItemListener(this);
        jp.add(tf);
        jp.add(btn_1);
        jp.add(btn_2);
        jp.add(cb_1);
        jp.add(cb_2);
        jp.add(cb_3);
        jp.add(cb_4);
        jp.add(c_1);
        jp.add(c_2);
        jp.add(jcb);
        jp.add(small);
        jp.add(middle);
        jp.add(big);
        f.add(jp);
        f.addWindowListener(this);
        f.setVisible(true);
    }
    public static void main(String[] args) {
        new TestOperation();
    }
    @Override
    public void mouseClicked(MouseEvent e) {
        if (e.getSource().equals(btn_1))
            tf.setText("button one clicked");
        else if (e.getSource().equals(btn_2))
            tf.setText("button two clicked");
    }
    @Override
    public void mousePressed(MouseEvent e) {
    }
    @Override
    public void mouseReleased(MouseEvent e) {
    }
    @Override
    public void mouseEntered(MouseEvent e) {
    }
    @Override
    public void mouseExited(MouseEvent e) {
    }
```

```java
@ Override
public void windowOpened( WindowEvent e ) {
}
@ Override
public void windowClosing( WindowEvent e ) {
}
@ Override
public void windowClosed( WindowEvent e ) {
}
@ Override
public void windowIconified( WindowEvent e ) {
}
@ Override
public void windowDeiconified( WindowEvent e ) {
    if ( e. getSource( ). equals( f ) )
        tf. setText( "窗口正常状态" );
}
@ Override
public void windowActivated( WindowEvent e ) {
}
@ Override
public void windowDeactivated( WindowEvent e ) {
}
@ Override
public void keyTyped( KeyEvent e ) {
}
@ Override
public void keyPressed( KeyEvent e ) {
}
@ Override
public void keyReleased( KeyEvent e ) {
    if ( e. getSource( ). equals( tf ) ) {
        if ( e. getKeyChar( ) == 'P' || e. getKeyChar( ) == 'p' )
            tf. setText( " " );
    }
}
@ Override
public void itemStateChanged( ItemEvent e ) {
    if ( e. getSource( ). equals( cb_1 ) )
        tf. setForeground( Color. *red* );
    if ( e. getSource( ). equals( cb_2 ) )
        tf. setForeground( Color. *green* );
```

## 第5章 Java图形用户界面设计

```java
        if (e.getSource().equals(cb_3))
            tf.setForeground(Color.blue);
        if (e.getSource().equals(jcb))
            tf.setText(jcb.getSelectedItem().toString());
        if (e.getSource().equals(cb_4))
            if (cb_4.isSelected())
                tf.setForeground(tf.getBackground());
            else
                tf.setForeground(Color.RED);
        if (e.getSource().equals(small)) {
            fontsize = 12;
            tf.setFont(new Font("楷体_GB2312",mode,fontsize));
        }
        if (e.getSource().equals(middle)) {
            fontsize = 18;
            tf.setFont(new Font("楷体_GB2312",mode,fontsize));
        }
        if (e.getSource().equals(big)) {
            fontsize = 24;
            tf.setFont(new Font("楷体_GB2312",mode,fontsize));
        }
    }
    @Override
    public void actionPerformed(ActionEvent e) {
        // 以下注释部分和非注释部分的功能是一样的,均为设置斜体或粗体
        /*
         * int mode = Font.PLAIN; if (c_2.isSelected()) mode = mode +
         * Font.ITALIC; if (c_1.isSelected()) mode = mode + Font.BOLD;
         * tf.setFont(new Font("楷体_GB2312",mode,fontsize)); this.mode = mode;
         */
        if (e.getSource().equals(c_1) && c_1.isSelected())
            mode = mode + Font.BOLD;
        if (e.getSource().equals(c_1) && ! c_1.isSelected())
            mode = mode - Font.BOLD;
        if (e.getSource().equals(c_2) && c_2.isSelected())
            mode = mode + Font.ITALIC;
        if (e.getSource().equals(c_2) && ! c_2.isSelected())
            mode = mode - Font.ITALIC;
        tf.setFont(new Font("楷体_GB2312",mode,fontsize));
    }
}
```

**JMenuTest.java**

```java
package gui;
import java.awt.*;
import java.awt.event.*;
import javax.swing.*;
public class JMenuTest implements ActionListener,MouseListener {
    private JMenuBar jmb;
    private JMenu SelectOperation,SelectColor_1,SelectColor_2;
    private JPopupMenu jpm;
    private JMenuItem red_1,red_2,green_1,green_2,blue_1,blue_2,
    exit_1,exit_2;
    private JPanel jp;
    private JFrame jf;
    void run() {
        jf = new JFrame();
        jp = new JPanel();
        jpm = new JPopupMenu();
        jmb = new JMenuBar();
        SelectColor_1 = new JMenu();
        SelectOperation = new JMenu();
        SelectColor_2 = new JMenu();
        red_1 = new JMenuItem();
        red_2 = new JMenuItem();
        green_1 = new JMenuItem();
        green_2 = new JMenuItem();
        blue_1 = new JMenuItem();
        blue_2 = new JMenuItem();
        exit_1 = new JMenuItem();
        exit_2 = new JMenuItem();
        jf.setTitle("菜单项测试");
        red_1.setText("红色");
        red_2.setText("红色");
        green_1.setText("绿色");
        green_2.setText("绿色");
        blue_1.setText("蓝色");
        blue_2.setText("蓝色");
        exit_1.setText("退出");
        exit_2.setText("退出");
        SelectColor_1.setText("选择颜色");
        SelectOperation.setText("选择操作");
        SelectColor_2.setText("选择颜色");
        SelectColor_1.add(red_1);
```

```java
        SelectColor_1. add( green_1 );
        SelectColor_1. add( blue_1 );
        SelectOperation. add( exit_1 );
        SelectOperation. addSeparator( );
        SelectOperation. add( SelectColor_1 );
        SelectColor_2. add( red_2 );
        SelectColor_2. add( green_2 );
        SelectColor_2. add( blue_2 );
        jmb. add( SelectOperation );
        jpm. add( SelectColor_2 );
        jpm. addSeparator( );
        jpm. add( exit_2 );
        jf. add( jp );
        jf. setJMenuBar( jmb );
        jf. setVisible( true );
        jf. setSize( 500,400 );
        jf. setLocation( 400,200 );
        jf. setDefaultCloseOperation( JFrame. EXIT_ON_CLOSE );
        jp. addMouseListener( this );
        red_1. addActionListener( this );
        red_2. addActionListener( this );
        green_1. addActionListener( this );
        green_2. addActionListener( this );
        blue_1. addActionListener( this );
        blue_2. addActionListener( this );
        exit_1. addActionListener( this );
        exit_2. addActionListener( this );
    }
    public static void main( String[ ] args) {
        new JMenuTest( ). run( );
    }
    @Override
    public void actionPerformed( ActionEvent e) {
        if( e. getSource( ). equals( exit_1 ) || e. getSource( ). equals( exit_2 ))
            System. exit(0);
        else if( e. getSource( ). equals( red_1 ) || e. getSource( ). equals( red_2 ))
            jp. setBackground( Color. red );
        else if( e. getSource( ). equals( green_1 ) || e. getSource( ). equals( green_2 ))
            jp. setBackground( Color. green );
        else if( e. getSource( ). equals( blue_1 ) || e. getSource( ). equals( blue_2 ))
            jp. setBackground( Color. blue );
    }
```

Java 程序设计教程

```java
@Override
public void mouseClicked(MouseEvent e) {
    if(e.getSource().equals(jp)) {
        if(e.getButton() == MouseEvent.BUTTON3) {
            jpm.show(jp,e.getX(),e.getY());
        }
    }
}
@Override
public void mousePressed(MouseEvent e) {
}
@Override
public void mouseReleased(MouseEvent e) {
}
@Override
public void mouseEntered(MouseEvent e) {
}
@Override
public void mouseExited(MouseEvent e) {
}
}
```

**JTextAreaTest. java**

```java
package gui;
import java.awt.*;
import java.awt.datatransfer.Clipboard;
import java.awt.datatransfer.Transferable;
import java.awt.event.*;
import javax.swing.*;
import javax.swing.undo.UndoManager;
public class JTextAreaTest implements ActionListener,MouseListener,
        KeyListener {
    private JScrollPane jsp;
    private JTextArea jta;
    private JFrame jf;
    private JButton exit,clear;
    private JPopupMenu pop;
    private JMenu Selection;
    private JMenuItem copy,paste,cut,undo,redo,delete;
    private JMenuItem copy1,paste1,cut1,undo1,redo1,delete1;
    private UndoManager URM;
```

```java
    private JMenuBar jmb;
JTextAreaTest() {
    jf = new JFrame();
    jf.setTitle("文本域的例子");
    jf.setLayout(new FlowLayout());
    jf.setLocation(300,100);
    jf.setSize(new Dimension(600,500));
    jf.setDefaultCloseOperation(JFrame.EXIT_ON_CLOSE);
    Selection = new JMenu("选择操作");
    copy1 = new JMenuItem("复制");
    paste1 = new JMenuItem("粘贴");
    cut1 = new JMenuItem("剪切");
    undo1 = new JMenuItem("撤销");
    redo1 = new JMenuItem("重做");
    delete1 = new JMenuItem("删除");
    Selection.add(copy1);
    Selection.addSeparator();
    Selection.add(paste1);
    Selection.addSeparator();
    Selection.add(cut1);
    Selection.addSeparator();
    Selection.add(undo1);
    Selection.addSeparator();
    Selection.add(redo1);
    Selection.addSeparator();
    Selection.add(delete1);
    Selection.addMouseListener(this);
    jmb = new JMenuBar();
    jmb.add(Selection);
    jf.setJMenuBar(jmb);
    exit = new JButton();
    exit.setText("退出");
    exit.addActionListener(this);
    clear = new JButton();
    clear.setText("清空");
    clear.addActionListener(this);
    URM = new UndoManager();
    jta = new JTextArea(15,30);
    jta.setText("请输入文本");
    jta.setFont(new Font("仿宋_GB2312",Font.ITALIC + Font.BOLD,20));
    jta.setForeground(Color.BLUE);
    jta.addMouseListener(this);
```

```
jta.addKeyListener(this);
jta.getDocument().addUndoableEditListener(URM);
jsp = new JScrollPane();
jsp.setViewportView(jta);
jsp.setHorizontalScrollBarPolicy(JScrollPane.
        HORIZONTAL_SCROLLBAR_AS_NEEDED);
jsp.setVerticalScrollBarPolicy(JScrollPane.
        VERTICAL_SCROLLBAR_AS_NEEDED);
jf.getContentPane().add(jsp);
jf.getContentPane().add(exit);
jf.getContentPane().add(clear);
pop = new JPopupMenu();
copy = new JMenuItem("复制");
paste = new JMenuItem("粘贴");
cut = new JMenuItem("剪切");
undo = new JMenuItem("撤销");
redo = new JMenuItem("重做");
delete = new JMenuItem("删除");
pop.add(copy);
pop.addSeparator();
pop.add(paste);
pop.addSeparator();
pop.add(cut);
pop.addSeparator();
pop.add(undo);
pop.addSeparator();
pop.add(redo);
pop.addSeparator();
pop.add(delete);
jf.add(pop);
copy.setAccelerator(KeyStroke.getKeyStroke('w'));
paste.setAccelerator(KeyStroke.getKeyStroke(KeyEvent.VK_P,
        InputEvent.CTRL_DOWN_MASK));
cut.setAccelerator(KeyStroke.getKeyStroke(KeyEvent.VK_M,
        InputEvent.CTRL_DOWN_MASK));
undo.setAccelerator(KeyStroke.getKeyStroke(KeyEvent.VK_Z,
        InputEvent.CTRL_DOWN_MASK));
redo.setAccelerator(KeyStroke.getKeyStroke(KeyEvent.VK_Y,
        InputEvent.CTRL_DOWN_MASK));
delete.setAccelerator(KeyStroke.getKeyStroke(KeyEvent.VK_D,
        InputEvent.CTRL_DOWN_MASK));
copy1.setAccelerator(KeyStroke.getKeyStroke('w'));
```

```java
        paste1.setAccelerator(KeyStroke.getKeyStroke(KeyEvent.VK_P,
            InputEvent.CTRL_DOWN_MASK));
        cut1.setAccelerator(KeyStroke.getKeyStroke(KeyEvent.VK_M,
            InputEvent.CTRL_DOWN_MASK));
        undo1.setAccelerator(KeyStroke.getKeyStroke(KeyEvent.VK_Z,
            InputEvent.CTRL_DOWN_MASK));
        redo1.setAccelerator(KeyStroke.getKeyStroke(KeyEvent.VK_Y,
            InputEvent.CTRL_DOWN_MASK));
        delete1.setAccelerator(KeyStroke.getKeyStroke(KeyEvent.VK_D,
            InputEvent.CTRL_DOWN_MASK));
        copy.addActionListener(this);
        paste.addActionListener(this);
        cut.addActionListener(this);
        undo.addActionListener(this);
        redo.addActionListener(this);
        delete.addActionListener(this);
        copy1.addActionListener(this);
        paste1.addActionListener(this);
        cut1.addActionListener(this);
        undo1.addActionListener(this);
        redo1.addActionListener(this);
        delete1.addActionListener(this);
        copy.setEnabled(false);
        paste.setEnabled(false);
        cut.setEnabled(false);
        undo.setEnabled(false);
        redo.setEnabled(false);
        delete.setEnabled(false);
        copy1.setEnabled(false);
        paste1.setEnabled(false);
        cut1.setEnabled(false);
        undo1.setEnabled(false);
        redo1.setEnabled(false);
        delete1.setEnabled(false);
        jf.setVisible(true);
    }
    public static void main(String[] args) {
        new JTextAreaTest();
    }
    public boolean IsRedoAble() {
        boolean IRA = false;
        if (URM.canRedo())
            IRA = true;
```

```java
            return IRA;
    }
    public boolean IsUndoAble() {
        boolean IUA = false;
        if (URM.canUndo())
            IUA = true;
        return IUA;
    }
    public boolean IsCopyAble() {
        boolean ICA = false;
        int start = jta.getSelectionStart();
        int end = jta.getSelectionEnd();
        if (start != end)
            ICA = true;
        return ICA;
    }
    public boolean IsPasteAble() {
        boolean IPA = false;
        Clipboard clipboard = jta.getToolkit().getSystemClipboard();
        Transferable content = clipboard.getContents(this);
        if (!content.toString().isEmpty()) {
            IPA = true;
        }
        return IPA;
    }
    @Override
    public void actionPerformed(ActionEvent e) {
        if (e.getSource().equals(clear))
            jta.setText("");
        if (e.getSource().equals(exit)) {
            int x = JOptionPane.showOptionDialog(jf,"是否关闭程序",
                    "这是一个选项对话框",
                    JOptionPane.YES_NO_OPTION,JOptionPane.QUESTION_MESSAGE,
                    null,null,null);
            if (x == JOptionPane.YES_OPTION)
                System.exit(0);
        }
        if (e.getSource().equals(copy) || e.getSource().equals(copy1)) {
            jta.copy();
        }
        if (e.getSource().equals(paste) || e.getSource().equals(paste1)) {
            jta.paste();
        }
```

```java
        if (e.getSource().equals(cut) || e.getSource().equals(cut1))
            jta.cut();
        if (e.getSource().equals(undo) || e.getSource().equals(undo1)) {
            URM.undo();
        }
        if (e.getSource().equals(redo) || e.getSource().equals(redo1)) {
            URM.redo();
        }
        if (e.getSource().equals(delete) || e.getSource().equals(delete1)) {
            delete();
        }
    }
    public void delete() {
        jta.replaceRange("",jta.getSelectionStart(),jta.getSelectionEnd());
    }
    @Override
    public void mouseClicked(MouseEvent e) {
        if (e.getSource().equals(jta)) {
            if (e.getButton() == MouseEvent.BUTTON3) {
                copy.setEnabled(IsCopyAble());
                paste.setEnabled(IsPasteAble());
                cut.setEnabled(IsCopyAble());
                undo.setEnabled(IsUndoAble());
                redo.setEnabled(IsRedoAble());
                delete.setEnabled(IsCopyAble());
                pop.show(jta,e.getX(),e.getY());
            }
        }
        if (e.getSource().equals(Selection)) {
            copy1.setEnabled(IsCopyAble());
            paste1.setEnabled(IsPasteAble());
            cut1.setEnabled(IsCopyAble());
            undo1.setEnabled(IsUndoAble());
            redo1.setEnabled(IsRedoAble());
            delete1.setEnabled(IsCopyAble());
        }
    }
    @Override
    public void mousePressed(MouseEvent e) {
    }
    @Override
    public void mouseReleased(MouseEvent e) {
    }
```

```java
@Override
public void mouseEntered(MouseEvent e) {
}
@Override
public void mouseExited(MouseEvent e) {
}
@Override
public void keyTyped(KeyEvent e) {
}
@Override
public void keyPressed(KeyEvent e) {
    if (IsRedoAble()) {
        if (e.getKeyCode() == KeyEvent.VK_Y && e.isControlDown()) {
            URM.redo();
            System.out.println("Redo is invoked by keyboard");
        }
    }
    if (IsUndoAble()) {
        if (e.getKeyCode() == KeyEvent.VK_Z && e.isControlDown()) {
            URM.undo();
            System.out.println("Undo is invoked by keyboard");
        }
    }
    if (IsCopyAble()) {
        if (e.getKeyCode() == KeyEvent.VK_W && e.isControlDown()) {
            jta.copy();
            System.out.println("Copy is invoked by keyboard");
        }
        if (e.getKeyCode() == KeyEvent.VK_M && e.isControlDown()) {
            jta.cut();
            System.out.println("Cut is invoked by keyboard");
        }
        if (e.getKeyCode() == KeyEvent.VK_D && e.isControlDown()) {
            delete();
            System.out.println("Delete is invoked by keyboard");
        }
    }
    if (IsPasteAble()) {
        if (e.getKeyCode() == KeyEvent.VK_P && e.isControlDown()) {
            jta.paste();
```

```java
                    System.out.println("Paste is invoked by keyboard");
            }
        }
    }
    @Override
    public void keyReleased(KeyEvent e) {
    }
}
```

**JTableTest.java**

```java
package gui;
import java.awt.*;
import java.awt.datatransfer.*;
import java.awt.event.*;
import javax.swing.*;
import javax.swing.table.*;
public class JTableTest implements MouseListener,ActionListener{
    JFrame jf;
    JTable jt;
    DefaultTableModel dtm;
    JScrollPane jsp;
    JButton AddOneRow,DeleteOneRow,AddOneColumn,DeleteOneColumn,TableShow,
            TableRemove,CopyTable,SortTable;
    JPanel jp1,jp2;
    JPopupMenu jpm;
    JMenuItem copy;
    JMenuItem paste;
    Object[][] TableData = {
            new Object[]{"101","潘磊",new Integer(34),"男","计算机",
                    new Boolean(true)},
            new Object[]{"102","李明",new Integer(30),"男","通信",
                    new Boolean(false)},
            new Object[]{"103","Rose",new Integer(28),"女","英语",
                    new Boolean(false)},
            new Object[]{"104","王志",new Integer(25),"男","数学",
                    new Boolean(false)},
            new Object[]{"105","张庆",new Integer(30),"男","化学",
                    new Boolean(false)},
            new Object[]{"106","童彤",new Integer(27),"女","物理",
                    new Boolean(false)},
            new Object[]{"107","沈朝",new Integer(30),"男","经济",
                    new Boolean(true)},};
```

```java
Object[ ] TableTitle = {"学号" "姓名" "年龄" "性别" "系部" "注册"};
JTableTest( ) {
    jpm = new JPopupMenu( );
    copy = new JMenuItem("copy");
    paste = new JMenuItem("paste");
    jp1 = new JPanel( );
    jp2 = new JPanel( );
    AddOneRow = new JButton("增加一行数据");
    DeleteOneRow = new JButton("删除选中的行");
    AddOneColumn = new JButton("增加一列数据");
    DeleteOneColumn = new JButton("删除选中的列");
    TableShow = new JButton("显示表格");
    TableRemove = new JButton("移除表格");
    CopyTable = new JButton("复制表格");
    SortTable = new JButton("排序表格");
    jf = new JFrame("这是一个 JTable 的例子");
    jf.setSize(500,400);
    jf.setLocation(500,300);
    jf.setDefaultCloseOperation(JFrame.EXIT_ON_CLOSE);
    dtm = new DefaultTableModel( );
    dtm.setDataVector(TableData,TableTitle);
    jt = new JTable(dtm);
    jt.setModel(dtm);
    jt.setAutoResizeMode(JTable.AUTO_RESIZE_OFF);
    jt.setPreferredScrollableViewportSize(new Dimension(400,200));
    jt.setRowHeight(30);
    jt.setCellSelectionEnabled(true);
    jt.setSelectionMode(ListSelectionModel.SINGLE_SELECTION);
    jt.setAutoCreateRowSorter(true);
    jsp = new JScrollPane(jt);
    jsp.setVerticalScrollBarPolicy(JScrollPane.
            VERTICAL_SCROLLBAR_AS_NEEDED);
    jsp.setHorizontalScrollBarPolicy(JScrollPane.
            HORIZONTAL_SCROLLBAR_AS_NEEDED);
    jf.setLayout(new BorderLayout( ));
    jp1.add(jsp);
    jp2.add(AddOneRow);
    jp2.add(DeleteOneRow);
    jp2.add(AddOneColumn);
    jp2.add(DeleteOneColumn);
    jp2.add(TableRemove);
    jp2.add(TableShow);
    jp2.add(CopyTable);
```

```java
        jp2.add(SortTable);
        jf.getContentPane().add(jp1,BorderLayout.NORTH);
        jf.getContentPane().add(jp2,BorderLayout.CENTER);
        AddOneRow.addMouseListener(this);
        DeleteOneRow.addMouseListener(this);
        AddOneColumn.addMouseListener(this);
        DeleteOneColumn.addMouseListener(this);
        TableShow.addMouseListener(this);
        TableRemove.addMouseListener(this);
        CopyTable.addMouseListener(this);
        SortTable.addMouseListener(this);
        DefaultTableCellRenderer r = new DefaultTableCellRenderer();
        r.setHorizontalAlignment(JLabel.CENTER);
        r.setVerticalAlignment(JLabel.BOTTOM);
        jt.setDefaultRenderer(Object.class,r);
        jpm.add(copy);
        jpm.add(paste);
        copy.addActionListener(this);
        paste.addActionListener(this);
        jt.add(jpm);
        jt.addMouseListener(this);
        jf.setVisible(true);
    }
    public static void main(String[] args) {
        new JTableTest();
    }
    @Override
    public void mouseClicked(MouseEvent e) {
        if (e.getSource().equals(jt) && e.getButton() ==
                MouseEvent.BUTTON3) {
            jpm.show(jt,e.getX(),e.getY());
        }
        if (e.getSource().equals(AddOneRow))
            dtm.addRow(new Object[dtm.getColumnCount()]);
        if (e.getSource().equals(DeleteOneRow)) {
            int row = jt.getSelectedRow();
            dtm.removeRow(row);
        }
        if (e.getSource().equals(AddOneColumn)) {
            dtm.addColumn("增加一列");
        }
        if (e.getSource().equals(DeleteOneColumn)) {
```

```java
                    for (int i = 0; i < dtm.getRowCount(); i++) {
                        for (int j = 0; j < dtm.getColumnCount() - 1; j++) {
                            if (j >= jt.getSelectedColumn())
                                dtm.setValueAt(dtm.getValueAt(i, j + 1), i, j);
                            else
                                dtm.setValueAt(dtm.getValueAt(i, j), i, j);
                        }
                    }
                    String[] s = new String[dtm.getColumnCount() - 1];
                    for (int i = 0; i < dtm.getColumnCount() - 1; i++)
                        if (i >= jt.getSelectedColumn())
                            s[i] = dtm.getColumnName(i + 1);
                        else
                            s[i] = dtm.getColumnName(i);
                    dtm.setColumnCount(dtm.getColumnCount() - 1);
                    dtm.setColumnIdentifiers(s);
                }
                if (e.getSource().equals(TableRemove)) {
                    jsp.setVisible(false);
                }
                if (e.getSource().equals(TableShow)) {
                    jsp.setVisible(true);
                }
                if (e.getSource().equals(CopyTable)) {
                    String[] s = new String[dtm.getColumnCount()];
                    for (int i = 0; i < s.length; i++) {
                        s[i] = dtm.getColumnName(i);
                        System.out.print(s[i] + " ");
                    }
                    System.out.println();
                    for (int i = 0; i < dtm.getRowCount(); i++) {
                        for (int j = 0; j < dtm.getColumnCount(); j++)
                            System.out.print(dtm.getValueAt(i, j) + " ");
                        System.out.println();
                    }
                }
                if (e.getSource().equals(SortTable) && jt.getSelectedRow()
                        != -1 && jt.getSelectedColumn() != -1) {
                    jt.setAutoCreateRowSorter(false);
                    if (dtm.getColumnName(jt.getSelectedColumn()).equals("年龄")) {
                        for (int i = 0; i < dtm.getRowCount() - 1; i++) {
                            for (int j = i + 1; j < dtm.getRowCount(); j++) {
```

```java
                    if (Integer.parseInt(dtm.getValueAt(i,
                            jt.getSelectedColumn()).toString()) >
                    Integer.parseInt(dtm.getValueAt(j,jt.getSelectedColumn()).
                            toString())) {
                        Object[] temp = new Object[dtm.getColumnCount()];
                        for (int k = 0;k < dtm.getColumnCount();k ++)
                            temp[k] = dtm.getValueAt(i,k);
                        for (int k = 0;k < dtm.getColumnCount();k ++)
                            dtm.setValueAt(dtm.getValueAt(j,k),i,k);
                        for (int k = 0;k < dtm.getColumnCount();k ++)
                            dtm.setValueAt(temp[k],j,k);
                    }
                }
            }
        }
        else {
            for (int i = 0;i < dtm.getRowCount() - 1;i ++) {
                for (int j = i + 1;j < dtm.getRowCount();j ++) {
                    if (dtm.getValueAt(i,jt.getSelectedColumn())
                            .toString()
                            .compareTo(
                                    dtm.getValueAt(j,
                                            jt.getSelectedColumn())
                                            .toString()) > 0) {
                        Object[] temp = new Object[dtm.getColumnCount()];
                        for (int k = 0;k < dtm.getColumnCount();k ++)
                            temp[k] = dtm.getValueAt(i,k);
                        for (int k = 0;k < dtm.getColumnCount();k ++)
                            dtm.setValueAt(dtm.getValueAt(j,k),i,k);
                        for (int k = 0;k < dtm.getColumnCount();k ++)
                            dtm.setValueAt(temp[k],j,k);
                    }
                }
            }
        }
        jt.setAutoCreateRowSorter(true);
    }
}
@Override
public void mousePressed(MouseEvent e) {
}
@Override
```

```java
public void mouseReleased(MouseEvent e){
}
@Override
public void mouseEntered(MouseEvent e){
}
@Override
public void mouseExited(MouseEvent e){
}
@Override
public void actionPerformed(ActionEvent e){
    //TODO Auto-generated method stub
    if(e.getSource().equals(copy)){
        int row = jt.getSelectedRow();
        int column = jt.getSelectedColumn();
        Clipboard clipboard = jt.getToolkit().getSystemClipboard();
        Transferable ss = new StringSelection(dtm.getValueAt(row,column)
                .toString());
        clipboard.setContents(ss,null);
    }
    if(e.getSource().equals(paste)){
        Transferable contents = jt.getToolkit().getSystemClipboard()
                .getContents(this);
        DataFlavor flavor = DataFlavor.stringFlavor;
        if(contents.isDataFlavorSupported(flavor)){
            String str;
            try{
                str = contents.getTransferData(flavor).toString();
                int row = jt.getSelectedRow();
                int column = jt.getSelectedColumn();
                dtm.setValueAt(str,row,column);
            }catch(UnsupportedFlavorException e1){
                e1.printStackTrace();
            }catch(Exception e1){
                e1.printStackTrace();
            }
        }
    }
}
}
```

**JCalculator. java**

```java
package gui;
import java.awt.*;
import java.awt.event.*;
import java.text.DecimalFormat;
import javax.swing.*;
public class JCalculator implements MouseListener,MouseMotionListener,
KeyListener{
    private JFrame f;
    private JTextField txf;
    private JButton btn_0;
    private JButton btn_1;
    private JButton btn_2;
    private JButton btn_3;
    private JButton btn_4;
    private JButton btn_5;
    private JButton btn_6;
    private JButton btn_7;
    private JButton btn_8;
    private JButton btn_9;
    private JButton btn_dot;
    private JButton btn_equ;
    private JButton btn_add;
    private JButton btn_ce;
    private double op_1,op_2,result;
    private StringBuffer txf_text;
    private int op_time;
    public static void main(String[ ]args){
        JCalculator tt = new JCalculator( );
        tt.go( );
    }
    void go( ){
        f = new JFrame("this is a calculator");
        btn_0 = new JButton("0");
        btn_1 = new JButton("1");
        btn_2 = new JButton("2");
        btn_3 = new JButton("3");
        btn_4 = new JButton("4");
        btn_5 = new JButton("5");
        btn_6 = new JButton("6");
        btn_7 = new JButton("7");
        btn_8 = new JButton("8");
```

```
btn_9 = new JButton("9");
btn_add = new JButton(" + ");
btn_dot = new JButton(".");
btn_equ = new JButton(" = ");
btn_ce = new JButton("CE");
txf = new JTextField("0");
txf_text = new StringBuffer("");
f.setLayout(null);
f.setSize(350,300);
f.setLocation(300,300);
f.setDefaultCloseOperation(JFrame.EXIT_ON_CLOSE);
btn_0.addMouseListener(this);
btn_1.addMouseListener(this);
btn_2.addMouseListener(this);
btn_3.addMouseListener(this);
btn_4.addMouseListener(this);
btn_5.addMouseListener(this);
btn_6.addMouseListener(this);
btn_7.addMouseListener(this);
btn_8.addMouseListener(this);
btn_9.addMouseListener(this);
btn_add.addMouseListener(this);
btn_dot.addMouseListener(this);
btn_equ.addMouseListener(this);
btn_ce.addMouseListener(this);
btn_0.addKeyListener(this);
btn_1.addKeyListener(this);
btn_2.addKeyListener(this);
btn_3.addKeyListener(this);
btn_4.addKeyListener(this);
btn_5.addKeyListener(this);
btn_6.addKeyListener(this);
btn_7.addKeyListener(this);
btn_8.addKeyListener(this);
btn_9.addKeyListener(this);
btn_add.addKeyListener(this);
btn_dot.addKeyListener(this);
btn_equ.addKeyListener(this);
btn_ce.addKeyListener(this);
txf.addKeyListener(this);
txf.setBounds(10,40,280,20);
f.add(txf);
```

```
btn_7.setBounds(30,70,30,30);
f.add(btn_7);
btn_8.setBounds(80,70,30,30);
f.add(btn_8);
btn_9.setBounds(130,70,30,30);
f.add(btn_9);
btn_4.setBounds(30,120,30,30);
f.add(btn_4);
btn_1.setBounds(30,170,30,30);
f.add(btn_1);
btn_5.setBounds(80,120,30,30);
f.add(btn_5);
btn_2.setBounds(80,170,30,30);
f.add(btn_2);
btn_6.setBounds(130,120,30,30);
f.add(btn_6);
btn_3.setBounds(130,170,30,30);
f.add(btn_3);
btn_0.setBounds(30,220,30,30);
f.add(btn_0);
btn_dot.setBounds(80,220,30,30);
f.add(btn_dot);
btn_add.setBounds(200,70,30,30);
f.add(btn_add);
btn_ce.setBounds(250,70,30,30);
f.add(btn_ce);
btn_equ.setBounds(130,220,30,30);
f.add(btn_equ);
f.setVisible(true);
btn_0.setMargin(new Insets(0,0,0,0));
btn_1.setMargin(new Insets(0,0,0,0));
btn_2.setMargin(new Insets(0,0,0,0));
btn_3.setMargin(new Insets(0,0,0,0));
btn_4.setMargin(new Insets(0,0,0,0));
btn_5.setMargin(new Insets(0,0,0,0));
btn_6.setMargin(new Insets(0,0,0,0));
btn_7.setMargin(new Insets(0,0,0,0));
btn_8.setMargin(new Insets(0,0,0,0));
btn_9.setMargin(new Insets(0,0,0,0));
btn_add.setMargin(new Insets(0,0,0,0));
btn_dot.setMargin(new Insets(0,0,0,0));
btn_equ.setMargin(new Insets(0,0,0,0));
```

```java
        btn_ce.setMargin(new Insets(0,0,0,0));
        txf.setHorizontalAlignment(JTextField.RIGHT);
        op_1 = op_2 = result = 0; op_time = 0;
        txf.setEditable(false);
        txf.setBackground(Color.white);
    }
    @Override
    public void mouseClicked(MouseEvent e) {
        if(e.getSource().equals(btn_0))
            txf_text = txf_text.append("0");
        else if(e.getSource().equals(btn_1))
            txf_text = txf_text.append("1");
        else if(e.getSource().equals(btn_2))
            txf_text = txf_text.append("2");
        else if(e.getSource().equals(btn_3))
            txf_text = txf_text.append("3");
        else if(e.getSource().equals(btn_4))
            txf_text = txf_text.append("4");
        else if(e.getSource().equals(btn_5))
            txf_text = txf_text.append("5");
        else if(e.getSource().equals(btn_6))
            txf_text = txf_text.append("6");
        else if(e.getSource().equals(btn_7))
            txf_text = txf_text.append("7");
        else if(e.getSource().equals(btn_8))
            txf_text = txf_text.append("8");
        else if(e.getSource().equals(btn_9))
            txf_text = txf_text.append("9");
        else if(e.getSource().equals(btn_dot))
            txf_text = txf_text.append(".");
        txf.setText(txf_text.toString());
        if(e.getSource().equals(btn_add)&&op_time==0) {
            op_1 = Double.parseDouble(txf.getText());
            txf.setText("0");
            txf_text = new StringBuffer("");
        }
        else if(e.getSource().equals(btn_add)&&op_time==1) {
            op_1 = result;
            txf.setText("0");
            txf_text = new StringBuffer("");
        }
        else if(e.getSource().equals(btn_equ)) {
```

```java
            op_2 = Double.parseDouble(txf.getText());
            result = op_1 + op_2;
            op_time = 1;
            DecimalFormat ft = new DecimalFormat("#0.000");
            txf.setText(ft.format(result));
        }
        else if(e.getSource().equals(btn_ce)){
            op_1 = 0;op_2 = 0;
            txf.setText("0");
            txf_text = new StringBuffer("");
            op_time = 0;
        }
    }
public void mouseEntered(MouseEvent e){
}
public void mouseExited(MouseEvent e){
}
public void mousePressed(MouseEvent e){
}
public void mouseReleased(MouseEvent e){
}
public void mouseDragged(MouseEvent e){
}
public void mouseMoved(MouseEvent e){
}
@Override
public void keyPressed(KeyEvent e){
    if(e.getKeyChar() == '0')
        txf_text = txf_text.append("0");
    else if(e.getKeyChar() == '1')
        txf_text = txf_text.append("1");
    else if(e.getKeyChar() == '2')
        txf_text = txf_text.append("2");
    else if(e.getKeyChar() == '3')
        txf_text = txf_text.append("3");
    else if(e.getKeyChar() == '4')
        txf_text = txf_text.append("4");
    else if(e.getKeyChar() == '5')
        txf_text = txf_text.append("5");
    else if(e.getKeyChar() == '6')
        txf_text = txf_text.append("6");
    else if(e.getKeyChar() == '7')
```

```java
            txf_text = txf_text.append("7");
        else if(e.getKeyChar() == '8')
            txf_text = txf_text.append("8");
        else if(e.getKeyChar() == '9')
            txf_text = txf_text.append("9");
        else if(e.getKeyChar() == '.')
            txf_text = txf_text.append(".");
        txf.setText(txf_text.toString());
        if(e.getKeyChar() == '='){
            op_2 = Double.parseDouble(txf.getText());
            result = op_1 + op_2;
            op_time = 1;
            DecimalFormat ft = new DecimalFormat("#0.000");
            txf.setText(ft.format(result));
        }
        if(e.getKeyChar() == '+'&&op_time == 0){
            op_1 = Double.parseDouble(txf.getText());
            txf.setText("0");
            txf_text = new StringBuffer("");
        }
        else if(e.getKeyChar() == '+'&&op_time == 1){
            op_1 = result;
            txf.setText("0");
            txf_text = new StringBuffer("");
        }
        else if(e.getKeyChar() == 'C' || e.getKeyChar() == 'c'){
            op_1 = 0;op_2 = 0;
            txf.setText("0");
            txf_text = new StringBuffer("");
            op_time = 0;
        }
        else if(e.getKeyChar() == 27){
            f.setVisible(false);
            f.dispose();
            System.exit(0);
        }
    }
    public void keyReleased(KeyEvent e){
    }
    public void keyTyped(KeyEvent e){
    }
}
```

# 第 5 章 Java 图形用户界面设计

## 习题

1. 在一个用户界面中有三个按钮和一个文本框,当第 i 个按钮被单击时,文本框中显示"第 i 个按钮被单击"的字符串。

2. 在一个用户界面中有三个按钮和一个文本框,当不同的按钮被单击时,文本框中的文字显示不同的颜色。

3. 在一个用户界面中有三个按钮和三个文本框,在各文本框中显示各按钮被单击的次数。

4. 窗口中有 11 个文本框和三个按钮,在其中前 10 个文本框中输入数字,通过单击不同的按钮在第 11 个文本框中分别显示前 10 个文本框数字的平均值、最大值、最小值。

5. 使用菜单和弹出式菜单完成一个简单的文本编辑器,要求具备滚动条、复制、粘贴、剪切、删除、重做、撤销等功能。

6. 阅读上一节中的 JMenuTest.java,并给予相应的注释。

# 第 6 章

## Java 数据库程序设计

**主要内容：**
- ◆ Java 数据库程序设计概述。
- ◆ Access 数据库的使用。
- ◆ MySQL 数据库的使用。
- ◆ 利用 Java 访问和操作 Access 数据库。
- ◆ 利用 Java 访问和操作 MySQL 数据库。
- ◆ 利用结果集添加、删除和更新数据库记录。
- ◆ 结合 GUI 图形界面设计进行数据库操作实例。

## 6.1 Java 数据库程序设计概述

Java 支持对绝大部分数据库的操作，如 Access、MySQL、SQL Server、Oracle、DB2 等。一般来说，按照时间的先后顺序，Java 操作数据库的基本步骤如下：加载数据库驱动、创建连接、创建状态、执行 SQL 语句并返回结果集（如果有结果集）、关闭结果集（如果有结果集）、关闭状态、关闭连接。

（1）加载数据库驱动

在利用 Java 语言操作数据库之前，首先必须在程序中显式地加载数据库的驱动，否则 Java 无法识别所操作的数据库。不同的数据库所使用的驱动是不一样的，对于最简单的 Access 数据库，JDK 中已封装了该数据库的驱动，而对于其他类型的数据库，如 MySQL、SQL Server、Oracle 等，用户必须到其官方网站下载相关驱动并配置到 Java 的类路径。本章的第 5 节将以 MySQL 为例描述这个过程。

一般使用 Class.forName（驱动程序规范写法）的模式来加载驱动，不同的数据库使用各自标准的加载驱动写法。例如，加载数据库连接驱动的标准写法如下：

```
Class.forName("sun.jdbc.odbc.JdbcOdbcDriver");
```

加载 MySQL 数据库驱动的标准写法如下：

```
Class.forName("com.mysql.jdbc.Driver");
```

## 第6章 Java 数据库程序设计

加载 SQL Server 数据库驱动的标准写法如下：

Class. forName ("com. microsoft. sqlserver. jdbc. SQLServerDriver");

（2）创建连接

在加载数据库驱动后，需要创建一个连接，以便程序能够找到数据库所在的路径，并通过正确的用户名和密码打开数据库。在 Java 中使用 Connection 接口用于描述数据库连接，一般通过 DriverManager 类的 getConnection 方法返回数据库连接。标准的创建连接写法如下：

Connection conn = null;

conn = DriverManager. getConnection (dburl, username, password);

其中，dburl 是所使用的数据库路径，username 是数据库用户名，password 是数据库密码，这三个参数都是 String 字符串形式。当数据库不需要用户名和密码即可打开时，username 和 password 这两个参数的取值应该为""。注意，这里双引号之间没有空格。笔者建议建立数据库时尽量采用设置用户名和密码的方式，以提高数据库访问的安全性。

（3）创建状态

与数据库建立正确的连接后，需要通过状态才能执行相关 SQL 语句访问数据库。通常使用 Statement 或 PreparedStatement 创建状态。出于代码可读性、可维护性、执行效率和安全性方面的考虑，笔者建议在程序开发中尽量使用 PreparedStatement 来创建状态，本书也均使用 PreparedStatement 状态进行程序开发。状态一般通过连接的 prepareStatement 方法创建，标准的创建状态的写法如下：

PreparedStatement stmt = null;

stmt = conn. prepareStatement (sql, resultSetType, resultSetConcurrency);

其中，sql 是相关的 SQL 语句，属于 String 字符串类型。resultSetType 是结果集游标类型标识，属于 int 类型，取值见表 6-1。resultSetConcurrency 是结果集并发性标识，属于 int 类型，取值见表 6-2。需要说明的是，笔者通过实验得出，如果 resultSetConcurrency 参数的取值为 ResultSet. CONCUR_ UPDATABLE，则无论 resultSetType 的取值如何，结果集对于数据库中的实时更新都是敏感的。

表 6-1 resultSetType 取值

| resultSetType 取值 | 对应含义 |
| --- | --- |
| ResultSet. TYPE_ FORWARD_ ONLY | 结果集游标仅能向前（下）滚动 |
| ResultSet. TYPE_ SCROLL_ INSENSITIVE | 结果集游标可双向滚动，但对数据库中的实时更新不敏感 |
| ResultSet. TYPE_ SCROLL_ SENSITIVE | 结果集游标可双向滚动，且对数据库中的实时更新敏感 |

表 6-2 resultSetConcurrency 取值

| resultSetConcurrency 取值 | 对应含义 |
| --- | --- |
| ResultSet. CONCUR_ READ_ ONLY | 结果集游标仅能对数据库进行读取操作 |
| ResultSet. CONCUR_ UPDATABLE | 结果集游标可对数据库进行读取、添加、删除和更新操作 |

(4) 执行 SQL 语句并返回结果集

在数据库连接和状态创建完毕后,就可以通过状态来执行相关的 SQL 语句。一般来说,查询语句(select)通过 PreparedStatement 状态的 executeQuery 方法执行,并且会返回一个查询结果集,而添加(insert)、删除(delete)和更新(update)三种 DML(Data Manipulation Language)操作通过 PreparedStatement 状态的 executeUpdate 方法执行,返回值是一个 int 数据,用于描述 DML 涉及的记录条数。通过 PreparedStatement 状态执行 SQL 语句的标准写法如下:

① 执行查询 SQL 语句。

```
String sql = "select * from [表名] where [字段1] [关系符] ? and/or [字段2] [关系符] ?    and/or...[字段 N] [关系符] ?";
                             stmt.setXXX (1, 变量 1);
                             ……
                             stmt.setXXX (N, 变量 N);
                ResultSet rs = stmt.executeQuery( );
```

② 执行 insert 语句。

```
String sql = "insert into [表名] (字段 1,...,字段 N) values(?,...,?)";
                             stmt.setXXX (1, 变量 1);
                             ……
                             stmt.setXXX (N, 变量 N);
                             stmt.executeUpdate( );
```

③ 执行 delete 语句。

```
String sql = "delete from [表名] where [字段1] [关系符] ? and/or [字段2] [关系符] ?    and/or...[字段 N] [关系符] ?";
                             stmt.setXXX (1, 变量 1);
                             ……
                             stmt.setXXX (N, 变量 N);
                             stmt.executeUpdate( );
```

④ 执行 update 语句。

```
String sql = "update [表名] set [待更新字段1] [关系符] ?,...,[待更新字段 n] [关系符] ? where [字段1] [关系符] ? and/or [字段2] [关系符] ? and/or...[字段 N] [关系符] ?";
                             stmt.setXXX (1, 变量 1);
                             ……
                             stmt.setXXX (N, 变量 N);
                             stmt.executeUpdate( );
```

通过以上可以看出,PreparedStatement 状态通过"?"表示占位符,使用 setXXX 方法设置占位符处所对应的变量。例如,stmt.setDouble (2, age) 表示将 double 型变量 age 置于 sql 语句的第二个"?"位置处。这部分内容的理论相对比较抽象,请读者结合本章第 4 节和第

第 6 章　Java 数据库程序设计

5 节针对 Access 数据库和 MySQL 数据库的具体操作代码进行查看。

## 6.2　Access 数据库的使用

Access 数据库是微软 Office 办公套件的组成部分，在安装 Office 时将 Access 选为安装组件即可。本书中使用的是 Office 2013 64 位版本。下面对如何使用 Access 建立数据库和数据表，以及如何为 Access 数据库创建密码进行说明。需要注意的是，如果设置了密码，Access 数据库只针对密码进行验证，并不验证用户名（实际上也没有用户名设置的选项）。本书建立的数据库名为 student.accdb，保存在 D 盘根目录，也即数据库路径为 D：\student.accdb，在该库下建立一个名为 stuinfo 的数据表，相关的字段、字段类型和说明，见表 6-3。

表 6-3　student 数据库中的 stuinfo 数据表

| 字　段　名 | 字 段 类 型 | 字 段 说 明 |
| --- | --- | --- |
| stuid | String | 主键，表示学号 |
| stuname | String | 表示姓名 |
| Math | double | 表示数学成绩 |
| English | double | 表示英语成绩 |
| History | double | 表示历史成绩 |

###  6.2.1　建立 Access 数据库

建立 Access 数据库的步骤非常简单，打开 Access 软件后，单击【空白桌面数据库】在弹出的【文件名】文本框中输入数据库名称，图标用于选择数据库保存路径，然后单击【创建】按钮即可，如图 6-1 和图 6-2 所示。

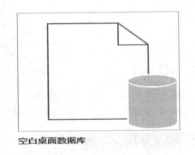
图 6-1　选择空白桌面数据库

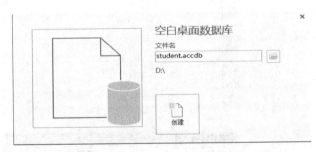
图 6-2　输入文件名、选择路径并创建数据库

在 D 盘根目录下即可以看到 student.accdb 文件。

### 6.2.2　建立 Access 数据表

在完成数据库的创建后，下一步的操作就是在库中建立数据表。首先，单击【视图】→【设计视图】，表名称设为 stuinfo，如图 6-3 所示。在设计视图界面，【字段名称】分别依次输入表 6-3 中的字段名，【字段类型】中，stuid 和 stuname 字段选择【短文本】，表示字符

# Java 程序设计教程

数最多为 255 的字符串，Math、English 和 History 字段选择【数字】，同时将界面下方的【字段大小】选项设为【双精度型】，如图 6-4 所示。此时，stuid 字段前会有主键图标出现，这是 Access 自动设置的。如果希望给某个字段设为或取消主键，则在字段前单击鼠标右键即可找到主键选项。单击【视图】→【数据表视图】，保存表后，即进入表数据输入界面，如图 6-5 所示，此时用户可自行输入各条记录数据。

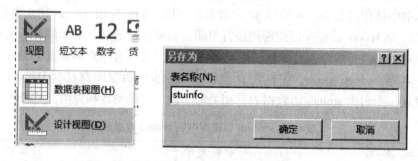

图 6-3　选择设计视图，并将表名保存为 stuinfo

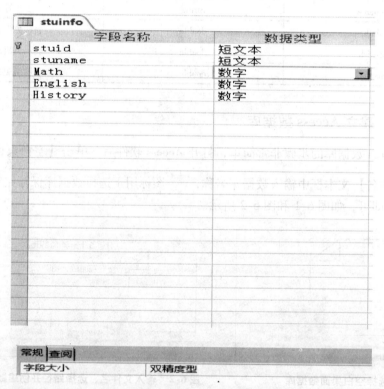

图 6-4　字段名和字段数据类型设置

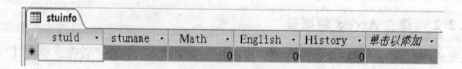

图 6-5　数据表数据输入界面

# 第6章 Java 数据库程序设计

## 6.2.3 设置 Access 数据库密码

在创建完 student 数据库并给 stuinfo 数据表输入初始数据后,需要为该数据库添加密码以增强数据库中数据的安全性。选择【文件】→【信息】→【用密码进行加密】,在弹出的【设置数据库密码】对话框中输入希望设置的密码,本书中的密码设为 1234,如图 6-6 所示。如果设置完密码弹出【使用分组加密进行加密与行级别锁定不兼容。行级别锁定将被忽略】的提示,则直接单击【确定】按钮即可,如图 6-7 所示。以后,再次打开 student 数据库就需要输入密码验证了。

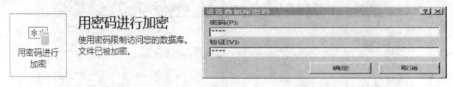

图 6-6 选择加密并输入加密密码

图 6-7 不兼容提示

## 6.2.4 设置 Access 数据源

由于在本章的第 4 节中将通过数据源连接方式来引用 D:\student.accdb 数据库,因此这里简单介绍一下如何设置 Access 数据源。本书将 D:\student.accdb 数据库的数据源名设为 dbODBC。

数据源(Data Source),就是数据的来源,用一句话来描述,就是给硬盘分区中的某一个数据库文件起了一个别名,使得这个别名和文件之间建立了映射关系,引用了别名,就相当于引用了这个文件。在 Windows 操作系统中,数据源是在 ODBC 管理器中设置的。首先,打开【控制面板】→【性能和维护】→【管理工具】→【数据源(ODBC)】,弹出【ODBC 数据源管理器】对话框,如图 6-8 所示。在该对话框中单击【系统 DSN】选项卡,单击【添加】按钮,选择【Microsoft Access Driver

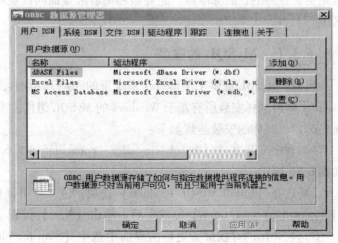

图 6-8 【ODBC 数据源管理器】对话框

（*.mdb，*.accdb）】选项，单击【完成】按钮。在弹出的对话框中，【数据源名】文本框中输入 dbODBC，选择 D:\student.accdb 数据库，然后单击【确定】按钮即可，如图 6-9 所示。

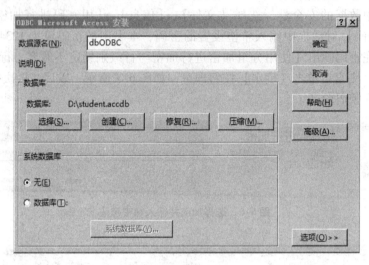

图 6-9　设置 dbODBC 数据源并指向 D:\student.accdb

## 6.3　MySQL 数据库的使用

MySQL 是目前比较流行的跨平台开源关系型网络数据库管理系统，由瑞典 MySQL AB 公司开发，现已被 Oracle 公司收购。MySQL 使用标准的 SQL 语言，因其具有体积小、速度快、成本低廉、开放源码等优点，在中小型应用系统开发中得到了广泛应用。在基于 Web 或终端用户的应用范围内，MySQL 数据库管理系统分为社区版（Community Edition）、标准版（Standard Edition）、企业版（Enterprise Edition）和集群版（Cluster CGE）。其中，社区版是免费开源的，而标准版、企业版和集群版是面向商业用户的收费软件，本书选择的是社区版。

### 6.3.1　MySQL 的安装

目前，MySQL 提供了 Windows 系统下的 MySQL 软件集成安装包，用户只需下载 MySQL Installer 即可选择安装所有基于 Windows 的 MySQL 组件。本书中使用的版本是 MySQL Installer 5.6.17。具体的安装步骤如下：

1）双击安装文件【mysql-installer-community-5.6.17.0.msi】，出现初始安装界面，如图 6-10 所示。

2）选择【Install MySQL Products】选项，进入许可证协议界面，如图 6-11 所示。选中【I accept the license terms】复选框后，单击【Next】按钮。

3）在弹出的寻找最新更新的界面中选中【Skip the check for updates】复选框，然后单击【Next】按钮，如图 6-12 所示。

第 6 章 Java 数据库程序设计

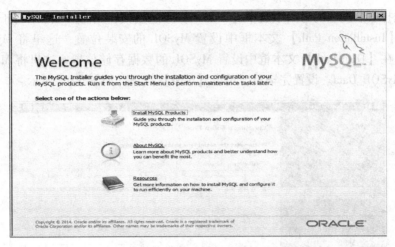

图 6-10 MySQL 初始安装界面

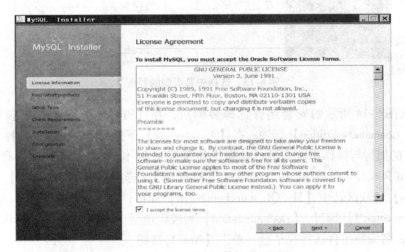

图 6-11 许可证协议界面

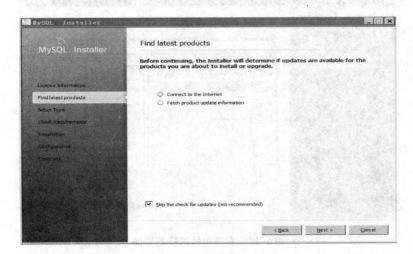

图 6-12 寻找最新更新的界面

4)在选择安装类型的界面中选中【Custom】单选按钮,用于后续操作中自定义选择安装组件。在【Installation Path】文本框中设置 MySQL 的安装位置,这里将 MySQL 安装在 E:\MySQL。在【Data Path】文本框中设置 MySQL 的数据存储位置,这里将 MySQL 的数据存储在 E:\MySQL_Data。设置完毕后,单击【Next】按钮,如图 6-13 所示。

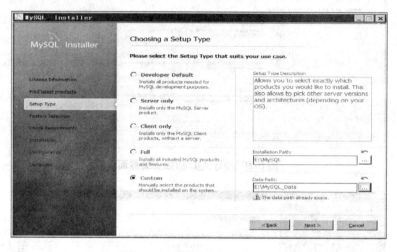

图 6-13 选择安装类型的界面

5)进入图 6-14 所示的安装组件选择界面后,在【Product Catalog】下拉列表中选择【MySQL 5.6 Community Edition】选项。在【Architecture】下拉列表中,建议选择【64 – Bit】,保持 MySQL 的架构与操作系统一致;如果操作系统是 64 位,则【64 – Bit】和【32 – Bit】均可选择;如果操作系统是 32 位,则选择【32 – Bit】。选中【MySQL Server】复选框,在【Applications】选项区选中【MySQL Workbench CE】即可,在【MySQL Connectors】列表中仅选中【Connector/J】即可,【Documentation】列表中包括 MySQL 说明文档和示例,在本书中不予安装。各安装组件选择完毕后,单击【Next】按钮。

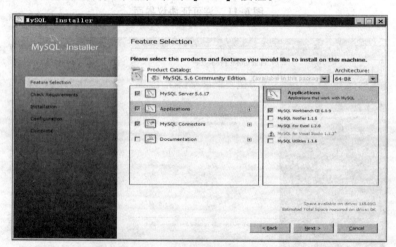

图 6-14 安装组件选择的界面

6)进入图 6-15 所示的检查安装需求界面。由于在第 5)步中选择了【MySQL Work-

第 6 章　Java 数据库程序设计

bench CE】组件，因此需要 Microsoft．NET Framework 4 运行库和 Visual C ++ 2010 Redistributable 可分发包的支持。如果系统中没有安装这两个组件库，则安装程序会提醒用户先进行安装。如果系统中已包含这两个组件库，则直接单击【Next】按钮。

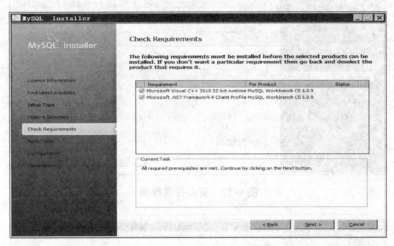

图 6-15　检查安装需求界面

7）进入图 6-16 所示的确认安装界面。再次确认需要安装的 MySQL 各组件后，单击【Execute】按钮。

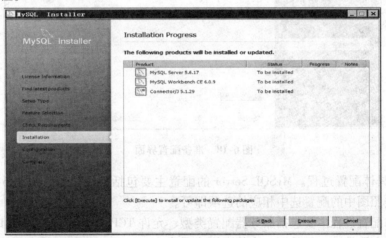

图 6-16　确认安装界面

8）当所有组件安装完毕后，安装程序提示安装成功，然后单击【Next】按钮，进入 MySQL 的配置过程，如图 6-17 所示。

### 6.3.2　MySQL 的配置

本书选择安装的组件是 MySQL Server、Connector 和 Workbench，其中只有 MySQL Server 需要进行配置。具体的过程如下：

1）准备配置界面如图 6-18 所示。该界面描述的是需要进行配置的组件，此处仅配置 MySQL Server，单击【Next】按钮。

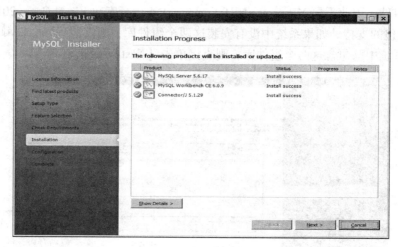

图 6-17　安装完成界面

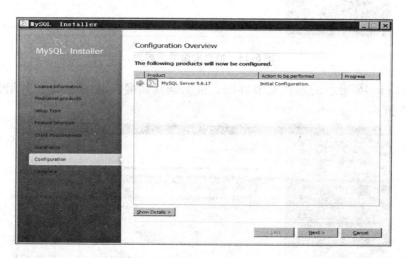

图 6-18　准备配置界面

2）进入具体配置过程。MySQL Server 的配置主要包括四个过程，如图 6-19～图 6-22 所示，读者按照图中的配置选中相应的选项即可。

第一步的配置过程主要包括服务器配置类型、允许 TCP/IP 网络通信、端口号设置、打开防火墙网络存取端口、显示下一步的高级选项等。

第二步的配置过程主要包括原 root 密码输入（首次配置的时候不需要填写）、root 密码设置（此处设为 1234）、用户账号设置（本书中直接使用 root 账号，不再设置其他用户账号）等。

第三步的配置过程主要包括添加 MySQL 为 Windows 系统服务、设置 MySQL 随系统账号启动等。

第四步主要配置的是 MySQL 的日志文件，默认会以当前操作系统管理员的名字作为日志名（日志名应该与图 6-22 中的日志名不同）。

经过以上四步的配置后，MySQL 进入配置操作，如果没有发生意外，则 MySQL 的配置过程顺利结束后，显示安装完成界面，单击【Finish】按钮后，打开 MySQL Workbench 窗口，如图 6-23 和图 6-24 所示。

# 第6章 Java 数据库程序设计

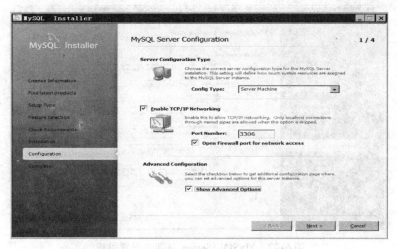

图 6-19 MySQL Server 第一步配置过程

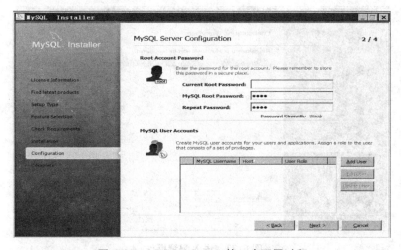

图 6-20 MySQL Server 第二步配置过程

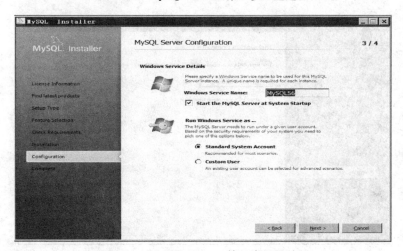

图 6-21 MySQL Server 第三步配置过程

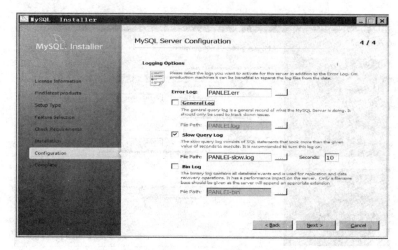

图 6-22　MySQL Server 第四步配置过程

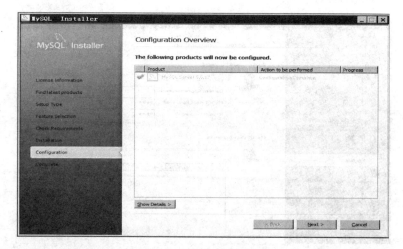

图 6-23　进入配置操作

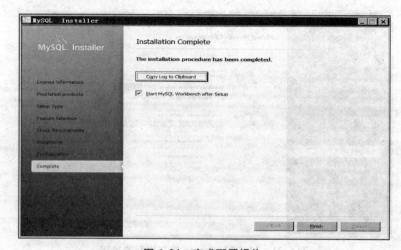

图 6-24　完成配置操作

# 第 6 章　Java 数据库程序设计

注意：在配置 MySQL 时，如果发生意外，则安装程序会在配置时给出相关的提示。读者在安装前，应确保 MySQL 的网络端口（默认是 3306，用户可自定义填写）未被占用，且 Windows 防火墙处于打开状态。

### 6.3.3　MySQL 的使用

MySQL Server 安装完毕后，就可以使用 MySQL 了，但是这种方法是在 MySQL 的命令行窗口下进行的，用户需要自行输入相关的 SQL 语句进行操作（用户需要具有较高的 SQL 技术水平，并熟悉 MySQL 的各项操作），如图 6-25 所示。

图 6-25　MySQL 命令行操作示例

这里使用 MySQL Workbench 工具对 MySQL 进行各种 SQL 操作。Workbench 是 MySQL 官方发布的 GUI 工具，可以通过便捷的图形化的方式对 MySQL 进行操作，适合于刚开始使用 MySQL 数据库的初学者。在本书中仅涉及如何在 MySQL 中创建数据库、创建数据表、设计数据表，以及在数据表中录入初始数据。与 6.2 节一样，创建的数据库名为 student，在该数据库下建立 stuinfo 数据表，表中包含 stuid、stuname、Math、English、History 五个字段，见表 6-3。下面，我们通过具体的步骤来演示：

1）单击工具栏中的 图标，建立一个新的数据库。需要注意的是，MySQL 用 Schema 单词来表示数据库，而不是 database。

2）在弹出的 Schema 界面中，在【Name】文本框中输入数据库的名称，此处为 student，在【Collation】下拉列表中设置数据库的编码格式和排序方式，此处选择【gbk-gbk_bin】选项，表示 student 数据库采用简体中文编码和排序方式，这种方式对英文字母是区分大小写的，如图 6-26 所示。

3）单击操作界面中的【Apply】按钮，弹出确认执行 SQL 脚本的对话框，单击对话框中的【Apply】按钮，如图 6-27 所示。

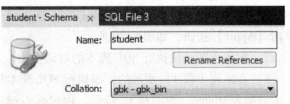

图 6-26　建立 student 数据库并指定编码和排序

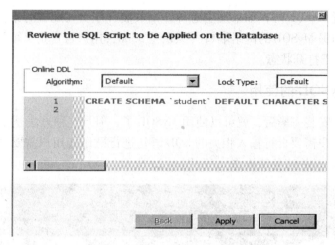

图 6-27　确认并执行 SQL 脚本

4）如果 SQL 脚本执行没有错误，则会出现执行正确的提示，然后单击【Finish】按钮，如图 6-28 所示。

5）此时，在左侧的 Navigator 面板中，可以看到在 SCHEMAS 区域下建立了 student 数据库 ▶ ≡ student，双击该数据库，在弹出的面板中用鼠标右键单击【Tables】，在弹出的快捷菜单中选择【Create Table】选项，如图 6-29 所示。

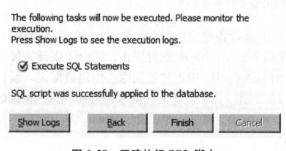

图 6-28　正确执行 SQL 脚本

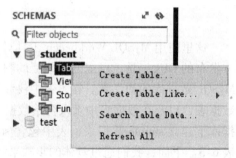

图 6-29　选择创建数据表

6）在弹出的数据表窗口中，在【Table Name】文本框中输入 stuinfo，在【Collation】下拉列表中输入 Schema Default；在【Column Name】选项区中依次输入 stuid、stuname、Math、English、History 五个字段；对应的【Data Type】分别为 VARCHAR（10）、VARCHAR（45）、DOUBLE、DOUBLE、DOUBLE，其中 stuid 字段选为主键（PK）、非空（NN），然后单击【Apply】按钮，如图 6-30 所示。

7）在弹出的确认执行 SQL 脚本的对话框中，单击【Apply】按钮，如图 6-31 所示。

8）在出现步骤 4）所示的正确执行 SQL 脚本提示后，在 student 库中已按照设计要求建立了数据表 stuinfo，如图 6-32 所示。用鼠标右键单击数据表 stuinfo，在弹出的快捷菜单中选择【Select Rows】选项，进入数据表编辑视图，如图 6-33 所示。

9）在打开的数据表编辑视图中，双击表格中的单元格，即可进行数据录入，如图 6-34

# 第 6 章　Java 数据库程序设计

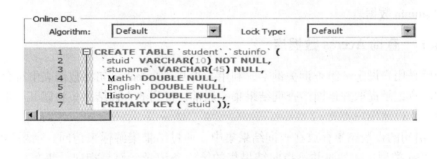

图 6-30　设计数据表 stuinfo

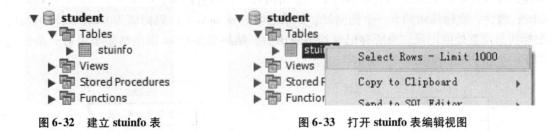

图 6-31　确认执行 SQL 脚本，创建 stuinfo 数据表

图 6-32　建立 stuinfo 表　　　　　图 6-33　打开 stuinfo 表编辑视图

所示。数据录入完毕后，单击【Apply】按钮，在弹出的确认执行 SQL 脚本的对话框中，再次单击【Apply】按钮，从而将编辑的数据存储在 stuinfo 数据表中。

10）如果需要对数据库或者数据表进行修改或删除，则选中相应的数据库或者数据表，用鼠标右键单击在弹出的快捷菜单中选择【Alter Schema】（修改数据库）、【Drop Schema】（删除数据库）、【Alter Table】（修改数据表）、【Drop Table】（删除数据表）。

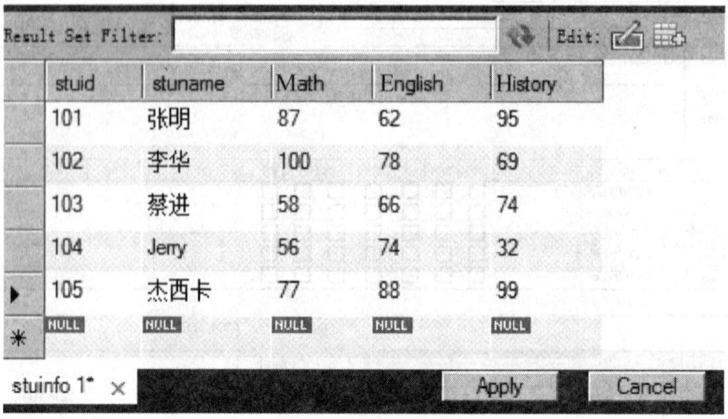

图 6-34 录入数据

## 6.4 利用 Java 访问和操作 Access 数据库

在 JDBC – ODBC 桥驱动模式下,使用【数据源引用】和【路径直接引用】两种方式连接 Access 数据库。这里使用的数据库和数据表为 6-2 节中创建的 D:\student.accdb 数据库及其包含的 stuinfo 数据表。

### 6.4.1 查询 Access 数据库

查询就是用户设定一组查询关键字,利用 SQL 中的 select 语句将数据表中符合查询关键字要求的所有记录提取并返回给查询结果集。通常,得到的查询结果集将以某种形式显示在用户界面上,以便用户查看。

select 语句的查询结果存放在查询结果集中,通过结果集游标来访问。结果集游标 rs 定义为 ResultSet 类型,初始时并不指向结果集的第一条记录,而是指向结果集第一条记录的上方,如图 6-35 所示。

在输出结果集记录时,一般通过 while(rs.next())来判断和读取。rs.next()可以看作是两步操作,首先判断当前游标的下一个指向处是否仍有记录,有则返回 true,否则返回 false;然后,游标移动到下一个指向处。如果之前的 rs.next()返回值为 true,则输出当前游标所指位置处的记录。当所有记录均被输出后,结果集游标 rs 指向结果集最后一条记录的下一个指向处,如图 6-36 所示。

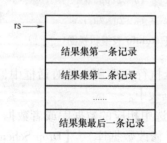

图 6-35 结果集游标 rs 初始指向

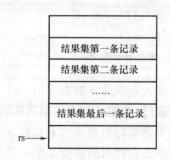

图 6-36 输出所有记录后结果集游标 rs 的最终指向

## 第6章 Java数据库程序设计

下面通过 accessQuery.java 程序来演示如何查询并输出 Access 数据库中的数据表记录。

**accessQuery.java**

```java
package database;
import java.sql.*;
public class accessQuery {
    public static void main(String[] args) throws SQLException {
        // 通过数据库路径进行连接
        String dburl = "jdbc:odbc:driver={Microsoft Access Driver (*.mdb, *.accdb)};"
                + "DBQ=D:/student.accdb";
        Connection conn = null;
        PreparedStatement stmt = null;
        ResultSet rs = null;
        //定义结果集中记录数
        int count = 0;
        //定义查询关键字
        String stuid_key = "100";
        double Math_key = 0;
        try {
            Class.forName("sun.jdbc.odbc.JdbcOdbcDriver");
            conn = DriverManager.getConnection(dburl, "admin", "1234");
            // 设置带条件的查询语句,条件用问号表示
            String sql = "select * from stuinfo where stuid > ? and Math > ?"
                    + "order by stuid asc";
            // 创建状态,设置结果集游标可滚动、对结果集内记录变化不敏感,游标只能读取结果集
            stmt = conn.prepareStatement(sql, ResultSet.TYPE_SCROLL_INSENSITIVE,
                    ResultSet.CONCUR_READ_ONLY);
            // 将 stuid_key 作为 SQL 语句中第一个问号位置处的参数
            stmt.setString(1, stuid_key);
            // 将 Math_key 作为 SQL 语句中第二个问号位置处的参数
            stmt.setDouble(2, Math_key);
            rs = stmt.executeQuery();
            System.out.println("StuID\t" + "StuName\t" + "Math\t" + "English\t"
                    + "History");
            //输出结果集中记录
            while (rs.next()) {
                System.out.println(rs.getString(1) + "\t" + rs.getString(2)
                        + "\t" + rs.getDouble(3) + "\t" + rs.getDouble(4)
                        + "\t" + rs.getDouble(5));
            }
            System.out
                    .println("--------------------------------------------------");
```

219

```
                //得到rs中的记录条数
                rs.previous();
                count = rs.getRow();
                System.out.println("共检索出" + count + "条记录");
            }
            // 当try代码块中发生SQL异常时
            catch(SQLException e){
                System.out.println(e);
            }
            // 当try代码块发生加载数据库驱动异常时
            catch(ClassNotFoundException e){
                System.out.println("没有找到数据库加载驱动程序");
            }
            // 无论try还是catch代码块执行后,都需要执行finally代码块
            finally{
                // 依次关闭结果集、状态和连接
                rs.close();
                stmt.close();
                conn.close();
                System.out.println("结果集、状态和连接关闭");
            }
        }
    }
```

代码说明：本例采用直接指定数据库物理路径的方式（如程序中粗体所示代码），查询 student 数据库内的 stuinfo 表中，stuid 字段值大于变量 stuid_key 并且 Math 字段值大于变量 Math_key 的所有记录。检索关键字的数据类型要和数据表中对应字段的数据类型保持一致，否则程序会出现错误。stmt.setString（1，stuid_key）表示将 stuid_key 变量代入 stmt 将要执行的 SQL 语句的第一个占位符"?"位置处，且这个位置必须放置一个 String 类型变量；stmt.setDouble（2，Math_key）表示将 Math_key 变量代入 stmt 将要执行的 SQL 语句的第二个占位符"?"位置处，且这个位置必须放置一个 double 类型变量。rs.getString（1）表示读取当前 rs 指向的记录中的第一个字段，也即 stuinfo 表中的 stuid 字段；rs.getString（2）表示读取当前 rs 指向的记录中的第二个字段，也即 stuinfo 表中的 stuname 字段；rs.getDouble（3）表示读取当前 rs 指向的记录中的第三个字段，也即 stuinfo 表中的 Math 字段；rs.getDouble（4）表示读取当前 rs 指向的记录中的第四个字段，也即 stuinfo 表中的 English 字段，rs.getDouble（5）表示读取当前 rs 指向的记录中的第五个字段，也即 stuinfo 表中的 History 字段。getString 表示读取的字段为字符串类型，getDouble 表示读取的字段为双精度型。rs 指向的当前记录中，每一个字段只能通过 getXxx 方法获取一次（状态的resultSetType 参数设为 ResultSet.TYPE_FORWARD_ONLY）或两次（状态的 resultSetType 参数设为 ResultSet.TYPE_SCROLL_INSENSITIVE 或 ResultSet.TYPE_SCROLL_SENSITIVE），否则会出现 No data found 的结果。运行结果：如图 6-37 所示。

# 第6章 Java 数据库程序设计

```
StuID    StuName    Math      English    History
101      李明       60.0      85.0       99.0
102      张强       60.0      78.0       65.0
103      林奇       22.0      15.0       34.0
104      王磊       97.0      89.0       85.0
105      Tom       100.0      62.0       47.0
106      Jerry      87.0      98.0       65.0
107      Jack       74.0      54.0       77.0
108      Tonny      71.0      41.0       21.0
109      Alex       82.0       0.0       56.0
110      Mike       45.0      88.0       99.0
111      Jack       88.0      33.0       72.0
112      童静       94.0      74.0       72.0
-----------------------------------------------
共检索出12条记录
结果集、状态和连接关闭
```

图 6-37 执行 accessQuery.java 程序的结果

在 accessQuery.java 程序中通过直接引用数据库物理路径的方式来引用数据库。此外，还可以通过引用数据源的方式来引用数据库，此时只要将上例中的粗体部分代码进行如下修改即可：

String dburl = "jdbc:odbc:dbODBC";

Access 默认是不区分大小写（CaseInsensitive）的。例如，在 stuinfo 表中存在 stuname 字段为 tom、Tom、TOM 的记录，通过下面的程序 accessQueryByName.java 会将这三条记录同时输出。

**accessQueryByName.java**

```java
package database;
import java.sql.*;
public class accessQueryByName {
    public static void main(String[] args) throws SQLException {
        String dburl = "jdbc:odbc:driver = {Microsoft Access Driver (*.mdb, *.accdb)};"
                + "DBQ = D:/student.accdb";
        Connection conn = null;
        PreparedStatement stmt = null;
        ResultSet rs = null;
        int count = 0;
        String stuname_key = "TOM";
        try {
            Class.forName("sun.jdbc.odbc.JdbcOdbcDriver");
            conn = DriverManager.getConnection(dburl, "admin", "1234");
            String sql = "select * from stuinfo where stuname = ?";
            stmt = conn.prepareStatement(sql, ResultSet.TYPE_SCROLL_INSENSITIVE,
                    ResultSet.CONCUR_READ_ONLY);
```

```java
            stmt.setString(1, stuname_key);
            rs = stmt.executeQuery();
            System.out.println("StuID\t" + "StuName\t" + "Math\t" + "English\t"
                    + "History");
            while (rs.next()) {
                System.out.println(rs.getString(1) + "\t" + rs.getString(2)
                        + "\t" + rs.getDouble(3) + "\t" + rs.getDouble(4)
                        + "\t" + rs.getDouble(5));
            }
            System.out
                    .println("--------------------------------------------");
            rs.previous();
            count = rs.getRow();
            System.out.println("共检索出" + count + "条记录");
        }
        catch (SQLException e) {
            System.out.println(e);
        }
        catch (ClassNotFoundException e) {
            System.out.println("没有找到数据库加载驱动程序");
        }
        finally {
            rs.close();
            stmt.close();
            conn.close();
            System.out.println("结果集、状态和连接关闭");
        }
    }
}
```

代码说明：本例查询所有姓名为 TOM 的记录，由于 Access 默认不区分大小写，因此会将所有不区分大小写的 tom 记录全部输出。

运行结果：在数据库中设置 stuname 为 Tom、TOM、tom 的记录，则这三条记录全部输出。

针对 Access 这种默认不区分大小写的问题，可以通过多种方式解决。本书采用 strcomp 函数的方式来解决。strcomp 是 Access 数据库提供的对比函数，语法如下：

$$\text{strcomp}(s1, s2, \text{option}) = \text{value}$$

其中，s1 和 s2 是两个比较的字符串，option 是比较参数，value 是比较后得到的值，该值为 -1 表示 s1 小于 s2，该值为 0 表示 s1 等于 s2，该值为 1 表示 s1 大于 s2。这里使用 option 为 0 的参数表示二进制比较，将 stuname 的字段值和检索的姓名值作为 s1 和 s2 进行比较，如果 value 为 0，则表示匹配，否则表示不匹配。显然，这种方式是可以区分大小写的，因为大小写字符的二进制值是不同的。将下面的代码替换到上例程序中的粗体部分即可。

# 第6章 Java数据库程序设计

String sql = "select * from stuinfo where strcomp(stuname, ?, 0) = 0";

今后在处理 Access 数据库的操作时，无论是查询、删除、更新还是添加，特别要留意是否涉及大小写的问题，如果能够容忍大小写不敏感，则无须考虑该问题。如果在 SQL 语句中涉及大小写敏感的字段，就需要通过 strcomp 函数来处理大小写不敏感的问题。

### 6.4.2 向 Access 数据库添加记录

添加记录也称插入记录，就是利用 SQL 中的 insert into 语句向指定的数据表中添加新的记录。需要说明的是，由于数据表中的主键（PK，Primary Key）是不允许重复的，因此一般在向数据库添加新记录之前，需要先进行一次查询操作，如果待添加的记录在数据表中已存在，则不能添加该记录；如果待添加的记录在数据表中不存在，则可以添加该记录。下面通过 accessInsert.java 程序来演示如何向 Access 数据库中的数据表添加新记录。

**accessInsert.java**

```java
package database;
import java.sql.*;
public class accessInsert {
    public static void main(String[] args) throws SQLException {
        String dburl = "jdbc:odbc:driver={Microsoft Access Driver (*.mdb, *.accdb)};"
                + "DBQ=D://student.accdb";
        Connection conn = null;
        PreparedStatement stmt = null;
        ResultSet rs = null;
        // 定义插入记录的各项内容,数据类型需与数据表中各字段数据类型保持一致
        String insert_stuid = "113";
        String insert_stuname = "杰西卡";
        double insert_math = 70;
        double insert_english = 65;
        double insert_history = 98;
        try {
            Class.forName("sun.jdbc.odbc.JdbcOdbcDriver");
            conn = DriverManager.getConnection(dburl, "admin", "1234");
            String sql = "select * from stuinfo where stuid = ?";
            // 创建状态,设置结果集游标可滚动、对结果集内记录变化不敏感,游标可更新结果集
            stmt = conn.prepareStatement(sql, ResultSet.TYPE_SCROLL_INSENSITIVE,
                    ResultSet.CONCUR_UPDATABLE);
            // 将 insert_stuid 作为 SQL 语句中第一个问号位置处的参数
            stmt.setString(1, insert_stuid);
            rs = stmt.executeQuery();
            // 如果数据表中没有新记录,则插入该记录
            if (!rs.next()) {
                String insertsql = "insert into stuinfo values(?,?,?,?,?)";
```

# Java 程序设计教程

```
        //重新创建stmt 状态,用于执行executeUpdate 操作
        stmt = conn. prepareStatement( insertsql);
        //分别设置insertsql 语句中五个问号处的参数值
        stmt. setString(1, insert_stuid);
        stmt. setString(2, insert_stuname);
        stmt. setDouble(3, insert_math);
        stmt. setDouble(4, insert_english);
        stmt. setDouble(5, insert_history);
        stmt. executeUpdate( );
        System. out. println("新记录已入库");
    }
    // 如果数据表中已有该记录,则不插入该记录
    else
        System. out. println("已有记录,不能重复");
    System. out
            . println("--------------------------------------------");
}
catch (SQLException e) {
    System. out. println(e);
}
catch (ClassNotFoundException e) {
    System. out. println("没有找到数据库加载驱动程序");
}
finally {
    rs. close( );
    stmt. close( );
    conn. close( );
    System. out. println("结果集、状态和连接关闭");
}
        }
    }
}
```

代码说明:向数据表中添加新记录时,新纪录的各个字段取值类型必须与数据表中对应字段的数据类型保持一致,否则会出现数据类型不匹配的错误。本例首先查询待添加的数据记录在数据表中是否已经存在,通过 if (! rs. next( )) 语句进行判断,如果该语句成立,则代表数据表中没有待添加的记录,可以插入,否则表示数据表中已有待添加的记录,不能重复插入。

运行结果:如图 6-38 所示。

在 accessInsert. java 程序中通过使用 insert into 语句对数据表进行添加记录的操作。除这种方法以外,还可以通过查询后得到的结果集 rs 来给数据表添加新纪录,只要将 accessInsert. java 中带下画线的代码块替换为如下代码即可。

# 第6章 Java 数据库程序设计

| 新记录已入库 | 已有记录，不能重复 |
|---|---|
| 结果集、状态和连接关闭 | 结果集、状态和连接关闭 |
| a) | b) |

**图 6-38 添加新记录**
a) 顺利添加记录　b) 不能重复添加记录

```
        rs.moveToInsertRow(); // 将游标移动到待添加记录行
                // 设置待添加记录的各字段值
        rs.updateString(1, insert_stuid);
        rs.updateString(2, insert_stuname);
        rs.updateDouble(3, insert_math);
        rs.updateDouble(4, insert_english);
        rs.updateDouble(5, insert_history);
        // 将待添加记录行添加到结果集，同时添加到数据表
        rs.insertRow();
```

这种方法不需要使用 SQL 语句，但是要求 rs 结果集必须为可更新结果集（也就是说，使用 prepareStatement 方法创建 PreparedStatement 时，resultSetConcurrency 参数的取值必须为 ResultSet.CONCUR_UPDATABLE，如 accessInsert.java 程序中的粗体部分所示），执行效率较低，并且只能对一张数据表进行操作，在涉及记录条数较少时可以使用，如果涉及的记录条数较多，或者需要对多张数据表进行操作时，建议使用 SQL 语句完成操作。更多使用结果集操作数据库的知识，在本章第 6 节中进行具体介绍。

accessInsert.java 程序中只涉及添加一条新纪录。如果需要添加的记录条数较多，那么每次在添加新纪录时，都需要先判断该记录在数据表中是否已经存在。如果确实可以添加的，则将该记录添加到数据表中，见程序 accessMultipleInsert.java 所示。

**accessMultipleInsert.java**

```java
package database;
import java.sql.*;
public class accessMultipleInsert {
    public static void main(String[] args) throws SQLException {
        String dburl = "jdbc:odbc:driver = {Microsoft Access Driver (*.mdb, *.accdb)};"
                + "DBQ = D://student.accdb";
        Connection conn = null;
        PreparedStatement stmt = null;
        ResultSet rs = null;
        String[] insert_stuid = {"120", "121", "122"};
        String[] insert_stuname = {"杰西卡", "Sara", "Annie"};
        double[] insert_math = {67, 82, 90};
        double[] insert_english = {91, 79, 85};
        double[] insert_history = {67, 62, 50};
        try {
```

```java
            Class.forName("sun.jdbc.odbc.JdbcOdbcDriver");
            conn = DriverManager.getConnection(dburl, "admin", "1234");
            for (int i = 0; i < insert_stuid.length; i++) {
                String sql = "select * from stuinfo where stuid = ?";
                stmt = conn.prepareStatement(sql,
                        ResultSet.TYPE_SCROLL_INSENSITIVE,
                        ResultSet.CONCUR_UPDATABLE);
                stmt.setString(1, insert_stuid[i]);
                rs = stmt.executeQuery();
                // 如果数据表中没有新记录,则插入该记录
                if (!rs.next()) {
                    String insertsql = "insert into stuinfo values(?,?,?,?,?)";
                    stmt = conn.prepareStatement(insertsql);
                    stmt.setString(1, insert_stuid[i]);
                    stmt.setString(2, insert_stuname[i]);
                    stmt.setDouble(3, insert_math[i]);
                    stmt.setDouble(4, insert_english[i]);
                    stmt.setDouble(5, insert_history[i]);
                    stmt.executeUpdate();
                    System.out.println("新记录" + insert_stuid[i] + "已入库");
                }
                // 如果数据表中已有该记录,则不插入该记录
                else
                    System.out.println("已有记录" + insert_stuid[i] + "不能重复");
            }
            System.out.println("-------------------------------------");
        }
        catch (SQLException e) {
            System.out.println(e);
        }
        catch (ClassNotFoundException e) {
            System.out.println("没有找到数据库加载驱动程序");
        }
        finally {
            rs.close();
            stmt.close();
            conn.close();
            System.out.println("结果集、状态和连接关闭");
        }
    }
}
```

代码说明：该例中待添加的记录有多条，每次添加其中一条记录时，都需要事先判断该条记录在数据表中是否已经存在，如果不存在，则可以添加。可以看出，在该例中每向数据表中新增一条记录时，均需要重新创建一次 PreparedStatement 状态、重新执行一次 executeUpdate 方法。

运行结果：程序运行有三种可能性，分别为待添加记录全部入库、待添加记录全部不能入库、待添加记录部分可以入库，如图 6-39 所示。

```
新记录120已入库           已有记录120不能重复        已有记录120不能重复
新记录121已入库           已有记录121不能重复        新记录121已入库
新记录122已入库           已有记录122不能重复        新记录122已入库
--------------------   --------------------    --------------------
结果集、状态和连接关闭      结果集、状态和连接关闭       结果集、状态和连接关闭
        a)                      b)                      c)
```

图 6-39　程序运行的三种可能性（一）
a) 记录全部入库　b) 记录全部不能入库　c) 记录部分入库

accessMultipleInsert.java 程序中的批量数据操作方式，由于在循环中需要频繁复用 PreparedStatement 状态并多次调用 executeUpdate 方法，占用的数据传输时间较长，损耗的数据库资源较多，一般在实际中使用较少。取而代之的是使用 PreparedStatement 状态的 addBatch 方法，将批量的 SQL 语句添加到命令列表中，然后通过 executeBatch 方法一次性将批量的 SQL 语句提交给数据库执行。具体代码见程序 accessBatchInsert.java。

**accessBatchInsert.java**

```java
package database;
import java.sql.*;
public class accessBatchInsert {
    public static void main(String[] args) throws SQLException {
        String dburl = "jdbc:odbc:driver={Microsoft Access Driver (*.mdb, *.accdb)};"
                + "DBQ=D://student.accdb";
        Connection conn = null;
        PreparedStatement stmt = null;
        ResultSet rs = null;
        // 待添加的记录
        String[] stuid = {"120", "121", "122"};
        String[] stuname = {"杰西卡", "Sara", "Annie"};
        double[] math = {67, 82, 90};
        double[] english = {91, 79, 85};
        double[] history = {67, 62, 50};
        // 不在数据表中，能够添加的记录
        String[] insert_stuid = new String[stuid.length];
        String[] insert_stuname = new String[stuname.length];
        double[] insert_math = new double[math.length];
        double[] insert_english = new double[english.length];
```

```java
double [] insert_history = new double [history.length];
// 已在数据表中、不能添加的记录
String [] cannot_insert_stuid = new String [stuid.length];
// 能够添加的记录数
int count_can_insert = 0;
// 不能添加的记录数
int count_cannot_insert = 0;
try {
    Class.forName("sun.jdbc.odbc.JdbcOdbcDriver");
    conn = DriverManager.getConnection(dburl, "admin", "1234");
    // 设置为手动提交事务
    conn.setAutoCommit(false);
    String sql = "select * from stuinfo where stuid = ?";
    stmt = conn.prepareStatement(sql);
    // 找出待添加的记录中,哪些是可以添加的,哪些是不能添加的
    for (int i = 0; i < stuid.length; i++) {
        stmt.setString(1, stuid[i]);
        rs = stmt.executeQuery();
        // 不在数据表中的记录,可以添加
        if (!rs.next()) {
            insert_stuid[count_can_insert] = stuid[i];
            insert_stuname[count_can_insert] = stuname[i];
            insert_math[count_can_insert] = math[i];
            insert_english[count_can_insert] = english[i];
            insert_history[count_can_insert] = history[i];
            count_can_insert++;
        }
        // 数据表中已有的记录,不能添加
        else {
            cannot_insert_stuid[count_cannot_insert] = stuid[i];
            count_cannot_insert++;
        }
    }
    // 能够添加的记录数大于0,则添加这部分记录
    if (count_can_insert > 0) {
        String insertsql = "insert into stuinfo values(?,?,?,?,?)";
        stmt = conn.prepareStatement(insertsql);
        for (int i = 0; i < count_can_insert; i++) {
            stmt.setString(1, insert_stuid[i]);
            stmt.setString(2, insert_stuname[i]);
            stmt.setDouble(3, insert_math[i]);
            stmt.setDouble(4, insert_english[i]);
```

# 第6章 Java数据库程序设计

```
                stmt.setDouble(5, insert_history[i]);
                // 加入批处理操作
                stmt.addBatch();
                // 输出可以添加的记录
                System.out.println("新记录" + insert_stuid[i] + "已入库");
            }
            // 执行批处理操作
            stmt.executeBatch();
            // 输出不能添加的记录
            for (int i = 0; i < count_cannot_insert; i++)
                System.out.println("记录" + cannot_insert_stuid[i] + "已在库"
                        + "中,不能重复入库");
        }
        // 能够添加的记录数为0,则表示所有记录已在库中,无法重复入库
        else
            System.out.println("所有记录已在库中存在,无法重复入库");
        // 手动提交事务
        conn.commit();
        System.out.println("-------------------------------------");
    }
    catch (SQLException e) {
        System.out.println(e);
        conn.rollback();
    }
    catch (ClassNotFoundException e) {
        System.out.println("没有找到数据库加载驱动程序");
    }
    finally {
        rs.close();
        stmt.close();
        conn.close();
        System.out.println("结果集、状态和连接关闭");
    }
  }
}
```

代码说明:该例通过addBatch方法将能够添加记录的相关SQL语句批量添加到命令列表中,并通过executeBatch方法一次性提交批量SQL语句给数据库执行。需要说明的是,一般在应用程序中设置为手动提交事务方式,而不是让数据库驱动程序自动提交事务,这样应用程序可以将批量的SQL语句作为一个事务,然后通过调用commit方法提交事务,当事务执行过程中出现不成功的情况时,可以通过在异常语句中手动调用rollback方法回滚事务,如accessBatchInsert.java中加粗的三条语句。数据库驱动自动提交事务的方式(也即setAutoCommit 方法设置为默认的 true），是每执行一条 SQL 语句就作为一个事务提交，在执行效率上低于手动提交事务的方式，且占用的时间和资源也较多。

运行结果：程序运行有三种可能性，分别为待添加记录全部入库、待添加记录全部不能入库、以及待添加记录部分可以入库，如图 6-40 所示。

图 6-40　程序运行的三种可能性（二）
a）记录全部入库　　b）记录全部不能入库　　c）记录部分入库

### 6.4.3　在 Access 数据库中删除记录

删除记录就是利用 SQL 中的 delete 语句，将指定的数据表中符合删除条件的记录从数据表中移除的操作。如果数据表中没有符合删除条件的记录，则删除操作应返回整数 0；如果数据表中存在符合删除条件的记录，则删除操作应返回整数 x，x 表示删除的记录条数。下面通过 accessDelete.java 程序演示如何删除数据表中的记录。

**accessDelete.java**

```java
package database;
import java.sql.*;
public class accessDelete {
    public static void main(String[] args) throws SQLException {
        String dburl = "jdbc:odbc:driver={Microsoft Access Driver (*.mdb, *.accdb)};"
                + "DBQ=D://student.accdb";
        Connection conn = null;
        PreparedStatement stmt = null;
        // 定义删除关键字
        String delete_stuid = "120";
        try {
            Class.forName("sun.jdbc.odbc.JdbcOdbcDriver");
            conn = DriverManager.getConnection(dburl, "admin", "1234");
            String deletesql = "delete from stuinfo where stuid = ?";
            stmt = conn.prepareStatement(deletesql);
            stmt.setString(1, delete_stuid);
            // 得到被删除的记录条数
            int delete_count = stmt.executeUpdate();
            System.out.println("共" + delete_count + "条记录被删除");
        }
        catch (SQLException e) {
```

```
            System.out.println(e);
        }
        catch(ClassNotFoundException e){
            System.out.println("没有找到数据库加载驱动程序");
        }
        finally{
            stmt.close();
            conn.close();
            System.out.println("状态和连接关闭");
        }
    }
}
```

代码说明：通过程序可以看出，删除操作相对比较简单，关键在于删除条件的设置，也即 delete 语句中的 where 子句的编写。

运行结果：程序运行有两种可能性，当符合删除条件的记录在数据表中存在时，删除所有符合删除条件的记录并显示删除的记录条数；当数据表中没有符合删除条件的记录时，显示 0 条记录被删除，如图 6-41 所示。

共1条记录被删除　　　　　共0条记录被删除
状态和连接关闭　　　　　　状态和连接关闭
　　　　a)　　　　　　　　　　　b)

图 6-41　程序运行的两种可能性（一）
a）删除记录　b）无记录删除

### 6.4.4　在 Access 数据库中更新记录

更新记录就是利用 SQL 中的 update 语句，将指定的数据表中符合更新条件的记录中的若干字段更新为新值的操作。如果数据表中没有符合更新条件的记录，则更新操作应返回整数 0；如果数据表中存在符合更新条件的记录，则更新操作应返回整数 x，x 表示更新的记录条数。下面通过 accessUpdate.java 程序演示如何更新数据表中的记录。

**accessUpdate.java**

```
package database;
import java.sql.*;
public class accessUpdate{
    public static void main(String[] args) throws SQLException{
        String dburl = "jdbc:odbc:driver={Microsoft Access Driver (*.mdb, *.accdb)};"
                + "DBQ=D:/student.accdb";
        Connection conn = null;
        PreparedStatement stmt = null;
        // 定义更新关键字
        String key_name = "Jack";
```

```java
        String update_name = "杰克";
        double update_math = 90;
        try {
            Class.forName("sun.jdbc.odbc.JdbcOdbcDriver");
            conn = DriverManager.getConnection(dburl, "admin", "1234");
            String updatesql = "update stuinfo set stuname = ?, math = ? where "
                    + "stuname = ?";
            stmt = conn.prepareStatement(updatesql);
            stmt.setString(1, update_name);
            stmt.setDouble(2, update_math);
            stmt.setString(3, key_name);
            int update_count = stmt.executeUpdate();
            System.out.println("共" + update_count + "条记录被更新");
        }
        catch (SQLException e) {
            System.out.println(e);
        }
        catch (ClassNotFoundException e) {
            System.out.println("没有找到数据库加载驱动程序");
        }
        finally {
            stmt.close();
            conn.close();
            System.out.println("结果集、状态和连接关闭");
        }
    }
}
```

代码说明：通过程序可以看出，更新操作与删除操作类似，相对也比较简单，关键在于更新条件的设置，也即 update 语句中的 where 子句的编写。

运行结果：程序运行有两种可能性，当符合更新条件的记录在数据表中存在时，根据更新关键字，更新所有符合更新条件的记录，并显示更新的记录条数；当数据表中没有符合更新条件的记录时，显示 0 条记录被更新，如图 6-42 所示。

```
共2条记录被更新              共0条记录被更新
结果集、状态和连接关闭        结果集、状态和连接关闭
        a)                          b)
```

图 6-42　程序运行的两种状态（二）
a）更新记录　b）无记录更新

# 6.5 利用 Java 访问和操作 MySQL 数据库

由于 Java 对于数据库的操作采用了统一的标准与规范，因此，与操作 Access 数据库类似，使用 Java 访问和操作 MySQL 数据库，相关的代码并不需要进行太多的修改。一般来说，主要有以下几个地方需要进行相应的变动。

（1）数据库路径

由于 MySQL 属于网络型数据库，因此引用数据库的地址不能像 Access 那样直接调用具体的物理地址，而是调用 MySQL 规范的网络地址。例如，要访问 MySQL 中的 student 数据库，则相应的数据库 URL 应定义为

```
String dburl = "jdbc:mysql://localhost:3306/student";
```

可以看出，待访问的数据库应该置于上述字符串的 3306 端口之后。

（2）加载 JDBC 驱动方式

对于 MySQL 数据库，使用 Java 语言显式加载驱动的方式为

```
Class.forName("com.mysql.jdbc.Driver");
```

这里，Driver 实际上是一个 class 字节码文件，而前缀 com.mysql.jdbc 则是这个类文件所属的包。打开 MySQL 的安装路径，找到 Connect J 文件夹，可以发现有一个名为 mysql - connector - java - bin 的 jar 文件，解压该文件后，依次打开【com】→【mysql】→【jdbc】文件夹，可以发现文件名为 Driver.class 的字节码文件，这就是 MySQL 的 JDBC 驱动。为了能够让 Java 程序找到这个文件，在显式加载驱动的基础上，需要将 mysql - connector - java - bin.jar 文件复制到 %java_home% \ jre \ lib \ ext 路径下，或者在 eclipse 中，通过单击【window】→【preferences】→【Java】→【Installed JRES】→【Edit】→【Add External JARS】，将这个 jar 文件导入 Eclipse。第三种方法就是在 eclipse 的 Java 项目中，用鼠标右键单击【JRE System Library】，然后选择【Build Path】→【Configure Build Path】→【Libraries】→【Add External JARS】，将这个 jar 文件导入所在的 Java 项目。

除以上两步之外，利用 Java 操作 Access 数据库和 MySQL 数据库的代码几乎完全一样。如果需要操作其他的数据库，也仅需要对以上两步进行相应的修改即可。这里可以看出，由于 Java 对数据库操作采用了统一的标准和规范，降低了程序开发人员的工作难度，使得开发工作可以更集中于程序代码的设计，不需要过多地考虑代码与数据库之间的接口设计和编写工作。

### 6.5.1 查询 MySQL 数据库

从上文的说明中可以看到，查询 MySQL 数据库的代码与查询 Access 数据库的代码基本是类似的。下面通过 mysqlQuery.java 程序进行说明。

**mysqlQuery.java**

```
package database;
import java.sql.*;
```

```java
public class mysqlQuery {
    public static void main(String[] args) throws SQLException {
        // MySQL 的数据库路径
        String dburl = "jdbc:mysql://localhost:3306/student";
        Connection conn = null;
        PreparedStatement stmt = null;
        ResultSet rs = null;
        int count = 0;
        String stuid_key = "100";
        double math_key = 0;
        try {
            // 加载 MySQL 驱动
            Class.forName("com.mysql.jdbc.Driver");
            conn = DriverManager.getConnection(dburl, "root", "1234");
            String sql = "select * from stuinfo where stuid > ? and math > ? "
                    + "order by stuid asc";
            stmt = conn.prepareStatement(sql, ResultSet.TYPE_SCROLL_INSENSITIVE,
                    ResultSet.CONCUR_READ_ONLY);
            stmt.setString(1, stuid_key);
            stmt.setDouble(2, math_key);
            rs = stmt.executeQuery();
            System.out.println("StuID\t" + "StuName\t" + "Math\t" + "English\t"
                    + "History");
            while (rs.next()) {
                System.out.println(rs.getString(1) + "\t" + rs.getString(2)
                        + "\t" + rs.getDouble(3) + "\t" + rs.getDouble(4)
                        + "\t" + rs.getDouble(5));
            }
            System.out
                    .println("--------------------------------------------");
            rs.previous();
            count = rs.getRow();
            System.out.println("共检索出" + count + "条记录");
        }
        catch (SQLException e) {
            System.out.println(e);
        }
        catch (ClassNotFoundException e) {
            System.out.println("没有找到数据库加载驱动程序");
        }
        finally {
            rs.close();
```

```
            stmt.close();
            conn.close();
            System.out.println("结果集、状态和连接关闭");
        }
    }
}
```

代码说明：从程序可以看出，查询 MySQL 数据库的代码与查询 Access 数据库的代码几乎完全一致，不同的地方在程序中已通过下画线标注出来。需要注意的是，这里使用的是 MySQL 的 root 账户（程序中用粗体标识部分）。与 Access 不同，MySQL 数据库对于用户名和密码是同时验证的。

运行结果：参见程序 accessQuery.java 的运行结果。

### 6.5.2 向 MySQL 数据库添加记录

通过程序 mysqlInsert.java 说明向 MySQL 数据库中插入单个记录。

**mysqlInsert.java**

```java
package database;
import java.sql.*;
public class mysqlInsert {
    public static void main(String[] args) throws SQLException {
        String dburl = "jdbc:mysql://localhost:3306/student";
        Connection conn = null;
        PreparedStatement stmt = null;
        ResultSet rs = null;
        String insert_stuid = "120";
        String insert_stuname = "杰西卡";
        double insert_math = 70;
        double insert_english = 65;
        double insert_history = 98;
        try {
            Class.forName("com.mysql.jdbc.Driver");
            conn = DriverManager.getConnection(dburl, "root", "1234");
            String sql = "select * from stuinfo where stuid = ?";
            stmt = conn.prepareStatement(sql, ResultSet.TYPE_SCROLL_INSENSITIVE,
                    ResultSet.CONCUR_UPDATABLE);
            stmt.setString(1, insert_stuid);
            rs = stmt.executeQuery();
            if (!rs.next()) {
                String insertsql = "insert into stuinfo values(?,?,?,?,?)";
                stmt = conn.prepareStatement(insertsql);
                stmt.setString(1, insert_stuid);
```

```
                stmt.setString(2, insert_stuname);
                stmt.setDouble(3, insert_math);
                stmt.setDouble(4, insert_english);
                stmt.setDouble(5, insert_history);
                stmt.executeUpdate();
                System.out.println("新记录已入库");
            }
            else
                System.out.println("已有记录,不能重复");
            System.out
                    .println("-------------------------------------");
        }
        catch(SQLException e){
            System.out.println(e);
        }
        catch(ClassNotFoundException e){
            System.out.println("没有找到数据库加载驱动程序");
        }
        finally{
            rs.close();
            stmt.close();
            conn.close();
            System.out.println("结果集、状态和连接关闭");
        }
    }
}
```

运行结果:参见程序 accessInsert.java 的运行结果。

通过程序 mysqlBatchInsert.java 演示向 MySQL 数据库中批量插入多个记录。

**mysqlBatchInsert.java**

```
package database;
import java.sql.*;
public class mysqlBatchInsert{
    public static void main(String[] args) throws SQLException{
        String dburl = "jdbc:mysql://localhost:3306/student";
        Connection conn = null;
        PreparedStatement stmt = null;
        ResultSet rs = null;
        String[] stuid = {"120","121","122"};
        String[] stuname = {"杰西卡","Sara","Annie"};
        double[] math = {67,82,90};
```

```java
        double [] english = {91, 79, 85};
        double [] history = {67, 62, 50};
        String [] insert_stuid = new String [stuid.length];
        String [] insert_stuname = new String [stuname.length];
        double [] insert_math = new double [math.length];
        double [] insert_english = new double [english.length];
        double [] insert_history = new double [history.length];
        String [] cannot_insert_stuid = new String [stuid.length];
        int count_can_insert = 0;
        int count_cannot_insert = 0;
        try {
            Class.forName("com.mysql.jdbc.Driver");
            conn = DriverManager.getConnection(dburl, "root", "1234");
            conn.setAutoCommit(false);
            String sql = "select * from stuinfo where stuid = ?";
            stmt = conn.prepareStatement(sql);
            for (int i = 0; i < stuid.length; i++) {
                stmt.setString(1, stuid[i]);
                rs = stmt.executeQuery();
                if (!rs.next()) {
                    insert_stuid[count_can_insert] = stuid[i];
                    insert_stuname[count_can_insert] = stuname[i];
                    insert_math[count_can_insert] = math[i];
                    insert_english[count_can_insert] = english[i];
                    insert_history[count_can_insert] = history[i];
                    count_can_insert++;
                }
                else {
                    cannot_insert_stuid[count_cannot_insert] = stuid[i];
                    count_cannot_insert++;
                }
            }
            if (count_can_insert > 0) {
                String insertsql = "insert into stuinfo values(?,?,?,?,?)";
                stmt = conn.prepareStatement(insertsql);
                for (int i = 0; i < count_can_insert; i++) {
                    stmt.setString(1, insert_stuid[i]);
                    stmt.setString(2, insert_stuname[i]);
                    stmt.setDouble(3, insert_math[i]);
                    stmt.setDouble(4, insert_english[i]);
                    stmt.setDouble(5, insert_history[i]);
                    stmt.addBatch();
```

```
                    System.out.println("新记录" + insert_stuid[i] + "已入库");
                }
                stmt.executeBatch();
                for (int i = 0; i < count_cannot_insert; i++)
                    System.out.println("记录" + cannot_insert_stuid[i] + "已在库"
                            + "中,不能重复入库");
            }
            else
                System.out.println("所有记录已在库中存在,无法重复入库");
            conn.commit();
            System.out.println("-----------------------------------");
        }
        catch (SQLException e) {
            System.out.println(e);
            conn.rollback();
        }
        catch (ClassNotFoundException e) {
            System.out.println("没有找到数据库加载驱动程序");
        }
        finally {
            rs.close();
            stmt.close();
            conn.close();
            System.out.println("结果集、状态和连接关闭");
        }
    }
}
```

运行结果：参见程序 accessBatchInsert.java 的运行结果。

### 6.5.3 在 MySQL 数据库中删除记录

通过程序 mysqlDelete.java 演示在 MySQL 数据库中删除符合条件的记录。
**mysqlDelete.java**

```
package database;
import java.sql.*;
public class mysqlDelete {
    public static void main(String[] args) throws SQLException {
        String dburl = "jdbc:mysql://localhost:3306/student";
        Connection conn = null;
        PreparedStatement stmt = null;
        String delete_stuid = "101";
```

第 6 章　Java 数据库程序设计

```java
        try {
            Class.forName("com.mysql.jdbc.Driver");
            conn = DriverManager.getConnection(dburl, "root", "1234");
            String deletesql = "delete from stuinfo where stuid = ?";
            stmt = conn.prepareStatement(deletesql);
            stmt.setString(1, delete_stuid);
            int delete_count = stmt.executeUpdate();
            System.out.println("共" + delete_count + "条记录被删除");
        }
        catch (SQLException e) {
            System.out.println(e);
        }
        catch (ClassNotFoundException e) {
            System.out.println("没有找到数据库加载驱动程序");
        }
        finally {
            stmt.close();
            conn.close();
            System.out.println("结果集、状态和连接关闭");
        }
    }
}
```

运行结果：参见程序 accessDelete.java 的运行结果。

### 6.5.4　在 MySQL 数据库中更新记录

通过程序 mysqlUpdate.java 演示在 MySQL 数据库中更新符合条件的记录。

**mysqlUpdate.java**

```java
package database;
import java.sql.*;
public class mysqlUpdate {
    public static void main(String[] args) throws SQLException {
        String dburl = "jdbc:mysql://localhost:3306/student";
        Connection conn = null;
        PreparedStatement stmt = null;
        String key_name = "李四";
        String update_name = "杰克";
        double update_math = 90;
        try {
            Class.forName("com.mysql.jdbc.Driver");
            conn = DriverManager.getConnection(dburl, "root", "1234");
```

```
            String updatesql = "update stuinfo set stuname = ?,math = ? where "
                + "stuname = ?";
            stmt = conn.prepareStatement(updatesql);
            stmt.setString(1, update_name);
            stmt.setDouble(2, update_math);
            stmt.setString(3, key_name);
            int update_count = stmt.executeUpdate();
            System.out.println("共" + update_count + "条记录被更新");
        }
        catch (SQLException e) {
            System.out.println(e);
        }
        catch (ClassNotFoundException e) {
            System.out.println("没有找到数据库加载驱动程序");
        }
        finally {
            stmt.close();
            conn.close();
            System.out.println("结果集、状态和连接关闭");
        }
    }
}
```

运行结果：参见程序 accessUpdate.java 的运行结果。

## 6.6 利用结果集添加、删除和更新数据库记录

在 6.4.2 节中讲过通过查询得到结果集后，可以通过结果集对数据库完成添加记录的操作。同样，也可以通过结果集对数据库完成删除和更新操作。这种方式的优点在于不需要再次编写 SQL 语句，而是通过程序完成相应的数据库操作；其缺点在于执行的效率相对于直接使用 SQL 语句操作而言，在速度上要低一些，尤其是在操作的记录较多的情况下。当然，如果牵涉的记录条数较少，使用这种方式更为便利和简洁。6.4.2 节中已经讲述过如何利用结果集向数据库中添加记录，这里通过具体的代码介绍如何利用结果集向数据库中添加记录，以及如何利用结果集删除和更新数据库中的记录。由于 Java 对于数据库操作的标准和规范是统一的，这里仅使用 MySQL 数据库作为实例，Access 和其他类型的数据库，读者根据代码自行修改数据库路径、数据库驱动和数据库用户名密码即可。

### 6.6.1 利用结果集添加记录

利用结果集添加记录时，主要使用的是 ResultSet 接口的 moveToInsertRow 方法和 insertRow 方法。前者是将当前结果集指针指向待插入行，后者是将待插入行添加到数据库中。

# 第6章 Java数据库程序设计

下面通过 InsertByRs.java 程序进行示例。

**InsertByRs.java**

```java
package database;
import java.sql.*;
public class InsertByRs {
    public static void main(String[] args) throws SQLException {
        String dburl = "jdbc:mysql://localhost:3306/student";
        Connection conn = null;
        PreparedStatement stmt = null;
        ResultSet rs = null;
        String[] stuid = {"120", "121", "122"};
        String[] stuname = {"杰西卡", "Sara", "Annie"};
        double[] math = {67, 82, 90};
        double[] english = {91, 79, 85};
        double[] history = {67, 62, 50};
        String[] insert_stuid = new String[stuid.length];
        String[] insert_stuname = new String[stuname.length];
        double[] insert_math = new double[math.length];
        double[] insert_english = new double[english.length];
        double[] insert_history = new double[history.length];
        String[] cannot_insert_stuid = new String[stuid.length];
        int count_can_insert = 0;
        int count_cannot_insert = 0;
        try {
            Class.forName("com.mysql.jdbc.Driver");
            conn = DriverManager.getConnection(dburl, "root", "1234");
            String sql = "select * from stuinfo where stuid = ?";
            // 使用结果集向数据库添加记录,必须设置为 ResultSet.CONCUR_UPDATABLE
            stmt = conn.prepareStatement(sql, ResultSet.TYPE_SCROLL_INSENSITIVE,
                    ResultSet.CONCUR_UPDATABLE);
            for (int i = 0; i < stuid.length; i++) {
                stmt.setString(1, stuid[i]);
                rs = stmt.executeQuery();
                if (!rs.next()) {
                    insert_stuid[count_can_insert] = stuid[i];
                    insert_stuname[count_can_insert] = stuname[i];
                    insert_math[count_can_insert] = math[i];
                    insert_english[count_can_insert] = english[i];
                    insert_history[count_can_insert] = history[i];
                    count_can_insert++;
                }
```

```
            else {
                cannot_insert_stuid[count_cannot_insert] = stuid[i];
                count_cannot_insert++;
            }
        }
        if (count_can_insert > 0) {
            for (int i = 0; i < count_can_insert; i++) {
                // 将结果集指针移动到待插入行
                rs.moveToInsertRow();
                // 在待插入行中设置各字段数据
                rs.updateString(1, insert_stuid[i]);
                rs.updateString(2, insert_stuname[i]);
                rs.updateDouble(3, insert_math[i]);
                rs.updateDouble(4, insert_english[i]);
                rs.updateDouble(5, insert_history[i]);
                // 将待插入行添加到数据库中
                rs.insertRow();
                System.out.println("新记录" + insert_stuid[i] + "已入库");
            }
            for (int i = 0; i < count_cannot_insert; i++)
                System.out.println("记录" + cannot_insert_stuid[i] + "已在库"
                        + "中,不能重复入库");
        }
        else
            System.out.println("所有记录已在库中存在,无法重复入库");
        System.out.println("------------------------------------------");
    }
    catch (SQLException e) {
        System.out.println(e);
    }
    catch (ClassNotFoundException e) {
        System.out.println("没有找到数据库加载驱动程序");
    }
    finally {
        rs.close();
        stmt.close();
        conn.close();
        System.out.println("结果集、状态和连接关闭");
    }
}
}
```

代码说明：需要特别指出的是，在使用结果集操作数据库中的记录时，prepareStatement 方法的 resultSetConcurrency 参数必须设置为 ResultSet.CONCUR_UPDATABLE，否则程序会出现运行错误。使用 moveToInsertRow 方法，结果集指针的指向会从当前位置转而指向待插入行，设置完待插入行的各字段数据后，调用 insertRow 方法才能真正将待插入行添加到数据库中。程序中的粗体部分，读者需特别注意。如果需要将结果集指针重新指向添加记录前的位置，可以通过 moveToCurrentRow 方法完成。

运行结果：参见程序 mysqlBatchInsert.java 的运行结果。

### 6.6.2 利用结果集删除记录

利用结果集删除记录时，主要通过 ResultSet 接口的 deleteRow 方法完成。需要特别提醒的是，在删除记录前应将结果集指针定位到结果集的初始位置，也即结果集的第一条记录之前。此外，如果将 deleteRow 方法置于 while（rs.next()）循环中，在调用 deleteRow 方法删除一条记录后，结果集指针会从删除记录的位置自动指向下一条记录（因为记录一旦删除，就会从结果集中移除），此时应立即调用 previous 方法让结果集指针指向前一条记录，否则会出现两条连续的可删除记录中仅删除第一条记录的结果。下面通过 DeleteByRs.java 程序进行示例。

**DeleteByRs.java**

```java
package database;
import java.sql.*;
public class DeleteByRs {
    public static void main(String[] args) throws SQLException {
        String dburl = "jdbc:mysql://localhost:3306/student";
        Connection conn = null;
        PreparedStatement stmt = null;
        ResultSet rs = null;
        String[] delete_stuname = {"杰克", "杰西卡", "Jerry"};
        try {
            Class.forName("com.mysql.jdbc.Driver");
            conn = DriverManager.getConnection(dburl, "root", "1234");
            String sql = "select * from stuinfo";
            stmt = conn.prepareStatement(sql,
                    ResultSet.TYPE_SCROLL_INSENSITIVE,
                    ResultSet.CONCUR_UPDATABLE);
            rs = stmt.executeQuery();
            // 如果有符合删除关键字的记录,则删除相应的记录
            if (rs.next()) {
                rs.beforeFirst();
                int delete_count = 0;
                while (rs.next()) {
                    if (rs.getString(2).equals(delete_stuname[0]))
```

```
                    || rs.getString(2).equals(delete_stuname[1])
                    || rs.getString(2).equals(delete_stuname[2])){
                rs.deleteRow();
                //删完当前行后,务必让 rs 回指一次
                rs.previous();
                delete_count++;
            }
        }
        System.out.println("共" + delete_count + "条记录被删除");
    }
}
catch(SQLException e){
    System.out.println(e);
}
catch(ClassNotFoundException e){
    System.out.println("没有找到数据库加载驱动程序");
}
finally{
    stmt.close();
    conn.close();
    System.out.println("结果集、状态和连接关闭");
}
}
}
```

代码说明:利用结果集删除记录时,首先要让结果集指针指向结果集初始位置,然后通过循环查找符合删除条件的记录,找到后,通过 deleteRow 方法删除。此时结果集指针会自动指向下一条记录,因此必须立即调用 previous 方法让结果集指针重新指向上一条记录。利用结果集删除记录仅能删除存于结果集中的数据库记录,如果某一条记录虽然符合删除条件,但不在结果集中,则该记录是不能通过这种方式在数据库中删除的。

运行结果:参见程序 mysqlDelete.java 的运行结果。

### 6.6.3 利用结果集更新记录

利用结果集更新数据库中的记录,主要是通过 ResultSet 接口的 updateRow 方法完成。和利用结果集删除数据库记录类似,如果利用结果集更新数据库记录,则也应将结果集指针定位到结果集的初始位置,也即结果集的第一条记录之前,然后通过 while(rs.next()) 循环在结果集中依次查找符合更新条件的记录,继而将这些记录按照更新要求进行更新。下面通过 UpdateByRs.java 程序进行示例。

**UpdateByRs.java**

```
package database;
import java.sql.*;
```

```java
public class UpdateByRs {
    public static void main(String[] args) throws SQLException {
        String dburl = "jdbc:mysql://localhost:3306/student";
        Connection conn = null;
        PreparedStatement stmt = null;
        ResultSet rs = null;
        String key_name = "李四";
        String update_name = "杰克";
        double update_math = 90;
        int update_count = 0;
        try {
            Class.forName("com.mysql.jdbc.Driver");
            conn = DriverManager.getConnection(dburl, "root", "1234");
            String sql = "select * from stuinfo where stuname = ?";
            stmt = conn.prepareStatement(sql, ResultSet.TYPE_SCROLL_INSENSITIVE,
                    ResultSet.CONCUR_UPDATABLE);
            stmt.setString(1, key_name);
            rs = stmt.executeQuery();
            if (rs.next()) {
                rs.beforeFirst();
                while (rs.next()) {
                    if (rs.getString(2).equals(key_name)) {
                        rs.updateString(2, update_name);
                        rs.updateDouble(3, update_math);
                        rs.updateRow();
                        update_count++;
                    }
                }
            }
            System.out.println("共" + update_count + "条记录被更新");
        }
        catch (SQLException e) {
            System.out.println(e);
        }
        catch (ClassNotFoundException e) {
            System.out.println("没有找到数据库加载驱动程序");
        }
        finally {
            stmt.close();
            conn.close();
            System.out.println("结果集、状态和连接关闭");
        }
```

}
}

代码说明：可以看出，利用结果集更新数据库记录，与利用结果集删除数据库记录，在程序循环控制上是类似的。利用结果集更新记录仅能更新存在于结果集中的数据库记录，如果某一条记录虽然符合更新条件，但不在结果集中，则该记录是不能通过这种方式在数据库中进行更新的。

运行结果：参见程序 mysqlUpdate.java 的运行结果。

由 6.6.1~6.6.3 节可以看出，使用结果集对数据库进行添加记录的操作，首先需要通过查询语句得到结果集，然后将结果集指针的指向转到待插入行，设置完待插入行的各字段值后，再将待插入行添加到数据库中。利用结果集删除数据库记录和更新数据库记录的操作，也必须通过查询语句得到结果集后才能进行相应的操作。如果没有结果集对象，则不能使用本节的方法对数据库进行添加记录、删除记录和更新记录的操作。

##  6.7 结合 GUI 图形界面设计进行数据库操作实例

下面结合第 5 章中的 GUI 图形界面设计，演示一个综合的简单数据库操作实例。该实例共有三个程序：myStudentMySQL.java（执行主程序）、myStudentGUIMySQL.java（图形界面的设计程序）、DBoperationMySQL.java（数据库操作封装程序）。

**myStudentMySQL.java**

```java
package database;
import java.awt.*;
import java.awt.event.*;
import java.sql.SQLException;
import javax.swing.*;
// 这个类用于描述登录面板
public class myStudentMySQL implements ActionListener {
    // 定义主窗口
    private JFrame jf;
    // 定义输入用户名和密码的标签提示
    private JLabel InputUserName, InputPassWord;
    // 定义输入用户名文本框
    private JTextField UserName;
    // 定义输入密码框
    private JPasswordField PassWord;
    // 定义登录和取消按钮
    private JButton Login, Cancel;
    myStudentMySQL() {
        // 各组件实例化过程
        jf = new JFrame();
```

```java
            InputUserName = new JLabel("用户名:");
            InputPassWord = new JLabel("密    码:");
            UserName = new JTextField();
            PassWord = new JPasswordField();
            Login = new JButton("登录");
            Cancel = new JButton("退出");
            // 设置主窗口大小、位置和布局
            jf.setSize(400,150);
            jf.setLocation(500,200);
            jf.setLayout(new FlowLayout());
            // 设置用户名和密码框大小
            UserName.setPreferredSize(new Dimension(300,30));
            PassWord.setPreferredSize(new Dimension(300,30));
            // 依次向主窗口添加各组件
            jf.getContentPane().add(InputUserName);
            jf.getContentPane().add(UserName);
            jf.getContentPane().add(InputPassWord);
            jf.getContentPane().add(PassWord);
            jf.getContentPane().add(Login);
            jf.getContentPane().add(Cancel);
            // 设置主窗口不可调节大小
            jf.setResizable(false);
            // 设置主窗口默认关闭操作
            jf.setDefaultCloseOperation(JFrame.EXIT_ON_CLOSE);
            // 给登录和取消按钮添加 Action 监听器
            Login.addActionListener(this);
            Cancel.addActionListener(this);
            // 设置主窗口可见
            jf.setVisible(true);
      }
      public static void main(String[] args) throws SQLException{
            // 启动主窗口面板
            new myStudentMySQL();
      }
      @Override
      public void actionPerformed(ActionEvent e) {
            // 如果单击【取消】按钮则程序退出
            if(e.getSource().equals(Cancel))
                  System.exit(0);
            // 如果单击【登录】按钮,则检查用户名和密码是否匹配
            else if(e.getSource().equals(Login)) {
                  // 如果用户名和密码匹配,则打开具体操作的面板
```

```java
            if(UserName.getText().equals("admin") && String.valueOf
                ((PassWord.getPassword())).equals("1234")) {
                myStudentGUIMySQL myS = new myStudentGUIMySQL();
                myS.initial();
                jf.setVisible(false);
                jf.dispose();
            }
            // 如果用户名和密码不匹配,则给出提示对话框
            else {
                JOptionPane.showOptionDialog(jf,"用户名或密码错误","登录失败",
                    JOptionPane.CLOSED_OPTION,
                    JOptionPane.ERROR_MESSAGE, null, null, null);
            }
        }
    }
}
```

**myStudentGUIMySQL.java**

```java
package database;
import java.awt.*;
import java.awt.event.*;
import javax.swing.*;
// 这个类用于描述具体操作的面板,该类继承 JFrame,因此本身就是一个 JFrame 窗口
public class myStudentGUIMySQL extends JFrame implements MouseListener,
        ItemListener {
    // 定义选项卡
    private JTabbedPane Base;
    // 定义选项卡上的嵌板
    private JPanel jp1, jp2, jp3, jp4;
    // 定义各按钮
    private JButton InsertRecord, InsertReset, DeleteRecord, DeleteReset,
            QueryRecord, UpdateRecord;
    // 定义各标签
    private JLabel InsertID1, InsertName1, InsertMath1, InsertEnglish1,
            InsertHistory1, DeleteID1, UpdateID1;
    // 定义各文本框
    private JTextField InsertID2, InsertName2, InsertMath2, InsertEnglish2,
            InsertHistory2, DeleteID2, IDCondition, NameCondition,
            MathCondition, EnglishCondition, HistoryCondition, UpdateID2,
            UpdateContent;
    // 定义显示结果文本域
```

```java
private JTextArea QueryRecordResult;
// 定义查询选项
private JRadioButton ID, Name, Math, English, History;
// 定义一个数据库操作的实例
private DBoperationMySQL db = null;
// 定义滚动条
private JScrollPane scroll = null;
// 定义一个下拉菜单用于选择更新的项目
private JComboBox < String > UpdateItem = null;
// 注意,设置 GUI 时,最底层的组件要最先设置,最顶层的容器要最后设置,
// 否则会出现显示不正确的情况,如将 setBase();setThis();放到最前面,则
// 显示不出文本框和标签
myStudentGUIMySQL() {
    // 设置各按钮信息
    setButton();
    // 设置各标签信息
    setLabel();
    // 设置各文本框信息
    setTextField();
    // 设置各面板信息
    setPanel();
    // 设置布局信息
    setLayout();
    // 设置选项卡信息
    setBase();
    // 设置主窗口信息
    setThis();
    // 设置数据库信息
    setDB();
}
// 设置各按钮信息的方法
private void setButton() {
    InsertRecord = new JButton("添加记录");
    InsertRecord.setFont(new Font("楷体_GB2312", Font.BOLD, 18));
    // 设置按钮的边缘空白为四个方向全0,也即让按钮中的文本与按钮边缘贴齐
    InsertRecord.setMargin(new Insets(0, 0, 0, 0));
    InsertReset = new JButton("重置信息");
    InsertReset.setFont(new Font("楷体_GB2312", Font.BOLD, 18));
    InsertReset.setMargin(new Insets(0, 0, 0, 0));
    DeleteRecord = new JButton("删除记录");
    DeleteRecord.setFont(new Font("楷体_GB2312", Font.BOLD, 18));
    DeleteRecord.setMargin(new Insets(0, 0, 0, 0));
```

```java
        DeleteReset = new JButton("重置信息");
        DeleteReset.setFont(new Font("楷体_GB2312", Font.BOLD, 18));
        DeleteReset.setMargin(new Insets(0, 0, 0, 0));
        QueryRecord = new JButton("查询记录");
        QueryRecord.setFont(new Font("楷体_GB2312", Font.BOLD, 18));
        QueryRecord.setMargin(new Insets(0, 0, 0, 0));
        ID = new JRadioButton("学号");
        ID.setFont(new Font("楷体_GB2312", Font.BOLD, 15));
        ID.setMargin(new Insets(0, 0, 0, 0));
        Name = new JRadioButton("姓名");
        Name.setFont(new Font("楷体_GB2312", Font.BOLD, 15));
        Name.setMargin(new Insets(0, 0, 0, 0));
        Math = new JRadioButton("数学");
        Math.setFont(new Font("楷体_GB2312", Font.BOLD, 15));
        Math.setMargin(new Insets(0, 0, 0, 0));
        English = new JRadioButton("英语");
        English.setFont(new Font("楷体_GB2312", Font.BOLD, 15));
        English.setMargin(new Insets(0, 0, 0, 0));
        History = new JRadioButton("历史");
        History.setFont(new Font("楷体_GB2312", Font.BOLD, 15));
        History.setMargin(new Insets(0, 0, 0, 0));
        UpdateRecord = new JButton("更新记录");
        UpdateRecord.setFont(new Font("楷体_GB2312", Font.BOLD, 18));
        UpdateRecord.setMargin(new Insets(0, 0, 0, 0));
    }
    // 设置各标签信息的方法
    private void setLabel() {
        InsertID1 = new JLabel("学生学号:");
        InsertID1.setFont(new Font("楷体_GB2312", Font.BOLD, 18));
        InsertName1 = new JLabel("学生姓名:");
        InsertName1.setFont(new Font("楷体_GB2312", Font.BOLD, 18));
        InsertMath1 = new JLabel("数学成绩:");
        InsertMath1.setFont(new Font("楷体_GB2312", Font.BOLD, 18));
        InsertEnglish1 = new JLabel("英语成绩:");
        InsertEnglish1.setFont(new Font("楷体_GB2312", Font.BOLD, 18));
        InsertHistory1 = new JLabel("历史成绩:");
        InsertHistory1.setFont(new Font("楷体_GB2312", Font.BOLD, 18));
        DeleteID1 = new JLabel("学生学号:");
        DeleteID1.setFont(new Font("楷体_GB2312", Font.BOLD, 18));
        UpdateID1 = new JLabel("学生学号:");
        UpdateID1.setFont(new Font("楷体_GB2312", Font.BOLD, 18));
        UpdateItem = new JComboBox<String>();
```

```java
        UpdateItem.setFont(new Font("楷体_GB2312", Font.BOLD, 18));
        UpdateItem.addItem("姓名");
        UpdateItem.addItem("数学");
        UpdateItem.addItem("英语");
        UpdateItem.addItem("历史");
    }
    // 设置各文本框信息的方法
    private void setTextField() {
        InsertID2 = new JTextField("输入学号");
        InsertID2.setFont(new Font("楷体_GB2312", Font.BOLD, 18));
        InsertName2 = new JTextField("输入姓名");
        InsertName2.setFont(new Font("楷体_GB2312", Font.BOLD, 18));
        InsertMath2 = new JTextField("输入数学成绩");
        InsertMath2.setFont(new Font("楷体_GB2312", Font.BOLD, 18));
        InsertEnglish2 = new JTextField("输入英语成绩");
        InsertEnglish2.setFont(new Font("楷体_GB2312", Font.BOLD, 18));
        InsertHistory2 = new JTextField("输入历史成绩");
        InsertHistory2.setFont(new Font("楷体_GB2312", Font.BOLD, 18));
        DeleteID2 = new JTextField("输入要删除的学号");
        DeleteID2.setFont(new Font("楷体_GB2312", Font.BOLD, 18));
        QueryRecordResult = new JTextArea("查询结果");
        QueryRecordResult.setFont(new Font("楷体_GB2312", Font.BOLD, 18));
        QueryRecordResult.setEditable(false);
        QueryRecordResult.setLineWrap(true);
        scroll = new JScrollPane(QueryRecordResult);
        scroll.setVerticalScrollBarPolicy(ScrollPaneConstants.VERTICAL_SCROLLBAR_AS_NEEDED);
        scroll.setHorizontalScrollBarPolicy(ScrollPaneConstants.HORIZONTAL_SCROLLBAR_AS_NEEDED);
        IDCondition = new JTextField("查询学号");
        IDCondition.setFont(new Font("楷体_GB2312", Font.BOLD, 15));
        NameCondition = new JTextField("查询姓名");
        NameCondition.setFont(new Font("楷体_GB2312", Font.BOLD, 15));
        MathCondition = new JTextField("查询数学成绩");
        MathCondition.setFont(new Font("楷体_GB2312", Font.BOLD, 15));
        EnglishCondition = new JTextField("查询英语成绩");
        EnglishCondition.setFont(new Font("楷体_GB2312", Font.BOLD, 15));
        HistoryCondition = new JTextField("查询历史成绩");
        HistoryCondition.setFont(new Font("楷体_GB2312", Font.BOLD, 15));
        IDCondition.setEditable(false);
        NameCondition.setEditable(false);
        MathCondition.setEditable(false);
        EnglishCondition.setEditable(false);
        HistoryCondition.setEditable(false);
```

```java
            UpdateID2 = new JTextField("输入学号");
            UpdateID2.setFont(new Font("楷体_GB2312", Font.BOLD, 18));
            UpdateContent = new JTextField("更新内容");
            UpdateContent.setFont(new Font("楷体_GB2312", Font.BOLD, 18));
    }
    // 设置各面板信息的方法
    private void setPanel() {
        jp1 = new JPanel();
        jp2 = new JPanel();
        jp3 = new JPanel();
        jp4 = new JPanel();
    }
    // 设置布局信息的方法
    private void setLayout() {
        // 设置jp1面板上的布局
        jp1.setLayout(null);
        InsertID1.setBounds(100, 40, 95, 25);
        InsertID2.setBounds(200, 40, 150, 25);
        jp1.add(InsertID1);
        jp1.add(InsertID2);
        InsertName1.setBounds(100, 90, 95, 25);
        InsertName2.setBounds(200, 90, 150, 25);
        jp1.add(InsertName1);
        jp1.add(InsertName2);
        InsertMath1.setBounds(100, 140, 95, 25);
        InsertMath2.setBounds(200, 140, 150, 25);
        jp1.add(InsertMath1);
        jp1.add(InsertMath2);
        InsertEnglish1.setBounds(100, 190, 95, 25);
        InsertEnglish2.setBounds(200, 190, 150, 25);
        jp1.add(InsertEnglish1);
        jp1.add(InsertEnglish2);
        InsertHistory1.setBounds(100, 240, 95, 25);
        InsertHistory2.setBounds(200, 240, 150, 25);
        jp1.add(InsertHistory1);
        jp1.add(InsertHistory2);
        InsertRecord.setBounds(120, 300, 100, 25);
        InsertReset.setBounds(235, 300, 100, 25);
        jp1.add(InsertRecord);
        jp1.add(InsertReset);
        // 设置jp2面板上的布局
        jp2.setLayout(null);
```

DeleteID1.setBounds(100,140,95,25);
DeleteID2.setBounds(200,140,170,25);
jp2.add(DeleteID1);
jp2.add(DeleteID2);
DeleteRecord.setBounds(120,300,100,25);
DeleteReset.setBounds(235,300,100,25);
jp2.add(DeleteRecord);
jp2.add(DeleteReset);
// 设置 jp3 面板上的布局
jp3.setLayout(null);
UpdateID1.setBounds(100,40,95,25);
UpdateID2.setBounds(200,40,170,25);
jp3.add(UpdateID1);
jp3.add(UpdateID2);
UpdateItem.setBounds(120,140,80,30);
UpdateContent.setBounds(220,140,100,30);
jp3.add(UpdateItem);
jp3.add(UpdateContent);
UpdateRecord.setBounds(220,220,100,25);
jp3.add(UpdateRecord);
// 设置 jp4 面板上的布局
jp4.setLayout(null);
scroll.setBounds(70,30,350,250);
jp4.add(scroll);
QueryRecord.setBounds(350,350,100,25);
jp4.add(QueryRecord);
ID.setBounds(70,300,55,20);
jp4.add(ID);
IDCondition.setBounds(135,300,100,20);
jp4.add(IDCondition);
Name.setBounds(70,325,55,20);
jp4.add(Name);
NameCondition.setBounds(135,325,100,20);
jp4.add(NameCondition);
Math.setBounds(70,350,55,20);
jp4.add(Math);
MathCondition.setBounds(135,350,100,20);
jp4.add(MathCondition);
English.setBounds(70,375,55,20);
jp4.add(English);
EnglishCondition.setBounds(135,375,100,20);
jp4.add(EnglishCondition);

```java
        History.setBounds(70,400,55,20);
        jp4.add(History);
        HistoryCondition.setBounds(135,400,100,20);
        jp4.add(HistoryCondition);
    }
    // 设置选项卡信息的方法
    private void setBase() {
        // 实例化 Base 为选项上的选项卡
        Base = new JTabbedPane(JTabbedPane.TOP);
        // 将 jp1、jp2、jp3、jp4 面板加入选项卡
        Base.addTab("添加学生记录", jp1);
        Base.addTab("删除学生记录", jp2);
        Base.addTab("更新学生记录", jp3);
        Base.addTab("查询学生记录", jp4);
    }
    // 设置主窗口信息的方法
    private void setThis() {
        // 将选项卡加入主窗口
        this.add(Base);
        this.setDefaultCloseOperation(JFrame.EXIT_ON_CLOSE);
        this.setLocation(350,150);
        this.setSize(500,500);
        this.setResizable(false);
        this.setVisible(true);
    }
    // 设置数据库信息的方法
    private void setDB() {
        db = new DBoperationMySQL();
        db.setDburl("jdbc:mysql://localhost:3306/student");
        db.setDbdriver("com.mysql.jdbc.Driver");
        db.setUsername("root");
        db.setPassword("1234");
    }
    // 各组件添加监听器
    void initial() {
        // 几个按钮添加鼠标监听器
        InsertRecord.addMouseListener(this);
        InsertReset.addMouseListener(this);
        DeleteRecord.addMouseListener(this);
        DeleteReset.addMouseListener(this);
        QueryRecord.addMouseListener(this);
        UpdateRecord.addMouseListener(this);
```

```java
        // 查询选项添加项监听器
        ID.addItemListener(this);
        Name.addItemListener(this);
        Math.addItemListener(this);
        English.addItemListener(this);
        History.addItemListener(this);
    }
    @Override
    public void mouseClicked(MouseEvent e) {
        // 单击【InsertReset】按钮则重置添加信息
        if (e.getSource().equals(InsertReset)) {
            InsertID2.setText("输入学号");
            InsertID2.setFont(new Font("楷体_GB2312", Font.BOLD, 18));
            InsertName2.setText("输入姓名");
            InsertName2.setFont(new Font("楷体_GB2312", Font.BOLD, 18));
            InsertMath2.setText("输入数学成绩");
            InsertMath2.setFont(new Font("楷体_GB2312", Font.BOLD, 18));
            InsertEnglish2.setText("输入英语成绩");
            InsertEnglish2.setFont(new Font("楷体_GB2312", Font.BOLD, 18));
            InsertHistory2.setText("输入历史成绩");
            InsertHistory2.setFont(new Font("楷体_GB2312", Font.BOLD, 18));
        }
        // 单击【InsertRecord】按钮则将添加新记录
        else if (e.getSource().equals(InsertRecord)) {
            String insertStuID = InsertID2.getText();
            String insertStuName = InsertName2.getText();
            double insertStuMath = Double.parseDouble(InsertMath2.getText());
            double insertStuEnglish = Double.parseDouble(InsertEnglish2
                    .getText());
            double insertStuHistory = Double.parseDouble(InsertHistory2
                    .getText());
            try {
                // 添加前先查询,当前数据库没有该记录才能添加
                db.setRs(db.executeQuery(insertStuID));
                if (!db.getRs().next()) {
                    db.executeInsert(insertStuID, insertStuName, insertStuMath,
                            insertStuEnglish, insertStuHistory);
                    JOptionPane.showOptionDialog(this, "新记录已入库",
                            "数据库操作提示", JOptionPane.CLOSED_OPTION,
                            JOptionPane.INFORMATION_MESSAGE, null, null, null);
                }
                else {
```

```java
                    JOptionPane.showOptionDialog(this, "库中已有记录",
                        "数据库操作提示", JOptionPane.CLOSED_OPTION,
                        JOptionPane.INFORMATION_MESSAGE, null, null, null);
                }
            }
            catch (Exception ee) {
                System.out.println(ee);
            }
            finally {
                db.CloseRS();
                db.CloseStmt();
                db.CloseConnection();
            }
        }
        // 如果单击【DeleteReset】按钮,则重置删除信息
        else if (e.getSource().equals(DeleteReset)) {
            DeleteID2.setText("输入要删除的学号");
            DeleteID2.setFont(new Font("楷体_GB2312", Font.BOLD, 18));
        }
        // 如果单击【DeleteRecord】按钮,则删除数据库记录
        else if (e.getSource().equals(DeleteRecord)) {
            String deleteStuID = DeleteID2.getText();
            try {
                // 数据库有该记录才能删除
                db.setRs(db.executeQuery(deleteStuID));
                if (db.getRs().next()) {
                    db.executeDelete(deleteStuID);
                    JOptionPane.showOptionDialog(this, "记录已删除",
                        "数据库操作提示", JOptionPane.CLOSED_OPTION,
                        JOptionPane.INFORMATION_MESSAGE, null, null, null);
                } else {
                    JOptionPane.showOptionDialog(this, "库中没有记录",
                        "数据库操作提示", JOptionPane.CLOSED_OPTION,
                        JOptionPane.INFORMATION_MESSAGE, null, null, null);
                }
            }
            catch (Exception ee) {
                System.out.println(ee);
            }
            finally {
                db.CloseRS();
                db.CloseStmt();
```

```java
                db.CloseConnection();
        }
    }
    // 如果单击【QueryRecord】按钮,则根据检索条件进行查询
    else if (e.getSource().equals(QueryRecord)) {
        try {
                // 默认设置各检索条件均为通配符
                String a = "%", b = "%", c = "%", d = "%", f = "%";
                // 如果 ID 选项被选中,则获得该选项输入的内容
                if (ID.isSelected() && ! IDCondition.
                        getText().trim().isEmpty())
                    a = IDCondition.getText();
                // 如果 ID 选项被选中,则获得该选项输入的内容
                if (Name.isSelected() && ! NameCondition.
                        getText().trim().isEmpty())
                    b = NameCondition.getText();
                // 如果 Math 选项被选中,则获得该选项输入的内容
                if (Math.isSelected() && ! MathCondition.
                        getText().trim().isEmpty())
                    c = MathCondition.getText();
                // 如果 English 选项被选中,则获得该选项输入的内容
                if (English.isSelected() && ! EnglishCondition.
                        getText().trim().isEmpty())
                    d = EnglishCondition.getText();
                // 如果 History 选项被选中,则获得该选项输入的内容
                if (History.isSelected() && ! HistoryCondition.
                        getText().trim().isEmpty())
                    f = HistoryCondition.getText();
                // 根据各选项检索关键字进行查询,并返回结果集
                db.setRs(db.executeQueryByCondition(a, b, c, d, f));
                // 定义结果集中记录条数
                int i = 0;
                QueryRecordResult.setText(null);
                // 输出结果集记录
                while (db.getRs().next()) {
                    i++;
                    QueryRecordResult.append("\r\n" + "第" + i +
                            "条记录:" + "\r\n"
                            + "学号:" + db.getRs().getString(1) +
                            "\r\n"       + "姓名:" + db.getRs().getString(2) +
                            "\r\n"       + "数学:" + db.getRs().getDouble(3) +
                            "\r\n"       + "英语:" + db.getRs().getDouble(4) +
```

```java
                            "\r\n"    + "历史:" + db.getRs().getDouble(5)
                            + ("\r\n--------------------------------"));
                }
                QueryRecordResult.setText(QueryRecordResult.getText() +
                        "\r\n"    + "共有" + i + "条学生记录");
            }
            catch (Exception e1) {
                e1.printStackTrace();
            }
            finally {
                db.CloseRS();
                db.CloseStmt();
                db.CloseConnection();
            }
        }
        // 如果单击【UpdateRecord】按钮,则更新数据库记录
        else if (e.getSource().equals(UpdateRecord)) {
            String updateStuID = UpdateID2.getText();
            try {
                // 数据库中有该记录才能更新
                db.setRs(db.executeQuery(updateStuID));
                if (!db.getRs().next()) {
                    JOptionPane.showOptionDialog(this, "没有记录无法更新",
                            "数据库操作提示", JOptionPane.CLOSED_OPTION,
                            JOptionPane.INFORMATION_MESSAGE, null, null, null);
                }
                else {
                    String updateItem = null;
                    // 更新选项是姓名
                    if (UpdateItem.getSelectedItem().toString().
                            equals("姓名"))
                        updateItem = "stuname";
                    // 更新选项是数学
                    else if (UpdateItem.getSelectedItem().toString().
                            equals("数学"))
                        updateItem = "Math";
                    // 更新选项是英语
                    else if (UpdateItem.getSelectedItem().toString().
                            equals("英语"))
                        updateItem = "English";
                    // 更新选项是历史
                    else if (UpdateItem.getSelectedItem().toString().
```

# 第6章 Java 数据库程序设计

```java
                    equals("历史"))
                updateItem = "History";
            db.executeUpdate(updateStuID, updateItem,
                    UpdateContent.getText());
            JOptionPane.showOptionDialog(this, "记录更新完毕",
                    "数据库操作提示", JOptionPane.CLOSED_OPTION,
                    JOptionPane.INFORMATION_MESSAGE, null, null, null);
        }
    }
    catch (Exception ee) {
        System.out.println(ee);
    }
    finally {
        db.CloseRS();
        db.CloseStmt();
        db.CloseConnection();
    }
}
}
@Override
public void mousePressed(MouseEvent e) {
}
@Override
public void mouseReleased(MouseEvent e) {
}
@Override
public void mouseEntered(MouseEvent e) {
}
@Override
public void mouseExited(MouseEvent e) {
}
@Override
public void itemStateChanged(ItemEvent e) {
    // ID 选项被选中,则可以输入查询学号关键字
    if (e.getSource().equals(ID)) {
        if (ID.isSelected())
            IDCondition.setEditable(true);
        else {
            IDCondition.setEditable(false);
            IDCondition.setText("查询学号");
        }
    }
}
```

```java
            // Name 选项被选中,则可以输入查询姓名关键字
            else if ( e. getSource( ). equals( Name ) ) {
                if ( Name. isSelected( ) )
                    NameCondition. setEditable( true ) ;
                else {
                    NameCondition. setEditable( false ) ;
                    NameCondition. setText( "查询姓名" ) ;
                }
            }
            // Math 选项被选中,则可以输入查询数学关键字
            else if ( e. getSource( ). equals( Math ) ) {
                if ( Math. isSelected( ) )
                    MathCondition. setEditable( true ) ;
                else {
                    MathCondition. setEditable( false ) ;
                    MathCondition. setText( "查询数学成绩" ) ;
                }
            }
            // English 选项被选中,则可以输入查询英语关键字
            else if ( e. getSource( ). equals( English ) ) {
                if ( English. isSelected( ) )
                    EnglishCondition. setEditable( true ) ;
                else {
                    EnglishCondition. setEditable( false ) ;
                    EnglishCondition. setText( "查询英语成绩" ) ;
                }
            }
            // History 选项被选中,则可以输入查询历史关键字
            else if ( e. getSource( ). equals( History ) ) {
                if ( History. isSelected( ) )
                    HistoryCondition. setEditable( true ) ;
                else {
                    HistoryCondition. setEditable( false ) ;
                    HistoryCondition. setText( "查询历史成绩" ) ;
                }
            }
        }
}
```

**DBoperationMySQL. java**

```java
package database;
import java. sql. * ;
```

# 第6章 Java数据库程序设计

```java
public class DBoperationMySQL {
    // 定义数据库连接 url
    private String dburl = null;
    // 定义数据库连接
    private Connection conn = null;
    // 定义数据库状态
    private PreparedStatement stmt = null;
    // 定义数据库返回结果集
    private ResultSet rs = null;
    // 定义数据库用户名
    private String username = null;
    // 定义数据库连接密码
    private String password = null;
    // 定义数据库驱动方式
    private String dbdriver = null;
    // 设置数据库连接 url 的方法
    public void setDburl(String dburl) {
        this.dburl = dburl;
    }
    // 返回当前实例数据库连接 url
    public String getDburl() {
        return dburl;
    }
    // 返回当前实例结果集的方法
    public ResultSet getRs() {
        return rs;
    }
    // 设置当前实例结果集的方法
    public void setRs(ResultSet rs) {
        this.rs = rs;
    }
    // 设置数据库用户名的方法
    public void setUsername(String username) {
        this.username = username;
    }
    // 返回当前实例数据库用户名
    public String getUsername() {
        return username;
    }
    // 设置数据库连接的方法
    public void setPassword(String password) {
        this.password = password;
```

```java
}
// 返回当前实例数据库连接密码
public String getPassword() {
    return password;
}
// 设置数据库驱动方式的方法
public void setDbdriver(String dbdriver) {
    this.dbdriver = dbdriver;
}
// 返回当前实例数据库驱动方式的方法
public String getDbdriver() {
    return dbdriver;
}
// 创建数据库连接的方法
Connection CreateConnection(String dburl, String username, String password)
        throws Exception {
    setDburl(dburl);
    setUsername(username);
    setPassword(password);
    Class.forName(getDbdriver());
    // 根据数据库路径、用户名和密码创建连接并返回该连接
    return DriverManager.getConnection(dburl, username, password);
}
// 关闭结果集的方法
public void CloseRS() {
    try {
        rs.close();
    } catch (SQLException e) {
        System.out.println("关闭结果集时发生错误!");
    }
}
// 关闭状态的方法
public void CloseStmt() {
    try {
        stmt.close();
    } catch (SQLException e) {
        System.out.println("关闭状态时发生错误!");
    }
}
// 关闭连接的方法
public void CloseConnection() {
    try {
```

```java
                conn.close();
            } catch (SQLException e) {
                System.out.println("关闭连接时发生错误!");
            }
        }
    }
    // 根据参数执行插入操作
    void executeInsert(String InsertID, String InsertName, double Math,
            double English, double History) throws Exception {
        try {
            conn = CreateConnection(getDburl(), getUsername(), getPassword());
            stmt = conn
                    .prepareStatement("insert into stuinfo values(?,?,?,?,?)");
            stmt.setString(1, InsertID);
            stmt.setString(2, InsertName);
            stmt.setDouble(3, Math);
            stmt.setDouble(4, English);
            stmt.setDouble(5, History);
            stmt.executeUpdate();
        } catch (SQLException ex) {
            System.err.println(ex.getMessage());
        }
    }
    void executeDelete(String DeleteID) throws Exception {
        try {
            conn = CreateConnection(getDburl(), getUsername(), getPassword());
            stmt = conn.prepareStatement("delete from stuinfo where stuid = ?");
            stmt.setString(1, DeleteID);
            stmt.executeUpdate();
            CloseStmt();
            CloseConnection();
        } catch (SQLException ex) {
            System.err.println(ex.getMessage());
        }
    }
    ResultSet executeQuery(String StuID) throws Exception {
        try {
            String sql = "select * from stuinfo where stuid = ?";
            conn = CreateConnection(getDburl(), getUsername(), getPassword());
            stmt = conn.prepareStatement(sql);
            stmt.setString(1, StuID);
            rs = stmt.executeQuery();
        } catch (SQLException e) {
```

```java
                System.err.println(e.getMessage());
            }
        return rs;
    }
    ResultSet executeQueryByCondition(String stuid, String stuname,
            String math, String english, String history) throws Exception {
        try {
            String sql = "select * from stuinfo where stuid like ? and stuname like ? and math like ? and english like ? and history like ? order by stuid asc";
            conn = CreateConnection(getDburl(), getUsername(), getPassword());
            stmt = conn.prepareStatement(sql);
            stmt.setString(1, "%" + stuid + "%");
            stmt.setString(2, "%" + stuname + "%");
            if (math.equals("%"))
                stmt.setString(3, "%");
            else
                stmt.setString(3, "%" + math + "%");
            if (english.equals("%"))
                stmt.setString(4, "%");
            else
                stmt.setString(4, "%" + english + "%");
            if (history.equals("%"))
                stmt.setString(5, "%");
            else
                stmt.setString(5, "%" + history + "%");
            rs = stmt.executeQuery();
        } catch (SQLException ex) {
            System.err.println(ex.getMessage());
        }
        return rs;
    }
    void executeUpdate(String UpdateID, String UpdateItem, String UpdateContent)
            throws Exception {
        try {
            conn = CreateConnection(getDburl(), getUsername(), getPassword());
            String sql;
            sql = "update stuinfo set " + UpdateItem + " = ? where stuid = ?";
            stmt = conn.prepareStatement(sql);
            if (UpdateItem.equals("stuname"))
                stmt.setString(1, UpdateContent);
            else
                stmt.setDouble(1, Double.parseDouble(UpdateContent));
```

```
                stmt. setString(2, UpdateID);
                stmt. executeUpdate( );
            } catch (SQLException ex) {
                System. err. println(ex. getMessage( ));
            }
        }
    }
```

代码说明：以上三个程序是一个整体，其中，DBoperationMySQL.java 主要负责数据库操作部分的封装；myStudentMySQL.java 是主程序，包含一个登录界面，用户需要输入正确的用户名和密码后，才能打开操作主界面；myStudentGUIMySQL.java 是操作主界面的设计程序。

运行结果：首先弹出登录界面，登录正确后，出现操作主界面，如图 6-43 和图 6-44 所示。

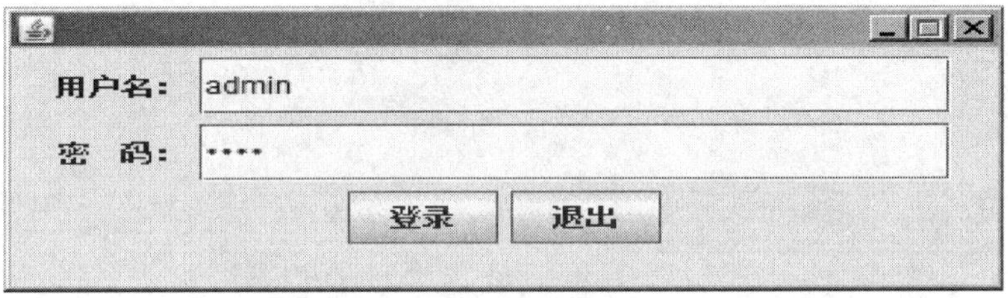

图 6-43　登录界面

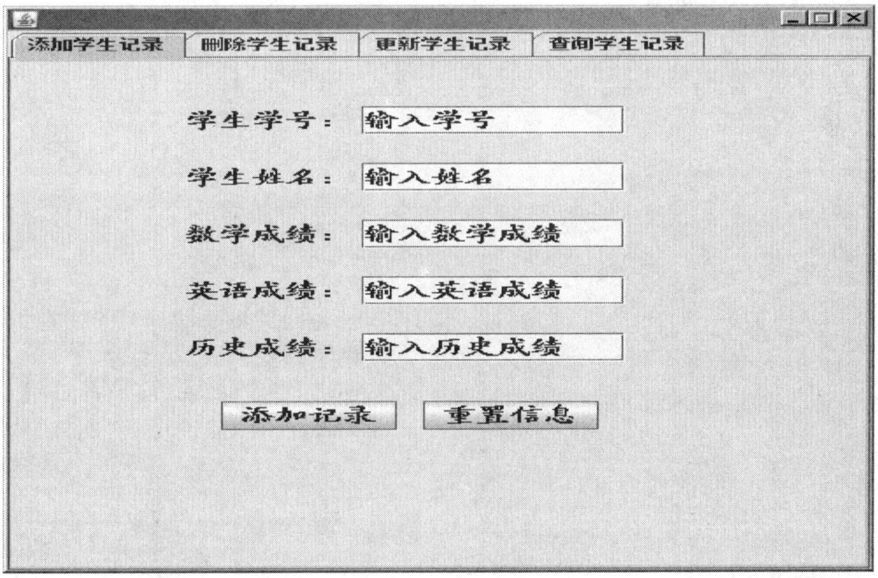

图 6-44　操作界面

1. 分别用 Access 和 MySQL 建立教程中提及的 student 数据库和 stuinfo 数据表，数据库密码设置为

1234,并输入 10 个初始数据。

  2. 查询 stuinfo 表中所有姓名为张三、且数学成绩大于 60 分的记录。

  3. 将 stuinfo 表中所有英语成绩小于 60 分的记录改为英语成绩等于 60 分。

  4. 删除 stuinfo 表中所有历史成绩小于 60 分的记录。

  5. 在 stuinfo 表中插入一条新记录。

  6. 利用批处理方式在 stuinfo 表中插入多条记录。

# 第 7 章

# Java Web 程序设计入门

**主要内容：**

- ◆ Java Web 程序设计概述。
- ◆ Tomcat 服务器的配置。
- ◆ JSP/Servlet 技术简介。
- ◆ 使用 JSP 页面操作数据库。
- ◆ 使用 JSP + JavaBean 操作数据库。

## 7.1　Java Web 程序设计概述

随着计算机技术和网络通信技术的飞速发展，Web 应用的开发越来越受到人们的关注，如电子邮箱、网上银行、论坛、网络办公、电子商务等，在人们的工作和生活中占有越来越重要的作用。现今，Web 应用的开发技术层出不穷，除了本书中涉及的 Java Web 技术外，还有 .Net、PHP 等。

### 7.1.1　Web 技术概述

一般来说，Web 应用的开发技术可以分为客户端（也称前端）开发技术和服务器端（也称后端）开发技术。在 Web 的 B/S 结构下，客户端是指用户使用的浏览器，作用在于向用户显示信息内容、为用户提供输入数据的界面、将用户数据发送到服务器端、接收并显示服务器端响应的数据等。常用的客户端技术包括 HTML、CSS、JavaScript、XML、Flash、Ajax 等。服务器端包含硬件服务器和软件服务器两种概念，这里介绍的是软件服务器，其主要的作用是接收客户端的请求与数据，根据客户端的请求，完成相应的业务，并将业务处理的结果响应给客户端。Web 开发中常用的三层整体架构如图 7-1 所示。

在图 7-1 中，客户端 B 或 C（即 Browser 或 Client）是前台显示的页面，用户可以浏览页面，也可以在页面中填写相关的信息，如注册一个电子邮箱时，用户需要输入注册名、密码、通信方式、证件号码等信息。用户通过某种动作（如单击【提交】按钮、或者选中一个选项等）将前台页面中的数据和各种信息打包封装，然后通过 request 请求将封装包发送

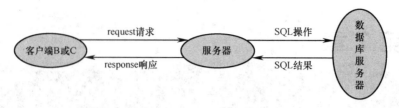

图 7-1　Web 开发整体架构

给服务器端，服务器端会根据前台页面中指定的处理办法（如指定一个 Servlet 或 JSP 页面）来调用相关的 Servlet 或 JSP 页面对数据进行处理，并将处理完的结果通过 response 响应，以页面的方式写回给客户端。在处理数据时，如果涉及数据库操作，则服务器端程序还需要与数据库服务器进行交互。一般地，根据图 7-1 可以将 Web 开发分为表示层（即客户端显示逻辑，User Show Layer，USL）、业务层（即服务器端业务逻辑，Business Logic Layer，BLL）和数据访问层（即涉及数据库操作的逻辑，Data Access Layer，DAL）。在实际开发中，这三层之间的区分不一定很明显，有时候用一层或两层的架构也能完成功能。例如，使用 JSP 开发 Web 项目，如果项目中的代码较少，则完全可以将这三层统一整合到一个 JSP 页面中完成。这种设计方式对于代码维护和修改而言比较麻烦，但是对于初学者来说，这种一层开发的方式是最容易理解和掌握的。

本教程中，主要介绍 Java Web 开发的基本概念，使得读者对 Java Web 开发的平台搭建和过程有初步的了解，这一点，对于初学者而言至关重要。除了对教程中涉及到的相关代码有解释外，不具体介绍 JSP 和 Servlet 的知识，仅引入部分重要的概念，相关内容，读者可自行查阅其他文献。

### 7.1.2　Java Web 技术简介

Java Web 技术包含众多的范围和概念，各种服务器和开发框架层出不穷，初学者在看到例如 Hibernate、Struts、JSF、Spring、JBoss、Tomcat、Websphere 等名词时，会产生一种无处着手无从所知的感觉，不知道自己该学什么，该怎么学。实际上，自 Java Web 技术诞生以来，JSP、JavaBean 和 Servlet 这三种技术就始终处于 Java Web 开发的基础地位。令人眼花缭乱的各种框架技术，本质上都是对这三种技术的封装和改进，通过 JJS 完全可以开发出功能强大的 Web 程序。目前，比较流行的 Java Web 开发框架集合是 SSH（Struts + Spring + Hibernate）和 SSH2（Struts2 + Spring + Hibernate）。在这里，笔者想给每一个初学者提出建议，在掌握 JJS 以前，不要触碰框架的概念。在基本掌握 JJS 技术后，通过 MVC 设计模式的学习，最后再进入框架的领域，会达到事半功倍的效果。

## 7.2　Tomcat 服务器的配置

Tomcat 是一款免费开源的轻量级 Web 应用服务器，支持 JSP 和 Servlet 的标准与规范，在中小型 Web 应用和技术培训中得到了广泛的使用。Tomcat 有多个版本，本书中使用的是 Tomcat 7.0 64bit-Windows zip（64 位 Windows 操作系统免安装版）。

## 第7章 Java Web 程序设计入门

### 7.2.1 下载和安装 Tomcat 服务器

Tomcat 的下载是免费的，读者可以到其官网 http：//tomcat.apache.org/自行下载。下载后，只要将 Tomcat 的压缩包解压到某个硬盘分区路径即可，这里将 Tomcat 解压到 E:\tomcat7。

### 7.2.2 配置 Tomcat 服务器

将 Tomcat 解压完毕后是不能直接使用的，需要进行相关的配置，过程与配置 JDK 的过程非常类似。在配置 Tomcat 前，首先必须确保 JDK 已正确配置，JDK 的配置过程在 2.2.2 节中已经给出，此处不再赘述。Tomcat 具体的配置步骤如下：

1）catalina_home 变量的设置。需要指出的是，在 Tomcat 中，使用 catalina_home 表示 Tomcat 的路径。用鼠标右键单击【计算机】在弹出的快捷菜单中选择【属性】→【高级系统设置】→【高级】→【环境变量】，在系统变量中单击【新建】按钮，在变量名对应的文本框中输入 catalina_home，在变量值对应的文本框中输入 E:\tomcat7，然后单击【确定】按钮。

2）系统 Path 变量的修改。将"%catalina_home%\bin;"字符串添加到系统变量中的【Path】变量值。注意，原有【Path】中的值不能改动。这个步骤，其实是使得操作系统能够正确运行%catalina_home%\bin 路径下的 startup.bat 和 shutdown.bat 命令，前者用于启动 Tomcat 服务器，后者用于关闭 Tomcat 服务器。

3）classpath 变量的设置。在系统变量中，单击【新建】按钮，在变量名对应的文本框中输入 classpath，在变量值对应的文本框中输入".;%catalina_home%\lib;%catalina_home%\lib\jsp-api.jar;%catalina_home%\lib\servlet-api.jar"，然后单击【确定】按钮。这里一定要注意，变量值的第一个字符"."不要忘记。

4）打开命令行窗口，输入 startup，启动 Tomcat 服务器，在服务器正常启动后，会出现如图 7-2 的提示。此时打开浏览器，在地址栏中输入 http：//localhost：8080，如果出现如图 7-3 所示的结果，则表明 Tomcat 服务器配置成功，可以正常工作。

信息: Server startup in 3927 ms

图 7-2 Tomcat 服务器正常启动

在 Tomcat 中以下几个地方的配置需要加以说明：

① 默认端口的配置。

Tomcat 服务器的默认工作端口是 8080，如果读者希望更换到另一个工作端口，则可以打开 Tomcat 路径下的 conf 文件夹，在 server.xml 文件中找到图 7-4 所示的标签，将其中的 8080 改为其他数值即可。为防止使用一个已被占用的网络端口，笔者并不建议修改默认端口。

② 列表显示的配置。

Tomcat 服务器默认是不支持工作目录的列表显示的，也即用户调试程序时，只能在网络地址中直接打开页面，而无法打开工作目录下的某个文件夹。这时可以打开 Tomcat 路径下的 conf 文件夹，在 Web.xml 文件中找到图 7-5 所示的标签，将其中的 false 改为 true，即可通过网络地址访问工作目录下的文件夹。为方便调试，笔者建议做此配置。

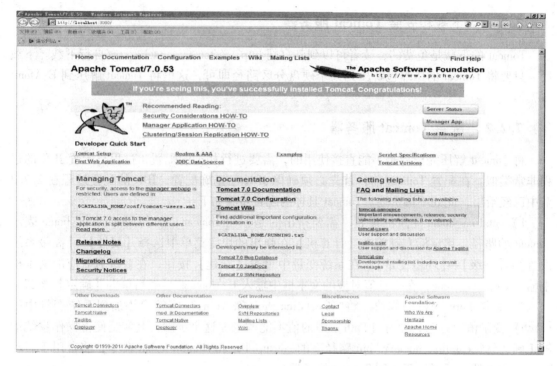

图 7-3　Tomcat 服务器配置正常

```
<Connector port="8080" protocol="HTTP/1.1"
           connectionTimeout="20000"
           redirectPort="8443" />
```

图 7-4　server.xml 中修改工作端口的标签

```
<init-param>
    <param-name>listings</param-name>
    <param-value>false</param-value>
</init-param>
```

图 7-5　在 Web.xml 中修改列表显示的标签

③ 工作目录的配置。

Tomcat 服务器的默认工作目录为 Tomcat 路径下的 webapps/Root，也就是说，之前在浏览器中输入的 http://localhost:8080 实际上直接指向了 Root 文件夹。webapps 这个文件夹是 Tomcat 的默认发布文件夹，当把项目部署到这个文件夹下时，需要在地址栏中输入 http://localhost:8080/项目名访问项目。

有时希望将工作目录放置在其他路径，这时可以通过以下方法进行配置。

a) 选择工作目录的路径，本书中选择 G:\myjsp 作为工作目录。

b) 在 G:\myjsp 下建立子目录 WEB-INF，在 WEB-INF 中建立 Web.xml，内容如下：
　　<? xml version = "1.0" encoding = "ISO-8859-1" ? >
< web- app >

< display- name >
　　</ display- name >
　　< description >
　　</ description >
　</web- app >

　　c）进入 Tomcat 路径下的 conf\Catalina\localhost 文件夹，建立一个与工作目录所期望的网络名同名的 xml 文件，本书建立 abc.xml，表示 G：\myjsp 这个工作目录在网络地址中以 abc 的别名作为取代，内容如下：< Context docBase = "G：\myjsp" reloadable = "true" crossContext = "true" / >

　　d）在 G：\myjsp 下建立 test.jsp，内容如下：

**test. jsp**

< % @ page contentType = "text/html;charset = gbk" % >
< % out. println("这是在我的工作目录中输出的页面");% >

　　e）启动 Tomcat 服务器，在地址栏中输入 http：//localhost：8080/abc，即可看到 test.jsp 页面，如图 7-6 所示。单击该页面后，出现该页面的执行结果，如图 7-7 所示。

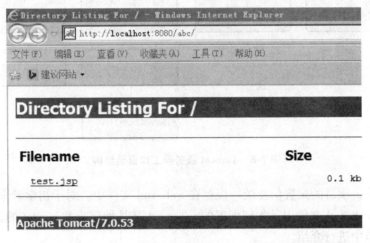

图 7-6　自定义的 G：\myjsp 工作目录，以 abc 为网络引用名打开

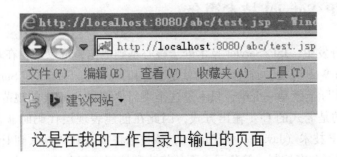

图 7-7　abc/test.jsp 的输出结果

　　本书中使用的 JSP 页面均放置在 G：\myjsp 路径下，并通过 abc 这个 G：\myjsp 的引用名

在网络地址中进行访问。

### 7.2.3  Tomcat 服务器工作目录的结构

Tomcat 服务器对于工作目录的结构有标准的要求（实际上也是 Java EE 中的 Web 项目的结构），具体来说，工作目录下必须有一个名为 WEB-INF 的文件夹，该文件夹下必须有一个 web.xml 文件（称为发布描述符），主要用于配置工作目录的各种信息。例如，项目的首页设置、servlet 的配置、会话有效期的设置等，就是在 web.xml 当中进行操作的。此外，WEB-INF 文件夹下还应该存在一个 classes 文件夹和 lib 文件夹，前者用于存放 bean、servlet 或者其他 Java 字节码文件，后者用于存放项目文件中引用的外部 jar 包，如 MySQL 的 JDBC 驱动。Tomcat 服务器工作目录结构如图 7-8 所示。

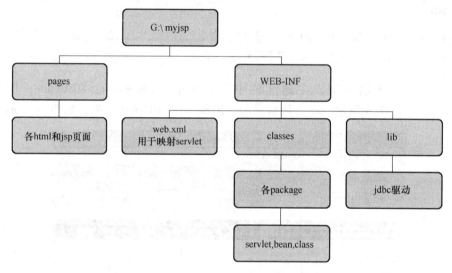

图 7-8  Tomcat 服务器工作目录结构

在图 7-8 中，项目的配置信息统一保存在 web.xml 文件中。对于初学者来说，尤其需要了解 servlet 在 web.xml 文件中是如何配置的、Tomcat 又是如何查找 servlet 的，这个知识点，我们将在下一节中进行介绍。

## 7.3  JSP/Servlet 技术简介

在 Java Web 开发中，JSP/Servlet 技术处于核心基础地位，可以说，在掌握 Java SE 技术的基础上学习 Java Web 开发，首先学习的就是 JSP 和 Servlet。Servlet 是 Sun 公司推出的服务器端 Java 程序，实际上就是一个类，只不过这个类需要遵循 Servlet 的规范要求。由于 Servlet 在输出时采用的是老式的 CGI 输出方式，因此在创建表现层代码时非常不方便。后来，Sun 公司推出了 JSP 技术（Java Server Pages），该技术将 Java 代码嵌入到 Html 文档中，通过 Java 代码对页面进行动态控制，简化了页面的修改和控制的复杂度。

应该说，JSP 和 Servlet 技术都是用于服务器端程序设计的，两者都能动态控制页面，相比较而言，Servlet 更接近于 Java，而 JSP 则更容易学习。在通常的 Java Web 开发中，一般使用

## 第7章 Java Web 程序设计入门

JSP 作为表示层技术，使用 Servlet 作为业务逻辑层技术。下面，对这两个技术进行简单的介绍，读者只要掌握基础的使用方法即可。更深层次的学习，应该放在 Java Web 设计的阶段。

### 7.3.1 Servlet 技术概述

简单地说，Servlet 就是一个 Java 类，这个类需要遵循 Servlet 的规范，主要用于接收客户端的请求，然后根据业务逻辑处理请求后，通过响应将结果返回给客户端。Servlet 本身是不能运行的，也没有 main 方法，必须通过浏览器调用、超链接调用或者重定向等方式才能运行。

用户创建的 Servlet 需要继承自 HttpServlet，这是 Servlet 中用于 HTTP 通信协议的类。由于大多数的 Servlet 开发均是基于 HTTP 通信协议的，因此本节使用的 Servlet 也都是继承自 HttpServlet。HttpServlet 类中使用最多的就是 doGet 和 doPost 这个两个方法，分别对应于处理前台以 get 方法发送数据进行的请求和以 post 方法发送数据进行的请求。通过下面的操作演示如何创建、配置和运行一个 Servlet。

1) 在 G:\myjsp\WEB-INF\classes 路径下建立文件夹 servlets，该文件夹用于存放编写和编译好的 Servlet 程序。

2) 在上步创建的 servlets 文件夹中建立 Servlet 程序 ServletExample.java，代码如下：

```java
package servlets;
import java.io.*;
import javax.servlet.*;
import javax.servlet.http.*;
public class ServletExample extends HttpServlet{
    public void doGet(HttpServletRequest request,HttpServletResponse response)
            throws IOException,ServletException{
        response.setContentType("text/html");
        PrintWriter out = response.getWriter();
        out.println("<html>");
        out.println("<head>");
        out.println("<title>A Servlet Example!</title>");
        out.println("</head>");
        out.println("<body>");
        out.println("<h1>This is a Servlet Example!</h1>");
        out.println("<h2>doGet method is invoked!</h2>");
        out.println("</body>");
        out.println("</html>");
        out.flush();
        out.close();
    }
    public void doPost(HttpServletRequest request,HttpServletResponse response)
            throws ServletException,IOException{
        response.setContentType("text/html");
        PrintWriter out = response.getWriter();
```

```
        out. println(" <html> ");
        out. println(" <head> ");
        out. println(" <title > A Servlet Example! </title > ");
        out. println(" </head > ");
        out. println(" <body > ");
        out. println(" <h1 > This is a Servlet Example! </h1 > ");
        out. println(" <h2 > doPost method is invoked! </h2 > ");
        out. println(" </body > ");
        out. println(" </html > ");
        out. flush( );
        out. close( );
    }
}
```

3) 打开命令行窗口，进入 G:\myjsp\WEB-INF\classes\servlets 路径，然后使用 javac.exe 命令将刚刚创立的 ServletExample.java 编译成 ServletExample.class 文件。这里需要说明的是，ServletExample.class 其实才是真正使用的 Servlet，之前创立的 ServletExample.java 只是它的源程序而已。

4) 打开 G:\myjsp\WEB-INF\web.xml 文件，将其内容改为如下并保存：

```
<? xml version = "1.0" encoding = "ISO-8859-1" ? >
<web-app >
  <display-name >
  </display-name >
  <description >
  </description >
<servlet >
    <servlet-name > aaa </servlet-name >
    <servlet-class > servlets.ServletExample </servlet-class >
</servlet >
<servlet-mapping >
    <servlet-name > aaa </servlet-name >
    <url-pattern >/bbb </url-pattern >
</servlet-mapping >
</web-app >
```

5) 启动 Tomcat 服务器，然后打开浏览器，在地址栏中输入 http://localhost:8080/abc/bbb，按 <Enter > 键即可看到如图 7-9 所示的结果。

在第一步中，将创建的 Servlet 放在了 WEB-INF/classes 路径下（注意，servlets 文件夹不是必须的，只是用来作为一个包对所有的 Servlet 进行管理而已）。这个知识点在 7.2.3 节 Tomcat 工作目录的结构中已经提过，这里再次强调，项目中使用到的各种 Java 类，包括 Servlet 和 JavaBean，都必须统一放置在 WEB-INF/classes 路径下。

# 第7章 Java Web 程序设计入门

图 7-9 ServletExample 运行结果

在第二步中输入了创建的 Servlet 的具体代码。通过代码可以看出，创建的 Servlet 类是要继承 HttpServlet 的，其中的 doGet 和 doPost 其实就是 HttpServlet 类的两个方法，这里进行了重写。doGet 方法专门用于处理前台以 get 方法发送数据进行的请求，doPost 方法则专门用于处理前台以 post 方法发送数据的请求。需要说明的是，get 方法是 http 请求的默认方法。这里牵涉了一个概念——请求，可以简单地理解为，在浏览器的地址栏中输入地址后，只要按 <Enter> 键，就给后台的服务器发送了请求。在这个例子中，输入的地址为 http://localhost:8080/abc/bbb，则表示用户提交了一个请求，请求的内容为 bbb。通过代码可以看出，这个例子中的 Servlet 所起到的业务逻辑作用是向发送请求的客户端写回一个 Html 页面。另外，doGet 和 doPost 方法中的两个参数 request 和 response 分别对应于 Servlet 中的 HttpServletRequest 和 HttpServletResponse 两个类，前者的作用在于封装用户对于服务器端请求的信息和发送的数据，后者的作用在于封装服务器端发送给客户端响应和返回的数据。

在第三步中将 Servlet 源程序编译成 class 字节码文件，这才是在 Web 中真正使用的 Servlet。代码中的 response.setContentType("text/html") 语句表示将写回客户端的文档内容设置为 Html 文本，PrintWriter out = response.getWriter() 语句表示通过 response 创建一个 PrintWriter 类型的输出流对象 out，这样就可以通过 out 对象将 Servlet 的响应写回给客户端。程序的最后通过 flush 方法立即刷新缓冲区，使得写回客户端的内容能够实时显示，并通过 close 方法在所有响应完成后，关闭输出流对象，节省服务器端的开销。

在第四步中，通过 WEB-INF\web.xml 文件对 Servlet 进行了配置，如文件中的粗体部分所示。配置的原理看第五步中的输入地址的最后部分：/abc/bbb，abc 是很容易理解的，在 7.2.2 节中已经说明，通过配置，G:\myjsp 这个目录被当成了 Tomcat 的工作目录，并且将它的网络引用名设为 abc。那么，/abc/bbb 就是调用工作目录下的 bbb，这时 Tomcat 会认为用户在请求一个叫作 bbb 的 Servlet，然后就会自动地在 web.xml 文件中去寻找这个 bbb。这时，Tomcat 发现 bbb 其实对应于一个名为 aaa 的 Servlet，而这个名为 aaa 的 Servlet 就是 servlets.ServletExample.class，所以 Tomcat 就会打开并运行 servlets.ServletExample.class，从而得到最后页面的结果。<servlet-name> 与 </servlet-name> 标签之间的部分，其实就是给需要引用的 Servlet 起一个名字，<servlet-class> 与 </servlet-class> 标签之间的部分就是指明需要引用的 Servlet 所在的路径，由于 WEB-INF/classes 路径已经是 Tomcat 默认的寻找路径，因此在 <servlet-class> 与 </servlet-class> 标签之间的路径就不需要再加上 WEB-INF/classes 了。<url-pattern> 与 </url-pattern> 标签之间的部分就是指定引用的 Servlet 在网络上的映射，这里使用的是/bbb。注意，/符号不要忘记。

在第五步中，直接输入地址，请求服务器执行 bbb，通过第四步中的解释可以知道，其实 bbb 就是 servlets.ServletExample.class。

在上例中，通过输入网络地址的形式，直接调用 Servlet 的网络引用名，从而实现请求服务器端执行对应的 Servlet 并写回响应页面。此外，还有一种常用的调用 Servlet 的方式是通过前台的 Html 页面来完成。也就是说，在前台的 Html 页面中用户通过单击按钮的方式，达到请求服务器端执行对应的 Servlet 并写回响应页面的功能。在 Html 页面中，这种能够发送请求的按钮属于按钮的一种特殊形式，称为 submit 类型的按钮。需要指出的是，submit 类型的按钮会将表单（form）中的数据打包传递给服务器端，服务器端可以通过 request.getParameter 方法，通过引用前台表单中控件的名称来获取控件内的值，而 form 中的 Action 动作则指定了需要请求的 Servlet。下面创建一个具有文本框和 submit 按钮的 Html 页面，通过单击 submit 按钮，调用服务器端的 Servlet 来获得前台文本框的输入内容，并将这个内容写回到客户端页面。为简单起见，在 myhtml.htm 页面中设置使用 get 方法传输数据，对应地，在 myServlet.java 中仅需要重写 doGet 方法即可。

myhtml.htm

```
< html >
  < head >
    < title >调用 Servlet 的前台页面 </title >
  </head >
  < body >
    < form name = "f1" action = "http://localhost:8080/abc/ccc" method = "get" >
      < input type = "text" name = "inputMessage" >  
      < input type = "submit" name = "tijiao" value = "提交" >
    </form >
  </body >
</html >
```

myServlet.java

```
package servlets;
import java.io. * ;
import javax.servlet. * ;
import javax.servlet.http. * ;
public class myServlet extends HttpServlet {
    public void doGet(HttpServletRequest request, HttpServletResponse response)
            throws ServletException, IOException {
        response.setContentType("text/html;charset = gbk");
        PrintWriter out = response.getWriter();
        String s = request.getParameter("inputMessage");
        out.println(" < HTML >");
        out.println(" < HEAD > < TITLE >这是 myServlet 给出的响应页面 </TITLE > </HEAD >");
```

```
            out. println(" <BODY >");
            out. println(" <h1>用户的输入是:</h1>" + s);
            out. println(" </BODY >");
            out. println(" </HTML >");
            out. flush( );
            out. close( );
        }
    }
```

上述两个程序的执行流程的说明如下:

1) 将 myhtml. htm 页面保存到 G:\myjsp\pages 路径。

2) 将 myServlet. java 程序保存到 G:\myjsp\WEB-INF\classes\servlets 路径,然后在该路径下将其编译为 myServlet. class 字节码文件。

3) 打开 G:\myjsp\WEB-INF\web. xml 文件,将其内容改为如下并保存。

```
<? xml version = "1.0" encoding = "ISO-8859-1"? >
<web-app >
  <display-name >
  </display-name >
  <description >
  </description >
<servlet >
    <servlet-name > aaa </servlet-name >
    <servlet-class > servlets. ServletExample </servlet-class >
</servlet >
<servlet-mapping >
    <servlet-name > aaa </servlet-name >
    <url-pattern >/bbb </url-pattern >
</servlet-mapping >
<servlet >
    <servlet-name > kkk </servlet-name >
    <servlet-class > servlets. myServlet </servlet-class >
</servlet >
<servlet-mapping >
    <servlet-name > kkk </servlet-name >
    <url-pattern >/ccc </url-pattern >
</servlet-mapping >
</web-app >
```

4) 启动 Tomcat 服务器,然后打开浏览器,在地址栏中输入 http://localhost:8080/abc/pages,在列表中找到 myhtml. htm 文件并单击,在显示的页面的文本框中输入一串英文字符后,单击【提交】按钮,即可看到如图 7-10 所示的结果。如果输入一串中文字符后,单击【提交】按钮,则可以看到结果显示是乱码,如图 7-11 所示。

图 7-10　程序运行的结果

图 7-11　输入中文产生的乱码显示

代码说明：在 myhtml.htm 页面中，通过单击 submit 按钮，将 form 表单中的所有控件的数据打包后，通过 get 方法传递给服务器端，然后由 form 表单中的 Action 动作指定这些数据由网络引用名为 ccc 的 Servlet 进行处理。" " 的作用是在 Html 文档中输出一个空格。

运行结果：如图 7-10 和图 7-11 所示。

这里对乱码进行说明。一般来说，Html 页面对于中文的支持是比较好的，所以在 myhtml.htm 页面中，没有涉及中文乱码的问题。但是，如果使用 Servlet 通过 out.print 写出 Html 页面，则这时写出的 Html 页面对于中文的支持就有问题。细心的读者可能已经发现，在 myServlet.java 程序中，response.setContentType 方法比 ServletExample.java 程序中的 response.setContentType 方法多出了粗体部分所示的内容，也就是多了 charset = gbk。这句话的意思就是设定 Servlet 输出的 Html 页面，编码为 gbk，这样就可以支持 Servlet 写出的 Html 页面上的中文显示了。否则，如果将 myServlet.java 中的 response.setContentType 方法改为和 ServletExample.java 中的一样，那么"用户的输入是"这几个字符也将变成乱码。

在设置了 Servlet 写出的 Html 页面编码为 gbk 后，Servlet 输出的从前台获取的文本还是乱码，这是因为前台的文本在网络传递时，默认的编码是 ISO-8859-1，而不是 gbk，所以服务器端的 Servlet 在通过 request.getParameter 方法得到的前台文本就是乱码。这时可以通过转码的方式进行重新编码，使得重新编码后的字符串为 gbk 编码格式，这样就可以避免网络传递过程中产生的乱码问题。只要将下列代码替换 myServlet.java 中带下画线的代码，然后重新编译即可：

　　　　　　　　　new String( s.getBytes( "ISO-8859-1" ) , "gbk" )

重新启动 Tomcat 服务器，打开浏览器，在地址栏中输入 http://localhost:8080/abc/pages，在列表中找到 myhtml.htm 文件并单击，在显示的页面的文本框中输入一串中文字符后，单击【提交】按钮，可以看到结果不再是乱码显示，如图 7-12 所示的结果。

图 7-12　支持中文的输出

### 7.3.2　JSP 技术概述

JSP 是 Sun 公司在 Servlet 之后推出的一种动态网页技术，同样遵循 Servlet 的规范，但是相对于 Servlet 而言,JSP 不需要进行复杂的 xml 映射文件的配置,而是将 Java 代码和 JSP 标签直接嵌入 Html 文档,从而达到控制页面输出的目的。因此,对初学者来说,JSP 比 Servlet 更容易学习。JSP 可以嵌入到 Html 文档中的元素有三种,分别为指令元素、动作元素和脚本元素。下面通过一个示例进行演示。

1) 在 G:\myjsp\pages 路径下,建立 JSPExample.jsp 页面,内容如下。

```jsp
<%@ page language = "java" import = "java.util.*" pageEncoding = "gbk"%>
<html>
<head>
<title>这是一个 JSP 的示例</title>
</head>
<body>
    <h2>现在时间是:</h2>
    <% Calendar now = Calendar.getInstance();
    out.println(now.get(Calendar.YEAR) + "年" +
    (now.get(Calendar.MONTH) + 1) + "月" +
    now.get(Calendar.DAY_OF_MONTH) + "日" +
    now.get(Calendar.HOUR_OF_DAY) + "点" +
    now.get(Calendar.MINUTE) + "分" +
    now.get(Calendar.SECOND) + "秒");
    int hour = now.get(Calendar.HOUR_OF_DAY);
    if(hour >= 5 && hour < 12){
        %>
    <h1>上午好!</h1>
    <%}
    else if(hour >= 12 && hour < 19){%>
    <h1>下午好!</h1>
    <%}
    else { %>
    <h1>晚上好!</h1>
    <%}%>
</body>
</html>
```

2) 启动 Tomcat 服务器,打开浏览器,在地址栏中输入 http://localhost:8080/abc/pages,在列表中找到 JSPExample.jsp,单击后即可看到显示结果页面,如图 7-13 所示。

代码说明:本例通过 Calendar 类得到当前的时间日期,并根据时间的不同分别输出不同的语句。这里获取的时间是 Tomcat 服务器所在的计算机的时间。程序首行加粗的部分就是指令元素,程序中通过 <% %> 括起来的部分就是脚本元素,动作元素在后续的 JavaBean 中会有体现。

运行结果:如图 7-13 所示。

可以看出,JSP 页面的调用和运行比 Servlet 要简单得多。实际上,JSP 页面在服务器端

图 7-13　JSPExample.jsp 运行的结果

也是作为 Servlet 来执行的，只不过从 JSP 转换成 Servlet 的操作是由 Tomcat 服务器自动进行的，无须程序设计人员介入。

JSPExample.jsp 的首行语句就是一条 JSP 指令，这条指令的作用在于声明该页面使用 java 语言，导入 java.util 包下所有的类（因为使用到的 Calendar 类就在 java.util 包下），页面编码采用 gbk。一般来说，JSP 指令语句用于设置页面的属性，导入页面中使用的 Java 类，以及设定页面的编码格式。

在 JSPExample.jsp 中，可以看到 <% %> 标签，这种标签用于表达 Java 程序片，程序片中定义的变量在整个页面所有的程序片中有效。同时可以看到，对于静态的 Html 文档（如代码中的［上午好］［下午好］［晚上好!］等），可以通过 Java 程序片进行控制。<% %> 标签内的 Java 程序片，仅对当前发出请求的客户端有效。有时希望所有发出请求的客户端能够共享一个变量，如网页的计数器就是由所有的访问客户端共享的。这种共享性的声明由 <%! %> 标签完成，JSP 页面中的类和方法的声明也是放在这个标签中完成的。下面通过 JSPExample2.jsp 和 JSPExample3.jsp 进行演示。

**JSPExample 2.jsp**

```
<%@ page language = "java" import = "java.util.*" pageEncoding = "gbk" %>
<html>
<head>
<title>这是一个 JSP 的示例</title>
</head>
<body>
    <%! int i = 0;%>
    <%
        i++;
    %>
    <h1>第<% =i%>个访问用户。</h1>
</body>
</html>
```

将该页面复制到 G:\myjsp\pages 路径下,启动 Tomcat 服务器,打开浏览器,在地址栏中输入 http://localhost:8080/abc/pages,在列表中找到 JSPExample2.jsp,单击后即可看到显示的结果页面,如图 7-14 所示。

图 7-14　JSPExample2.jsp 运行结果

代码说明:本例作为一个简单的计数器,能够获得访问页面的总次数,计数的功能由共享性变量 i 完成,用户每刷新一次页面或每请求一次页面 i 的值自动增 1。

运行结果:如图 7-14 所示。

在 JSPExample2.jsp 中,i 变量被定义为共享性变量,所有打开这个页面的客户端共享 i 的值。实际上,<%!%> 标签内的 Java 代码只在页面首次被调用时由服务器端执行一次,在服务器端关闭之前将不再执行,而 <%!%> 标签内定义的变量是给所有发出请求的客户端共享的。用户可以发现,只要打开一个客户端请求一次该页面或者刷新一次页面,计数器的值就会自动加 1。

**JSPExample 3.jsp**

```
<%@ page language = "java" import = "java.util. * " pageEncoding = "gbk"%>
<html>
<head>
<title>这是一个 JSP 的示例</title>
</head>
<body>
    <%! public class Circle {
        double r;
        Circle(double r) {
            this.r = r;
        }
        double comArea( ) {
            return Math.PI * r * r;
        }
        double comCir( ) {
            return Math.PI * 2 * r;
        }
    }%>
    <%
```

```
            double r = 5;
            Circle circle = new Circle(r);
            out.println("圆的面积是:");
            out.println(circle.comArea());
            out.println("圆的周长是:");
            out.println(circle.comCir());
        %>
    </body>
</html>
```

将该页面复制到 G:\myjsp\pages 路径下，启动 Tomcat 服务器，打开浏览器，在地址栏中输入 http://localhost:8080/abc/pages，在列表中找到 JSPExample3.jsp，单击后即可看到显示的结果页面，如图 7-15 所示。

图 7-15 JSPExample3.jsp 运行结果

代码说明：本例中主要演示如何在 JSP 页面中创建类，并在 Java 程序片中调用这个类的方法。

运行结果：如图 7-15 所示。

在 JSPExample3.jsp 中，<%!%> 标签内定义了一个 Circle 类，用于计算半径为 r 的圆面积和圆周长，同样地，<%!%> 标签内定义的 Circle 类只在该页面首次被请求时，由服务器端执行一次，每一个请求该页面的客户端实际上只执行 <%%> 标签内的 Java 程序片。通过上述两个例子，可以将 <%!%> 标签理解为全局代码，也即所有请求页面的客户端共享的代码，这个代码只在页面首次被请求时由服务器端执行一次，一直到服务器端关闭时，这个代码不再被执行。如果这个代码是用于定义变量的，则该变量对于所有请求的客户端共享数据；如果这个代码是用于定义类的，则该类可以供所有请求的客户端调用。而客户端能够执行的，其实只有 <%%> 标签内的 Java 程序片，这些 Java 程序片，除了 <%!%> 标签内定义的全局共享性变量外，只对当前请求的客户端有效。

与 Servlet 调用的方式相似，JSP 页面也可以通过两种方式调用，一种是直接访问 JSP 页面，也就是在地址栏中直接输入 JSP 页面的地址，然后按 <Enter> 键进行请求；另一种是通过前台的 Html 页面中的 submit 按钮将 form 表单中的数据打包后传递给服务器端，并由 form 表单中的 Action 动作指定的 JSP 页面对这些数据进行处理。下面通过 JSPExample4.jsp 来演示第一种调用方式，通过 JSPExample5.htm 和 JSPExample5.jsp 来演示第二种调用方式。

### JSPExample 4.jsp

```jsp
<%@ page language = "java" import = "java.util.*" pageEncoding = "gbk"%>
<html>
<head>
<title>这是一个JSP的示例</title>
</head>
<body>
    <h2>
        请输入要开根号的数<br>
        <form action = "" method = "get" name = "f1">
            <input type = "text" name = "OP"><input type = "submit"
                value = "开根号" name = "submit">
        </form>
        <%
            String s = request.getParameter("OP");
            double number = 0, r = 0;
            if(s != null){
                if(s.isEmpty()){
        %>
        请输入数字字符
        <%
            }else{
                try{
                    number = Double.parseDouble(s);
                    if(number >= 0){
        %>
        <%
            r = Math.sqrt(number);
            out.print(number);
        %>
        的平方根:
        <%
            out.print(r);
        }
                    else{
        %>
        请输入一个正数
        <%
                    }
                }catch(NumberFormatException e){
        %>
        请输入数字字符
```

```
            < %
                |
                |
            % >
        </h2>
    </body>
</html>
```

将该页面复制到 G:\myjsp\pages 路径下，启动 Tomcat 服务器，打开浏览器，在地址栏中输入 http://localhost:8080/abc/pages，在列表中找到 JSPExample4.jsp，按 <Enter> 键即可看到显示的结果页面。

代码说明：在本例中，因为页面首次打开时并没有请求的数据，因此需要有一个 if (s!=null) 的判断，否则程序会报 NullPointer 的错误。当页面打开后，用户在文本框中输入需要开根号的值，当这个值为大于等于 0 的数字时，进行开根号的操作，当这个值不为数字或小于 0 时，页面给出对应的提示。在表单 form 的 Action 动作中，由于本例没有调用其他页面，而是属于自身调用自身进行处理的方式，因此 Action 动作中不需要设置任何值，此时将由自身的 Java 程序片来完成单击 submit 按钮后执行的操作。

运行结果：页面首次运行的结果、输入正数开根号的结果、输入负数或非数值的结果，如图 7-16 所示。

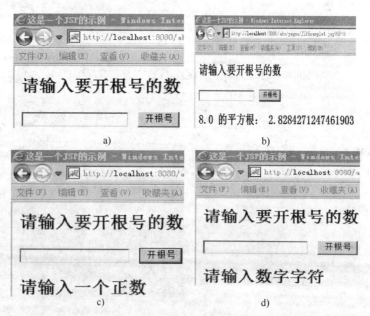

图 7-16 页面运行结果
a) 页面首次运行的结果　b) 输入正数开根号运行的结果
c) 输入负数运行的结果　d) 输入非数值运行的结果

对于初学者来说，可能对于这种使用 Java 程序片控制 Html 标签的方式不是很适应，其实，可以完全用 Java 程序片来完成上例的操作，结果是一样的，如 JSPExample4_1.jsp。

### JSPExample 4_1.jsp

```jsp
<%@ page language = "java" import = "java.util.*" pageEncoding = "gbk"%>
<html>
<head>
<title>这是一个JSP的示例</title>
</head>
<body>
    <h2>
        请输入要开根号的数<br>
        <form action = "" method = "get" name = "f1">
            <input type = "text" name = "OP"><input type = "submit"
                value = "开根号" name = "submit">
        </form>
        <%
            String s = request.getParameter("OP");
            double number = 0, r = 0;
            if(s != null){
                if(s.isEmpty())
                    out.print("请输入数字字符");
                else
                    try{
                        number = Double.parseDouble(s);
                        if(number >= 0){
                            r = Math.sqrt(number);
                            out.print(number + "的平方根:" + r);}
                        else
                            out.print("请输入一个正数");
                    }
                    catch(NumberFormatException e){
                        out.print("请输入数字字符");
                    }
            }
        %>
    </h2>
</body>
</html>
```

代码说明：从本例可以看出，该程序比 JSPExample4.jsp 理解起来要容易很多。但是，两个程序的实质是一样的。JSPExample4.jsp 中通过 <% %> Java 程序片所控制的静态 Html 文档，在 JSPExample4_1.jsp 中全部改成 Java 程序片的组成部分，这种写法的好处是代码容易编写，不需要考虑如何通过 <% %> Java 程序片才能正确地控制 Html 文档，而且代码更加简洁明了。其缺点在于将原本控制的 Html 文档全部转为 Java 程序片的组成部分，增加了服务器端的工作量,因为 Html 文档的显示是由客户端浏览器执行的,并不占用服务器端资源,只是何时以何种方式输出受到服务器端的控制而已。通过 Java 程序片来输出静态 Html 文档的方法,因其也是 Java 程序片的组成部分,因此在执行时需要占用服务器端的资源,增加服务器端的开销。

运行结果:与 JSPExample4.jsp 结果相同。

**JSPExample 5. htm**

```
<html>
  <head>
    <title>调用 Servlet 的前台页面</title>
  </head>
  <body>
    <form name="f1" action="JSPExample5.jsp" method="get">
      <input type="text" name="inputMessage">  
      <input type="submit" name="tijiao" value="提交">
    </form>
  </body>
</html>
```

**JSPExample 5. jsp**

```
<%@ page language="java" import="java.util.*" pageEncoding="gbk"%>
<html>
<head>
<title>这是一个 JSP 的示例</title>
</head>
<body>
    <h2>
        用户输入的值是:<br><br>
     <%
            String s = request.getParameter("inputMessage");
            out.println(new String(s.getBytes("ISO-8859-1"),"gbk"));
     %>
    </h2>
</body>
</html>
```

将 JSPExample5.htm 和 JSPExample5.jsp 复制到 G:\myjsp\pages 路径下,启动 Tomcat 服务器,打开浏览器,在地址栏中输入 http://localhost:8080/abc/pages,在列表中找到 JSPExample5.htm 并单击,在页面的文本框中输入字符串,单击【提交】按钮即可看到显示的结果页面。

代码说明:JSPExample5.htm 的代码其实和前文提及的 myhtml.htm 基本类似,只不过单击 submit 按钮后,调用的是 JSPExample5.jsp 页面对数据进行处理,而非调用 Servlet。

## 第7章 Java Web 程序设计入门

JSPExample5.jsp 中，通过 request.getParameter 方法得到前台名为 inputMessage 的控件值，然后将这个值输出。由于网络传输的编码格式为 ISO-8859-1，不支持中文显示，因此需要在输出前将待输出的字符串通过使用 gbk 编码格式重新编码。

运行结果：与图 7-10 和图 7-12 显示结果相似。

在 JSP 中，还有一个比较重要的概念是 Session 会话。Session 相当于一个微型存储区域，里面可以保存客户端的访问状态和信息。例如，某个用户通过用户名登录后，可以使用 Session 保存这个用户名，在这个用户退出登录之前，Session 都可以随时提取保存的用户名。下面通过 SessionExample.htm、SessionExample.jsp、getSession.jsp 来说明 Session 的基本功能。

**SessionExample.htm**

```
<html>
  <head>
    <title>使用 Session 的例子</title>
  </head>
  <body>
    <form name="f1" action="SessionExample.jsp" method="get">
      <input type="text" name="inputMessage">  
      <input type="submit" name="tijiao" value="提交">
    </form>
  </body>
</html>
```

**SessionExample.jsp**

```
<%@ page language="java" import="java.util.*" pageEncoding="gbk"%>
<html>
<head>
<title>这个 JSP 页面中用于设置 Session 属性</title>
</head>
<body>
    <h2>
        用户输入的值是：<br><br>
        <%
            String s = request.getParameter("inputMessage");
            out.println(new String(s.getBytes("ISO-8859-1"),"gbk"));
            session.setAttribute("userinput",s);
        %>
    </h2>
        <a href="getSession.jsp">得到设置的 Session 属性</a>
</body>
</html>
```

**getSession. jsp**

```
<%@ page language = "java" import = "java. util. * " pageEncoding = "gbk"%>
<html>
<head>
<title>这个 JSP 页面中用于获取 Session 属性</title>
</head>
<body>
    <h2>
        <%
            String s = session. getAttribute("userinput"). toString();
            out. println("通过 Session 得到用户输入的值:\n"   +
                    new String (s. getBytes ("ISO-8859-1")," gbk"));
        %>
    </h2>
</body>
</html>
```

将 SessionExample. htm、SessionExample. jsp 和 getSession. jsp 三个页面文件复制到 G:\myjsp\pages 路径下，启动 Tomcat 服务器，打开浏览器，在地址栏中输入 http://localhost:8080/abc/pages，在列表中找到 SessionExample. htm 并单击，在页面的文本框中输入字符串，单击【提交】按钮即可看到显示的结果页面。

代码说明：SessionExample. htm 的代码和前文提及的 JSPExample5. htm 基本类似，用户在文本框中输入数据，单击 submit 按钮后，调用 SessionExample. jsp 页面对数据进行处理。SessionExample. jsp 中，通过 request. getParameter 方法得到前台名为 inputMessage 的控件值，然后通过 setAttribute 方法将这个值保存在 Session 中名为 userinput 的变量中。用户单击［得到设置的 Session 属性］链接后，页面会转到 getSession. jsp，在 getSession. jsp 中，通过 getAttribute 方法获得 Session 中名为 userinput 的变量中存储的数据，最后将得到的数据输出。由于网络传输的编码格式为 ISO-8859-1，不支持中文显示，因此需要在输出前将待输出的字符串通过使用 gbk 编码格式重新编码。

运行结果：如图 7-17～图 7-19 所示。

图 7-17　运行 SessionExample. htm

通过上述例子可以看出，Session 可以作为一个微型的存储区域用来存储一些必要的数据。一般来说，在 Web 设计中，经常会使用 Session 来保存用户的登录信息（如登录名），也可以通过 Session 在不同的 JSP 页面之间进行变量值的传递。Session 是具有生命周期的，

第 7 章　Java Web 程序设计入门

图 7-18　跳转到 SessionExample.jsp 的结果

图 7-19　跳转到 getSession.jsp 结果

如果超出了生命周期的时间，Session 就会清空存储的数据，也即发生了注销的操作。Session 的生存时间可以通过以下三种方式进行设定：

1）打开 Tomcat 安装路径下的 conf/web.xml，在其中找到如下标签：

```
< session-config >
        < session-timeout >30 </session-timeout >
</session-config >
```

标签中的 < session-timeout > 和 </session-timeout > 之间的内容就是 Session 的生存时间，以分钟为单位，可以看出，Tomcat 默认 Session 有效的时间为 30 分钟。这种设置方法对所有的基于 Tomcat 运行的项目同时生效。

2）打开工作目录下的 web.xml，将 1）中的标签对添加进去即可。这种方式只对单个项目本身生效。

3）在首次设置 Session 的页面（或者系统主页面）中添加如下语句：

```
session.setMaxInactiveInterval( x * 60 );
```

其中 x 代表希望 Session 生存的分钟数，上述方法是以秒为单位进行计算的。这种方式只对单个项目本身生效。

一个典型的 Session 应用就是，在许多 Web 系统中，只有当用户通过登录的方法进入系统时，才能浏览正常的页面，否则会被重定向到出错的页面。这种方式可以有效防止页面发生盗链的情况。下面以 login.jsp、welcome.jsp、logout.jsp 进行说明。

**login.jsp**

```jsp
<%@ page language="java" import="java.util.*" pageEncoding="gbk"%>
<html>
<head>
<title>登录界面</title>
</head>
<body>
    <form name="f1" action="" method="get">
    用户名：
    <input type="text" name="uname" style="width:150px;height:20px;">
    <br>
    密  码：
    <input type="password" name="upass" style="width:150px;height:20px;">
    <br>
          
        <input type="submit" value="登录">   
        <input type="reset" value="重置">
    </form>
    <%
    String name = request.getParameter("uname");
    String password = request.getParameter("upass");
    if(name!=null && password!=null){
        if(name.equals("Frank") && password.equals("1234")){
            session.setAttribute("name",name);
            response.setHeader("refresh","3;URL=welcome.jsp");
    %>
            <h3>用户登录成功,3秒后跳转到 welcome.jsp 页面中
            如果没有跳转成功,请单击<a href="welcome.jsp">这里</a></h3>
    <%
        }
        else{
    %>
            <h3>错误的用户名或密码,请重新<a href="login.jsp">登录</a></h3>
    <%
        }
    }
    %>
</body>
</html>
```

## 第7章 Java Web 程序设计入门

**welcome.jsp**

```jsp
<%@ page language="java" import="java.util.*" pageEncoding="gbk"%>
<html>
<head>
<title>欢迎界面</title>
</head>
<body>
    <%
    if(session.getAttribute("name")!=null){
    %>
    <h2>欢迎您,<%=session.getAttribute("name").toString()%>
    访问本页面,注销请单击<a href="logout.jsp">这里</a></h2>
    <%
    }
    else
    {
    %>
    <h2>请先<a href="login.jsp">登录!</a></h2>
    <%}%>
</body>
</html>
```

**logout.jsp**

```jsp
<%@ page language="java" import="java.util.*" pageEncoding="gbk"%>
<html>
<head>
<title>注销界面</title>
</head>
<body>
    <%
    response.setHeader("refresh","2;URL=login.jsp");
    session.invalidate();%>
    <h2>正在注销,2秒后返回登录界面,如没有返回,请单击<a href="login.jsp">这里</a></h2>
</body>
</html>
```

将 login.jsp、welcome.jsp 和 logout.jsp 三个页面文件复制到 G:\myjsp\pages 路径下，启动 Tomcat 服务器，打开浏览器，在地址栏中输入 http://localhost:8080/abc/pages，在列表中找到 login.jsp 并单击，在页面文本框中输入用户名和密码，单击【提交】按钮即可看到显示的结果页面。

代码说明：用户打开 login.jsp 后，如果输入正确的用户名和密码（本例分别为 Frank 和 1234），则将用户名 name 通过 setAttribute 方法保存到 Session 的 name 变量中，同时进入 welcome.jsp 页面；如果用户名和密码不正确，则系统会给出提示。如果没有通过 login.jsp，而是直接在地址栏中输入 http://localhost:8080/abc/pages/welcom.jsp 然后按 <Enter> 键，此时 Session 中的 name 变量为空，则系统会提示必须先进行登录。这个例子可以说明，Session 是防止盗链或者恶意打开页面的有效手段，同时也可以用于页面之间的参数传递。

运行结果：如图 7-20 ~ 图 7-23 所示。

图 7-20　输入正确的用户名和密码

图 7-21　输入正确的用户名和密码登录到 welcome.jsp 页面

图 7-22　输入错误的用户名和密码

图 7-23　不通过登录，直接打开 welcome.jsp 页面

第7章 Java Web 程序设计入门

正在注销，2秒后返回登录界面，如没有返回，请单击这里

图 7-24 注销界面

##  7.4 使用 JSP 页面操作数据库

本节主要讲述如何使用 JSP 页面来操作数据库，这里使用的是 MySQL 数据库。采用 JDBC 驱动连接的方式，相应的库和表的设计，与第6章中的表6.3一致。实际上，使用 JSP 页面对数据库进行操作，同样遵循在上一章 Java 数据库程序设计中所讲授的规范和步骤。在编写基于 Web 的 JSP 操作数据库程序之前，首先确保 MySQL 数据库的 JDBC 驱动程序（也即"mysql-connector-java-5.1.29-bin.jar"文件）已被复制到 JDK 安装路径下的 jre/lib/ext 目录，或者已被复制到 G:\myjsp\WEB-INF\lib 目录。

### 7.4.1 通过 JSP 页面直接操作数据库

下面通过 mysql_query.jsp、mysql_insert.jsp、mysql_update.jsp 和 mysql_delete.jsp 演示如何通过 JSP 页面直接操作数据库。

**mysql_query.jsp**

```
<%@ page contentType = "text/html;charset = gbk" language = "java" import = "java.sql. * " % >
<%
String dburl = "jdbc:mysql://localhost:3306/student";
Connection conn = null;
PreparedStatement stmt = null;
ResultSet rs = null;
int count = 0;
String stuid_key = "100";
double math_key = 0;
try{
Class.forName("com.mysql.jdbc.Driver");
conn = DriverManager.getConnection(dburl,"root","1234");
String sql = "select * from stuinfo where stuid > ? and math > ? "
                + "order by stuid asc";
stmt = conn.prepareStatement(sql,ResultSet.TYPE_SCROLL_INSENSITIVE,
                ResultSet.CONCUR_READ_ONLY);
stmt.setString(1,stuid_key);
stmt.setDouble(2,math_key);
```

```
rs = stmt.executeQuery();
%>
数据库查询结果如下
<table border='1' cellspacing='0' bordercolor='#000000'><tr><th>学号</th><th>姓名</th><th>数学成绩</th><th>英语成绩</th><th>历史成绩</th></tr>
<%
while(rs.next())
{
%>
    <tr align='center'>
    <td><%=rs.getString(1)%></td>
    <td><%=rs.getString(2)%></td>
    <td><%=rs.getDouble(3)%></td>
    <td><%=rs.getDouble(4)%></td>
    <td><%=rs.getDouble(5)%></td>
    </tr>
<%}%>
</table>
<%
rs.previous();
count = rs.getRow();%>
<br>
共检索出<%=count%>条记录
<%
}
catch(Exception e){
out.print(e.getMessage());
}
finally{
if(rs!=null)rs.close();
if(stmt!=null)stmt.close();
if(conn!=null)conn.close();
}
%>
<br>
<a href="http://localhost:8080/abc/pages">返回</a>
```

将该页面文件复制到 G:\myjsp\pages 路径下，启动 Tomcat 服务器，打开浏览器，在地址栏中输入 http://localhost:8080/abc/pages，在列表中找到 mysql_query.jsp 并单击，即可看到显示的结果页面。

代码说明：该页面中大部分的代码与上一章中的 mysqlQuery.java 程序类似，只不过在这个页面中，将查询记录以后得到的结果集显示在了 Web 页面上。

运行结果：如图 7-25 所示。

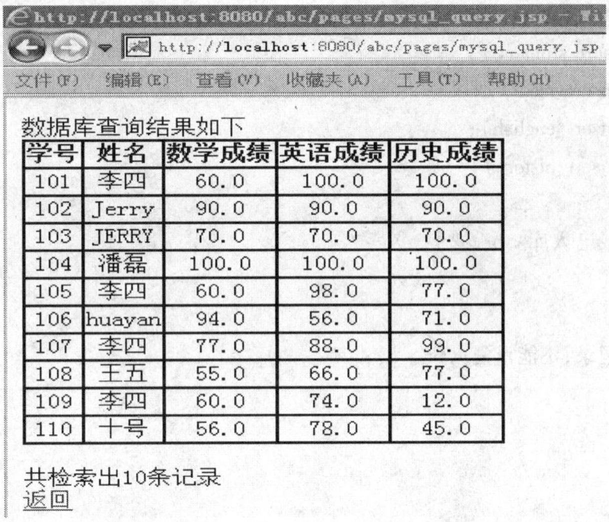


| 学号 | 姓名 | 数学成绩 | 英语成绩 | 历史成绩 |
| --- | --- | --- | --- | --- |
| 101 | 李四 | 60.0 | 100.0 | 100.0 |
| 102 | Jerry | 90.0 | 90.0 | 90.0 |
| 103 | JERRY | 70.0 | 70.0 | 70.0 |
| 104 | 潘磊 | 100.0 | 100.0 | 100.0 |
| 105 | 李四 | 60.0 | 98.0 | 77.0 |
| 106 | huayan | 94.0 | 56.0 | 71.0 |
| 107 | 李四 | 77.0 | 88.0 | 99.0 |
| 108 | 王五 | 55.0 | 66.0 | 77.0 |
| 109 | 李四 | 60.0 | 74.0 | 12.0 |
| 110 | 十号 | 56.0 | 78.0 | 45.0 |

共检索出10条记录
返回

图 7-25　mysql_query.jsp 查询数据库结果

**mysql_insert.jsp**

```
<%@ page contentType = "text/html;charset = gbk" language = "java" import = "java.sql.*" %>
<%
Connection conn = null;
PreparedStatement stmt = null;
ResultSet rs = null;
String dburl = "jdbc:mysql://localhost:3306/student";
String insert_stuid = "120";
String insert_stuname = "杰西卡";
double insert_math = 70;
double insert_english = 65;
double insert_history = 98;
try{
Class.forName("com.mysql.jdbc.Driver");
conn = DriverManager.getConnection(dburl,"root","1234");
String sql = "select * from stuinfo  where stuid = ?";
stmt = conn.prepareStatement(sql,ResultSet.TYPE_SCROLL_INSENSITIVE,
                    ResultSet.CONCUR_UPDATABLE);
stmt.setString(1,insert_stuid);
rs = stmt.executeQuery();
if(! rs.next()){
    String insertsql = "insert into stuinfo values(?,?,?,?,?)";
```

```
        stmt = conn. prepareStatement(insertsql);
        stmt. setString(1,insert_stuid);
        stmt. setString(2,insert_stuname);
        stmt. setDouble(3,insert_math);
        stmt. setDouble(4,insert_english);
        stmt. setDouble(5,insert_history);
        stmt. executeUpdate();
        out. println("新记录已入库<br>");
      }
     else
        out. println("已有记录,不能重复<br>");
   }
   catch(SQLException e){
        out. println(e);
   }
   catch(ClassNotFoundException e){
        out. println("没有找到数据库加载驱动程序");
   }
   finally{
        rs. close();
        stmt. close();
        conn. close();
        out. println("结果集、状态和连接关闭");
   }
%>
<BR>
<a href="mysql_query.jsp">查询</a>
```

将该页面文件复制到 G:\myjsp\pages 路径下,启动 Tomcat 服务器,打开浏览器,在地址栏中输入 http://localhost:8080/abc/pages,在列表中找到 mysql_insert.jsp 并单击,即可看到显示的结果页面。

代码说明:该页面中大部分的代码与上一章中的 mysqlInsert.java 程序类似,只不过在这个页面中,将添加记录以后得到的结果显示在了 Web 页面上。

运行结果:如图 7-26 所示。

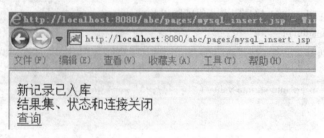

图 7-26  mysql_insert.jsp 运行结果

## 第7章 Java Web 程序设计入门

**mysql_update.jsp**

```jsp
<%@ page contentType="text/html;charset=gbk" language="java" import="java.sql.*"%>
<%
Connection conn = null;
PreparedStatement stmt = null;
ResultSet rs = null;
String dburl = "jdbc:mysql://localhost:3306/student";
String key_name = "李四";
String update_name = "杰克";
double update_math = 90;
try{
Class.forName("com.mysql.jdbc.Driver");
conn = DriverManager.getConnection(dburl,"root","1234");
String updatesql = "update stuinfo set stuname = ?,math = ? where "
                 + "stuname = ?";
stmt = conn.prepareStatement(updatesql);
stmt.setString(1,update_name);
stmt.setDouble(2,update_math);
stmt.setString(3,key_name);
int update_count = stmt.executeUpdate();
%>
共<%=update_count%>条记录被更新
<%
}
catch(Exception e){
out.print(e.getMessage());
}
finally{
stmt.close();
conn.close();
}
%>
<BR>
<a href="mysql_query.jsp">查询</a>
```

将该页面文件复制到 G:\myjsp\pages 路径下，启动 Tomcat 服务器，打开浏览器，在地址栏中输入 http://localhost:8080/abc/pages，在列表中找到 mysql_update.jsp 并单击，即可看到显示的结果页面。

代码说明：该页面中大部分的代码与上一章中的 mysqlUpdate.java 程序类似，只不过在这个页面中，将更新记录以后得到的结果显示在了 Web 页面上。

运行结果：如图 7-27 所示。

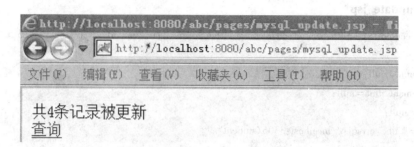

图7-27 mysql_update.jsp 执行结果

**mysql_delete.jsp**

```jsp
<%@ page contentType = "text/html;charset = gbk" language = "java" import = "java.sql.*"%>
<%
Connection conn = null;
PreparedStatement stmt = null;
ResultSet rs = null;
String dburl = "jdbc:mysql://localhost:3306/student";
String delete_stuid = "101";
try{
Class.forName("com.mysql.jdbc.Driver");
conn = DriverManager.getConnection(dburl,"root","1234");
String deletesql = "delete from stuinfo where stuid = ?";
stmt = conn.prepareStatement(deletesql);
stmt.setString(1,delete_stuid);
int delete_count = stmt.executeUpdate();
%>
共<% = delete_count%>条记录被删除
<%}
catch(Exception e){
out.print(e.getMessage());
}
finally{
stmt.close();
conn.close();
}
%>
<BR>
<a href = "mysql_query.jsp">查询</a>
```

将该页面文件复制到 G:\myjsp\pages 路径下，启动 Tomcat 服务器，打开浏览器，在地址栏中输入 http://localhost:8080/abc/pages，在列表中找到 mysql_delete.jsp 并单击，即可看到显示的结果页面。

## 第7章 Java Web 程序设计入门

代码说明：该页面中大部分的代码与上一章中的 mysqlDelete. java 程序类似，只不过在这个页面中，将删除记录以后得到的结果显示在了 Web 页面上。

运行结果：如图 7-28 所示。

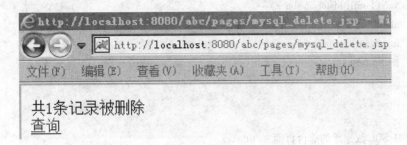

图 7-28　mysql_update. jsp 执行结果

### 7.4.2　通过 Html 调用 JSP 页面操作数据库

在上一节中，通过直接在地址栏中输入 JSP 页面的方式对数据库进行操作，其目的在于为初学者描述使用 JSP 页面操作数据库的流程和步骤。在实际开发中，一种比较常用的操作数据库方式是用户通过前台输入操作数据，然后通过提交按钮将操作数据发送给某个指定的 JSP 页面，并通过这个页面对数据库进行操作。例如，查询数据库记录时，用户在前台页面输入的是查询条件（也即查询关键字），然后通过查询页面返回所有符合查询条件的记录。又如常用的注册功能，用户在前台页面输入的是注册信息，然后通过注册页面将注册信息添加到数据库中。实际上，本节的内容与上一节相比，主要的不同就在于操作数据库时使用的各种条件值不是在 JSP 页面中指定的，而是通过接收前台页面控件值得到的。下面通过示例分别对查询、添加、删除和更新操作进行说明。

**query. htm**

```
< html >
  < head >
< Script language = "javascript" >
    function check( ){
        if( isNaN( form1. stuid. value ) ){
            alert("学号只能为数字!");
            form1. stuid. focus( );
            return false;
        }
        if( isNaN( form1. math. value ) ){
            alert("数学成绩只能为数字!");
            form1. english. focus( );
            return false;
        }
        if( isNaN( form1. english. value ) ){
            alert("英语成绩只能为数字!");
```

```
                form1.english.focus();
                return false;
            }
            if(isNaN(form1.history.value)){
                alert("历史成绩只能为数字!");
                form1.history.focus();
                return false;
            }
        }
</Script>
<title>查询 MySQL 数据库的前台页面</title>
    </head>
    <body>
<form name="form1" method="get" action="query.jsp">
    学号:<input type="text" name="stuid"><br>
    姓名:<input type="text" name="stuname"><br>
    数学:<input type="text" name="math"><br>
    英语:<input type="text" name="english"><br>
    历史:<input type="text" name="history"><br>
    <br>
              
    <input type="submit" value="查询" onClick="return check()">
</form>
    </body>
</html>
```

**query.jsp**

```
<%@ page contentType="text/html;charset=gbk" language="java" import="java.sql.*"%>
<%
String dburl="jdbc:mysql://localhost:3306/student";
Connection conn=null;
PreparedStatement stmt=null;
ResultSet rs=null;
int count=0;
String stuid=request.getParameter("stuid");
String stuname=new String(request.getParameter("stuname").getBytes("ISO-8859-1"),"gbk");
String math=request.getParameter("math");
String english=request.getParameter("english");
String history=request.getParameter("history");
try{
Class.forName("com.mysql.jdbc.Driver");
```

```
conn = DriverManager.getConnection(dburl,"root","1234");
String sql = "select * from stuinfo where stuid like ? and stuname like ? and " +
             "math like ? and english like ? and history like ? " +
             "order by stuid asc";
stmt = conn.prepareStatement(sql,ResultSet.TYPE_SCROLL_INSENSITIVE,
             ResultSet.CONCUR_READ_ONLY);
stmt.setString(1,"%" + stuid + "%");
stmt.setString(2,"%" + stuname + "%");
if(math.isEmpty())
    stmt.setString(3,"%");
else
    stmt.setString(3,math);
if(english.isEmpty())
    stmt.setString(4,"%");
else
    stmt.setString(4,english);
if(history.isEmpty())
    stmt.setString(5,"%");
else
    stmt.setString(5,history);
rs = stmt.executeQuery();
%>
数据库查询结果如下
<table border='1' cellspacing='0' bordercolor='#000000'><tr><th>学号</th><th>姓名</th><th>数学成绩</th><th>英语成绩</th><th>历史成绩</th></tr>
<%
while(rs.next())
{
%>
    <tr align='center'>
    <td><%=rs.getString(1)%></td>
    <td><%=rs.getString(2)%></td>
    <td><%=rs.getDouble(3)%></td>
    <td><%=rs.getDouble(4)%></td>
    <td><%=rs.getDouble(5)%></td>
    </tr>
<%}%>
</table>
<%
rs.previous();
count = rs.getRow();%>
<br>
```

```
共检索出<% = count% >条记录
<%
}
catch(SQLException e){
    out. println(e);
}
catch(ClassNotFoundException e){
    out. println("没有找到数据库加载驱动程序");
}
finally{
    stmt. close();
    conn. close();
    out. println("结果集、状态和连接关闭");
}
%>
<br>
<a href = "http://localhost:8080/abc/pages" >返回</a>
```

将 query. htm 和 query. jsp 两个页面文件复制到 G:\myjsp\pages 路径下，启动 Tomcat 服务器，打开浏览器，在地址栏中输入 http://localhost:8080/abc/pages，在列表中找到 query. htm 页面，在该页面中对应的文本框中输入查询数据，然后按<Enter>键，即可看到显示的结果页面。

代码说明：在 query. htm 页面中有五个文本框控件，分别命名为 stuid、stuname、math、english 和 history，用户在这五个框中输入相应的查询数据，分别表示查询的学号、姓名、数学成绩、英语成绩和历史成绩。单击【查询】按钮后，会调用 query. jsp 页面接收并处理查询的条件，以表格的形式将符合查询条件的记录写回客户端。query. jsp 中以粗体部分显示的 SQL 语句表明，因为采用了通配符%，所以学号和姓名字段的查询方式是以模糊匹配的模式进行的。也就是说，在查询时，只要学号查询值和姓名查询值包含在某条记录的学号字段和姓名字段即可。例如，在前台学号对应的文本框中输入 10，则会将所有学号包含 10 的记录查询出来。需要说明的是，由于通配符只能用于字符型的类型，而数学、英语和历史三门课的成绩，在数据表中是以 DOUBLE 数值的形式定义的，因此在程序中通过 String 来引用对应的 DOUBLE 数值，这里产生的类型转换的操作，MySQL 是自动进行的，不需要在程序中显式地使用类型转换语句来操作。如果用户不输入某个字段的查询条件，则程序默认查询这个字段的所有内容。

在 query. htm 中，添加了 JavaScript 脚本，用于限制学号和三门课程成绩的输入数据必须为数字形式。单击【查询】按钮后，页面会执行 onClick = "return check()"，并根据 check 函数的返回值判断是否提交数据。如果返回值为 false，则不提交数据，也不调用后台的 JSP 页面进行处理。需要说明的是，JavaScript 脚本与 Java 是两种语言，前者主要用于前台页面的动态操作，运行在客户端浏览器环境中，后者主要用于服务器端的程序或页面设计。

运行结果：如图 7-29～图 7-31 所示。

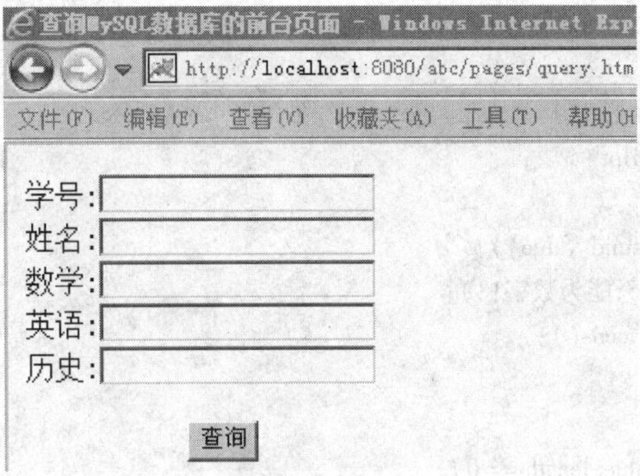

第 7 章　Java Web 程序设计入门

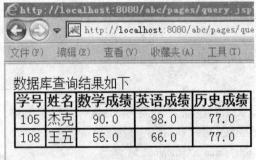

图 7-29　query.htm 页面

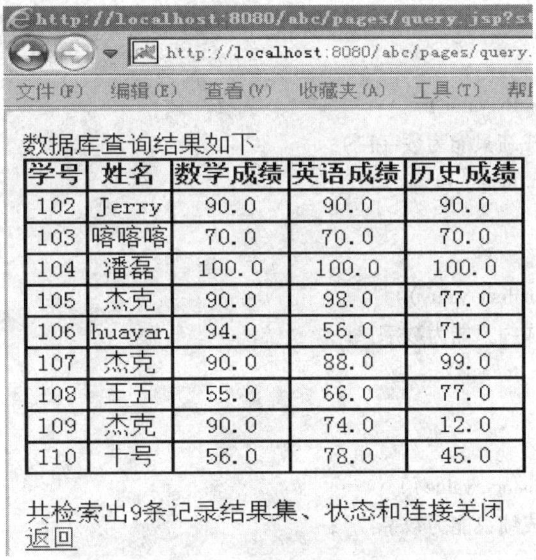

图 7-30　全部查询页面

图 7-31　部分查询页面

**insert. htm**

```html
<html>
  <head>
<Script language="javascript">
    function check(){
        if(isNaN(form1.stuid.value)){
            alert("学号只能为数字!");
            form1.stuid.focus();
            return false;
        }
        if(form1.stuid.value.length==0){
            alert("学号不能为空!");
            form1.stuid.focus();
            return false;
        }
        if(isNaN(form1.math.value)){
            alert("数学成绩只能为数字!");
            form1.english.focus();
            return false;
        }
        if(isNaN(form1.english.value)){
            alert("英语成绩只能为数字!");
            form1.english.focus();
            return false;
        }
        if(isNaN(form1.history.value)){
            alert("历史成绩只能为数字!");
            form1.history.focus();
            return false;
        }
    }
</Script>
<title>添加记录到MySQL数据库的前台页面</title>
  </head>
  <body>
<form name="form1" method="get" action="insert.jsp">
    学号:<input type="text" name="stuid"><br>
    姓名:<input type="text" name="stuname"><br>
    数学:<input type="text" name="math"><br>
    英语:<input type="text" name="english"><br>
    历史:<input type="text" name="history"><br>
    <br>
```

```
                  
        <input type="submit" value="添加" onClick="return check()">
</form>
    </body>
</html>
```

**insert.jsp**

```
<%@ page contentType="text/html;charset=gbk" language="java" import="java.sql.*" %>
<%
Connection conn = null;
PreparedStatement stmt = null;
ResultSet rs = null;
String dburl = "jdbc:mysql://localhost:3306/student";
String insert_stuid = request.getParameter("stuid");
String stuname = request.getParameter("stuname");
String insert_stuname;
if(stuname.isEmpty())
    insert_stuname = "名字未知";
else
    insert_stuname = new String(stuname.
                getBytes("ISO-8859-1"),"gbk");
String math = request.getParameter("math");
String english = request.getParameter("english");
String history = request.getParameter("history");
if(math.isEmpty())
    math = "-1";
if(english.isEmpty())
    english = "-1";
if(history.isEmpty())
    history = "-1";
double insert_math = Double.parseDouble(math);
double insert_english = Double.parseDouble(english);
double insert_history = Double.parseDouble(history);
try{
Class.forName("com.mysql.jdbc.Driver");
conn = DriverManager.getConnection(dburl,"root","1234");
String sql = "select * from stuinfo  where stuid = ?";
stmt = conn.prepareStatement(sql,ResultSet.TYPE_SCROLL_INSENSITIVE,
                    ResultSet.CONCUR_UPDATABLE);
stmt.setString(1,insert_stuid);
rs = stmt.executeQuery();
```

```
if(!rs.next()){
    String insertsql = "insert into stuinfo values(?,?,?,?,?)";
    stmt = conn.prepareStatement(insertsql);
    stmt.setString(1,insert_stuid);
    stmt.setString(2,insert_stuname);
    stmt.setDouble(3,insert_math);
    stmt.setDouble(4,insert_english);
    stmt.setDouble(5,insert_history);
    stmt.executeUpdate();
    out.println("新记录已入库<br>");
}
else
    out.println("已有记录,不能重复<br>");
}
catch(SQLException e){
    out.println(e);
}
catch(ClassNotFoundException e){
    out.println("没有找到数据库加载驱动程序");
}
finally{
    rs.close();
    stmt.close();
    conn.close();
    out.println("结果集、状态和连接关闭");
}
%>
<BR>
<a href="query.htm">查询</a>
```

将 insert.htm 和 insert.jsp 两个页面文件复制到 G:\myjsp\pages 路径下,启动 Tomcat 服务器,打开浏览器,在地址栏中输入 http://localhost:8080/abc/pages,在列表中找到 insert.htm 页面,在该页面中对应的文本框中输入添加数据字段后按<Enter>键,即可看到显示的结果页面。

代码说明:在 insert.htm 页面中有五个文本框控件,分别命名为 stuid、stuname、math、english 和 history,用户在这五个框中输入相应的添加数据,分别表示添加的学号、姓名、数学成绩、英语成绩和历史成绩。单击【添加】按钮后,会调用 insert.jsp 页面接收添加的数据,同时处理添加操作,并将添加的结果返回给客户端。

运行结果:如图 7-32~图 7-34 所示。

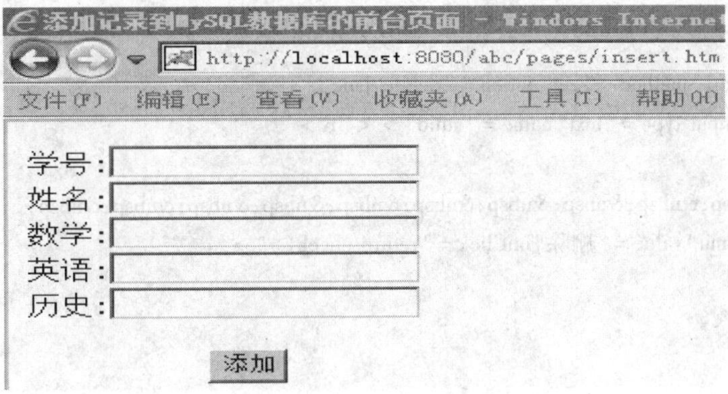

## 第7章 Java Web 程序设计入门

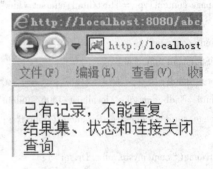

图 7-32 添加记录页面

图 7-33 添加成功页面　　　　　图 7-34 添加不成功页面

**delete. htm**

```
< html >
  < head >
< Script language = "javascript" >
    function check( ){
        if( isNaN( form1. stuid. value ) ){
            alert("学号只能为数字!");
            form1. stuid. focus( );
            return false;
        }
        if( form1. stuid. value. length = = 0 ){
            alert("学号不能为空!");
            form1. stuid. focus( );
            return false;
        }
    }
</Script>
<title>删除数据库记录的前台页面</title>
```

```
</head>
  <body>
<form name = "form1" method = "get" action = "delete.jsp">
要删除的学号:<input type = "text" name = "stuid"><BR>
<BR>
          
<input type = "submit" value = "删除" onClick = "return check()">
</form>
  </body>
</html>
```

### delete.jsp

```
<%@ page contentType = "text/html;charset = gbk" language = "java" import = "java.sql.*"%>
<%
Connection conn = null;
PreparedStatement stmt = null;
ResultSet rs = null;
String dburl = "jdbc:mysql://localhost:3306/student";
String delete_stuid = request.getParameter("stuid");
try{
Class.forName("com.mysql.jdbc.Driver");
conn = DriverManager.getConnection(dburl,"root","1234");
String deletesql = "delete from stuinfo where stuid = ?";
stmt = conn.prepareStatement(deletesql);
stmt.setString(1,delete_stuid);
int delete_count = stmt.executeUpdate();
%>
共<% = delete_count%>条记录被删除
<% }
catch(SQLException e){
    out.println(e);
}
catch(ClassNotFoundException e){
    out.println("没有找到数据库加载驱动程序");
}
finally{
    stmt.close();
    conn.close();
    out.println("结果集、状态和连接关闭");
}
%>
```

```
<BR>
<a href="query.htm">查询</a>
```

将 delete.htm 和 delete.jsp 两个页面文件复制到 G:\myjsp\pages 路径下,启动 Tomcat 服务器,打开浏览器,在地址栏中输入 http://localhost:8080/abc/pages,在列表中找到 delete.htm 页面,在该页面中对应的文本框中输入需要删除的关键字(本例中用的是学号,读者可以自行更改为其他关键字),然后按 <Enter> 键,即可看到显示的结果页面。

代码说明:在 delete.htm 页面中,有一个文本框控件,命名为 stuid,用户在该文本框中输入相应的数据,表示删除的学号关键字。单击【删除】按钮或按 <Enter> 键后,会调用 delete.jsp 页面接收删除关键字,同时处理删除操作,并将删除的结果返回给客户端。

运行结果:如图 7-35 ~ 图 7-37 所示。

图 7-35 删除首页

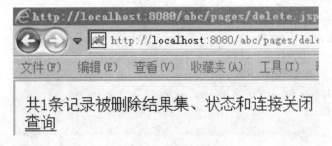

图 7-36 删除成功页面

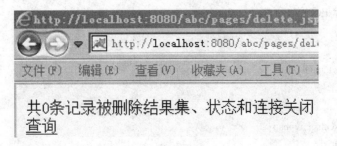

图 7-37 删除不成功页面

**update. htm**

```html
<html>
  <head>
<Script language = "javascript">
    function check(){
        if(isNaN(form1.stuid.value)){
            alert("学号只能为数字!");
            form1.stuid.focus();
            return false;
        }
        if(form1.stuid.value.length==0){
            alert("学号不能为空!");
            form1.stuid.focus();
            return false;
        }
        if(isNaN(form1.math.value)){
            alert("数学成绩只能为数字!");
            form1.english.focus();
            return false;
        }
        if(isNaN(form1.english.value)){
            alert("英语成绩只能为数字!");
            form1.english.focus();
            return false;
        }
        if(isNaN(form1.history.value)){
            alert("历史成绩只能为数字!");
            form1.history.focus();
            return false;
        }
    }
</Script>
<title>更新数据库记录的前台页面</title>
  </head>
  <body>
<form name = "form1" method = "get" action = "update.jsp">
    输入要更新的学号
    <input type = "text" name = "stuid">
        
    选择要更新的项
    <select name = "updateOption">
    <option value = "stuname">姓名</option>
```

```html
    <option value="math">数学成绩</option>
    <option value="english">英语成绩</option>
    <option value="history">历史成绩</option>
  </select>
      
  输入要更新的内容
  <input type="text" name="updateContent">
  <br>
       
  <input type="submit" value="更新" onClick="return check()">
  </form>
 </body>
</html>
```

update.jsp

```jsp
<%@ page contentType="text/html;charset=gbk" language="java" import="java.sql.*"%>
<%
Connection conn = null;
PreparedStatement stmt = null;
ResultSet rs = null;
String dburl = "jdbc:mysql://localhost:3306/student";
String updateStuid = request.getParameter("stuid");
String updateOption = request.getParameter("updateOption");
String updateContent = null;
if(updateOption.equals("stuname")){
    updateContent = new String(request.getParameter("updateContent").getBytes("ISO-8859-1"),"gbk");
    if(updateContent.isEmpty())
        updateContent = "名字未知";
}
else{
    updateContent = request.getParameter("updateContent");
    if(updateContent.isEmpty())
        updateContent = "-1";
}
try{
Class.forName("com.mysql.jdbc.Driver");
conn = DriverManager.getConnection(dburl,"root","1234");
String updatesql = "update stuinfo set " + updateOption + " = ? where " +
                    "stuid = ?";
stmt = conn.prepareStatement(updatesql);
if(updateOption.equals("stuname"))
```

```
        stmt.setString(1,updateContent);
else
        stmt.setDouble(1,Double.parseDouble(updateContent));
stmt.setString(2,updateStuid);
int update_count = stmt.executeUpdate();
%>
共<%=update_count%>条记录被更新<br>
<%}
catch(SQLException e){
    out.println(e);
}
catch(ClassNotFoundException e){
    out.println("没有找到数据库加载驱动程序");
}
finally{
    stmt.close();
    conn.close();
    out.println("结果集、状态和连接关闭");
}
%>
<br>
<a href="query.htm">查询</a>
```

将 update.htm 和 update.jsp 两个页面文件复制到 G:\myjsp\pages 路径下，启动 Tomcat 服务器，打开浏览器，在地址栏中输入 http://localhost:8080/abc/pages，在列表中找到 update.htm 页面，在该页面中对应的文本框中输入需要更新的学号，选择需要更新的字段，输入更新后的字段值，然后单击【更新】按钮或按<Enter>键，即可看到显示的结果页面。

代码说明：在 update.htm 页面中，有一个文本框控件，命名为 stuid，用户在该文本框中输入学号，表示将要更新这个学号所对应的记录中的某个字段值。下拉列表 updateOption 中有姓名 stuname、数学成绩 math、英语成绩 english 和历史成绩 history 四个选项可以选择，表示将要更新的字段名称。文本框 updateContent 中输入的是更新后的字段值。单击【更新】按钮后，会调用 update.jsp 页面接收更新关键字，这里也就是学号，并用文本框中输入的更新值替换记录在下拉列表中选择的字段名称中的原值，最后将更新的结果返回给客户端。

运行结果：如图 7-38 ~ 图 7-40 所示。

图 7-38　更新首页

# 第7章 Java Web 程序设计入门

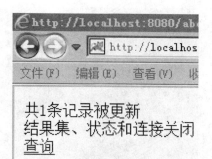

图7-39　更新成功页面

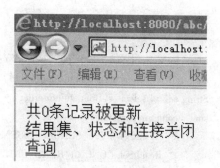

图7-40　更新不成功页面

### 7.4.3　分页技术

在通过查询得到数据库返回的结果集时，往往通过将结果集中的记录输出到客户端的方式进行显示。如果结果集中的记录条数较少，则一个页面足以承载所有显示的记录。当结果集中的记录条数较多时，使用一个页面显示所有的记录就显得力不从心，客户在浏览记录时，需要通过使用滚动条或鼠标滚轮上下翻阅，不利于用户的阅读和查询工作。此外，在一个页面上显示过多的结果会造成服务器负载增大，显示速度变慢。因此，在实际使用中，经常采用分页技术将查询的记录通过翻页的方法，在不同的页面分别显示出来。下面通过MultiPages. jsp 页面进行示例。

**MultiPages. jsp**

```
<%@ page contentType = "text/html;charset = gbk" language = "java" import = "java. sql. * "% >
<%
    Connection conn = null;
    PreparedStatement stmt = null;
    ResultSet rs = null;
    String dburl = "jdbc:mysql://localhost:3306/student";
    int intPageSize = 4;       // 定义每页显示的记录条数
    int intRowCount = 0;       // 定义总的记录条数
    int intPageCount = 0;      // 定义需要的页面数
    int intPage = 0;           // 定义当前需要显示的页面序号
    // 得到前台传递的 page 变量,用于指明需要显示的页面序号
    String strpage = request. getParameter("page");
    // 如果前台传递的 page 变量为空,表示首次打开页面,则显示第一页
    if(strpage == null)
        intPage = 1;
    // 否则将待显示的页面序号设为需要显示的页面序号
    else {
        intPage = Integer. parseInt(strpage);
        if(intPage < 1)
            intPage = 1;
```

```
    }
    try {
        Class.forName("com.mysql.jdbc.Driver");
        conn = DriverManager.getConnection(dburl,"root","1234");
        String sql = "select * from stuinfo order by stuid asc";
        stmt = conn.prepareStatement(sql,
                ResultSet.TYPE_SCROLL_INSENSITIVE,
                ResultSet.CONCUR_READ_ONLY);
        rs = stmt.executeQuery();
        // 先将结果集指针指向最后一条记录,得到记录的总数
        rs.last();
        intRowCount = rs.getRow();
        // 得到需要的页面的数量
        if(intRowCount % intPageSize ==0)
            intPageCount = intRowCount/intPageSize;
        else
            intPageCount = intRowCount/intPageSize + 1;
%>
数据库查询结果如下
<table border='1' cellspacing='0' bordercolor='#000000'>
    <tr>
        <th>学号</th>
        <th>姓名</th>
        <th>数学成绩</th>
        <th>英语成绩</th>
        <th>历史成绩</th>
    </tr>
    <%
        // 定义 i 变量,存放在 intPage 页面上输出记录的条数
        int i = 0;
        if(intPageCount >0){
            // 得到在 intPage 页面上第一条显示的记录在结果集中的位置
            rs.absolute((intPage - 1) * intPageSize + 1);
            // 在 intPage 页面上输出记录
            while(i < intPageSize && ! rs.isAfterLast()){
    %>
    <tr align='center'>
        <td><%=rs.getString(1)%></td>
        <td><%=rs.getString(2)%></td>
        <td><%=rs.getDouble(3)%></td>
        <td><%=rs.getDouble(4)%></td>
        <td><%=rs.getDouble(5)%></td>
```

```
        </tr>
        <%
            rs.next();
            i++;
              }
           }
        %>
</table>
<%
    }
    catch(Exception e){
        out.print(e.getMessage());
    }
    finally{
        rs.close();
        stmt.close();
        conn.close();
    }
%>
<br>
<%--输出当前为intPage页,共intPageCount页--%>
第<%=intPage%>页 共<%=intPageCount%>页 
<%--输出每页的链接,非intPage页输出链接,intPage页只输出页码--%>
<%
    for(int j=1;j<=intPageCount;j++){
        if(j!=intPage){
%>
<a href="MultiPages.jsp?page=<%=j%>"> 
<%
    out.print(j);
%>
</a>
 
<%
        }
        else
            out.print(j);
    }
%>
 
<%--输出上一页的链接--%>
```

```
<%
    if(intPage >1){
%>
<a href="MultiPages.jsp?page=<%=intPage-1%>">上一页</a>
 
<%
    }
    //如果当前页是第一页,则上一页是没有的,只输出字符提醒而没有链接
    else{
%>
上一页
<%
    }
%>
 
<%--输出下一页的链接--%>
<%
    if(intPage < intPageCount){
%>
<a href="MultiPages.jsp?page=<%=intPage+1%>">下一页</a>
 
<%
    }
    //如果当前页是最后一页,则下一页是没有的,只输出字符提醒而没有链接
    else{
%>
下一页
<%
    }
%>
<br>
<br>
<a href="http://localhost:8080/myjsp/pages">返回</a>
```

将 MultiPages.jsp 页面文件复制到 G:\myjsp\pages 路径下,启动 Tomcat 服务器,打开浏览器,在地址栏中输入 http://localhost:8080/abc/pages,在列表中找到 MultiPages.jsp 页面并单击,即可看到显示的结果页面。

代码说明:在这个页面中,定义了总页数、总记录数、当前需要显示的页面序号、每页可显示的记录条数几个重要的变量。其中,总记录数是通过查询结果集最后一条记录的行号得到的,总页数是将总记录数除以每页可显示的记录条数,如果不能除尽,则代表还需要一个页面容纳多出来的部分记录,但是这部分记录的条数肯定是小于一个页面能够显示的记录条数的。然后,根据当前需要显示的页面序号,得到在这个页面上第一个显示的记录在结果

集中的行号,在页面最大记录条数和结果集没有指向空记录的控制下,依次输出该页面上的所有记录。将所有记录输出后,需要输出页码链接集合和上一页、下一页的链接,此时需要考虑当前页页码不需要链接提示、上一页和下一页何时需要链接提示等因素。在这些链接中,通过"?"符号将 page 变量,也就是希望显示的页面的序号传递给下一次的操作。

运行结果:如图 7-41 所示。

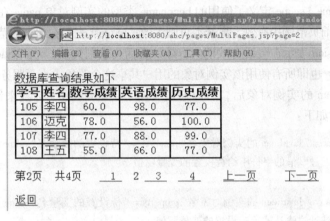

图 7-41 分页显示结果

## 7.5 使用 JSP + JavaBean 操作数据库

JavaBean 是 Java 的一种软件重复使用技术,将一些使用频度很高但是代码重复的方法集成到类当中,减少了代码重复编写的过程,使得代码更加易于开发和维护。JavaBean 分为可视化 Bean 和非可视化 Bean 两种,在第 5 章中使用到的 JButton、TextField、Frame 等 GUI 组件就属于可视化 Bean。非可视化 Bean 一般在 Web 开发当中使用,用于封装业务逻辑或者数据库操作。

在本节之前的例子中,每一次访问数据库的操作,都必须在 JSP 页面中显式地定义数据库路径、加载数据库驱动、创建连接、创建状态、执行 SQL 语句等,这种操作方式非常直接明了,但是如果数据库的路径发生了改变,或者密码产生了变动,则在所有涉及引用该路径或密码的 JSP 页面中,都必须对代码进行修改,显得非常烦琐,而且容易出错。此外,对于数据的操作和最终的响应都是在一个页面中通过代码实现的,没有体现 Web 设计中的分层思想。使用 JavaBean 技术,可以将常用的代码进行封装,给程序的维护和修改带来了极大的便利,并且能够较好地实现业务逻辑和前台显示的分离。

JavaBean 其实就是一个 Java 类,但这个类必须遵循一定的规范。对于初学者来说,知道以下几种规范就可以创建并使用 JavaBean 了。

1) JavaBean 必须是 public 类型。

2) 类中的变量必须为 private 类型,变量的首字母不能大写。这里,笔者建议 JavaBean 中的变量均用小写字母或者驼峰表示法表示。

3) 类中的变量应该具有 setXxx 和 getXxx 方法,也即所谓的 setter 和 getter 方法。JavaBean 中,名为 xxx 的变量,则其 setter 方法为 setXxx,getter 方法为 getXxx。也就是说,set 或者 get 后紧跟的变量第一个字母需用大写来表示。

4）JavaBean 需要保存在工作目录的 WEB-INF/classes 路径下。

在 JSP 页面中，可以通过 <jsp：useBean> 标签来使用 JavaBean，具体格式如下：

<jsp:useBean id = "name" class = "beanname" scope = {"page\request\session\application"} / >

这句话的意思是，将要使用的 JavaBean 的名字叫作 beanname，创建一个 beanname 类型的实例对象并命名为 name。scope 定义了使用的 beanname 类型的实例对象 name 在上下文中的有效范围；page 表示在当前页范围中有效，离开本页则无效；request 表示在请求的范围中有效，请求的范围外则无效；session 表示在会话有效期内有效，会话失效则失效；application 表示在整个服务器程序范围内有效，也即所有使用该实例对象的用户共享这个对象，直至服务器关闭时失效。

创建了 JavaBean 的实例对象后，可以通过 <jsp：setProperty> 标签来给 JavaBean 中的变量赋值，具体格式如下：

<jsp:setProperty name = "JavaBean 的实例对象名" property = "待设置的变量名" value = "赋值的字符串"/ >    //这种方法通过赋值的字符串给待设置的变量赋值

<jsp:setProperty name = "JavaBean 的实例对象名" property = "待设置的变量名" value = " <% = 表达式% >"/ >    //这种方法通过表达式给待设置的变量赋值

<jsp:setProperty name = "JavaBean 的实例对象名" property = "待设置的变量名" param = "请求表单中的控件名"/ >    //这种方法通过请求表单中的控件名将控件值给待设置的变量赋值

<jsp:setProperty name = "JavaBean 的实例对象名" property = " * "/ >    //这种方法可称为统一赋值法，要求在 JavaBean 中，变量的名称必须和 request 对象（如表单）中的参数（如表单中的控件名称）相一致。如果 request 对象的属性值中有空值，那么对应的 JavaBean 变量将不会设置。同样，如果 JavaBean 中有一个变量没有与之对应的 request 对象参数，那么这个变量也不会被设置

如果通过 <jsp：setProperty> 标签使用字符串为 JavaBean 中的某个变量赋值，则赋值的这个字符串会自动转换为这个变量所属的类型，这时有可能会出现类型无法转换的异常。

创建了 JavaBean 的实例对象后，可以通过 <jsp：getProperty> 标签来获得 JavaBean 中的变量值，具体格式如下：

<jsp:getProperty name = "JavaBean 的实例对象名" property = "变量名"/ >

此外，也可以直接通过 <% JavaBean 的实例对象名 . setXxx（待设置的值）;% > 来给 xxx 变量赋值，或者通过 <% JavaBean 的实例对象名 . getXxx( );% > 得到 xxx 变量的值。

### 7.5.1 创建、存储和调用 JavaBean

JavaBean 的使用是非常灵活的，除了按照上述所说的通过标签来引用之外，也可以将 JavaBean 当成普通的 Java 类在 JSP 页面中进行调用。下面通过一个简单的例子说明 JavaBean 的创建、存储和在页面中的调用过程。

1）在工作目录（这里也即 G:\myjsp）下 WEB-INF/classes 文件夹下建立目录 bean，用于存放编写的 JavaBean。然后，在这个目录下创建 testBean.java 源程序，代码如下：

**testBean.java**

```java
package bean;
public class testBean{
    // 定义半径、面积和周长变量
    private double radius;
    private double area;
    private double perimeter;
    public double getRadius(){
        return radius;
    }
    // 各变量的 setter 和 getter
    public void setRadius(double radius){
        this.radius = radius;
    }
    public double getArea(){
        return area;
    }
    public void setArea(double area){
        this.area = area;
    }
    public double getPerimeter(){
        return perimeter;
    }
    public void setPerimeter(double perimeter){
        this.perimeter = perimeter;
    }
    // 构造方法
    public testBean(){
        radius = 0;
        area = 0;
        perimeter = 0;
    }
    // 计算周长的方法
    public double computePerimeter(){
        return 2 * Math.PI * getRadius();
    }
    // 计算面积的方法
    public double computeArea(){
        return Math.PI * Math.pow(getRadius(),2);
    }
}
```

2)将 testBean.java 编译成 class 字节码文件,这时生成的 class 字节码文件才是真正的 JavaBean。然后,在 G:\myjsp\pages 路径下,建立前台页面 testBean.htm,代码如下:

**testBean.htm**

```
<html>
<head>
<Script language="javascript">
    function check(){
        if(isNaN(form1.radius.value)){
            alert("半径只能为数字!");
            form1.radius.focus();
            return false;
        }
        else if(form1.radius.value.length==0){
            alert("半径不能为空!");
            form1.radius.focus();
            return false;
        }
    }
</Script>
<title>JavaBean 示例的前台页面</title>
</head>
<body>
    <form name="form1" method="get" action="testBean.jsp">
        请输入半径:<input type="text" name="radius">
        <input type="submit" value="计算" onClick="return check()">
    </form>
</body>
</html>
```

3)在 G:\myjsp\pages 路径下,建立 testBean.jsp,用来接收 testBean.htm 传递的半径数据,通过调用 testBean.class 来完成面积和周长的计算,并将结果写回客户端。

**testBean.jsp**

```
<%@ page contentType="text/html;charset=gbk" %>
<%@ page language="java" import="java.sql.*" %>
<%-- 创建 testBean 的实例对象 xyz --%>
<jsp:useBean id="xyz" scope="page" class="bean.testBean"/>
<html>
    <head>
        <title>调用 JavaBean 的示例</title>
    </head>
```

```
<body>
<% -- 从前台获得以 radius 为名称的控件的值,并赋给 xyz 的 radius 变量 -- %>
<% -- 由于从前台获得的控件值均是 String 类型,JavaBean 会根据变量的类型自动地进行类型转换 -- %>
<% -- 并将类型转换后的数据赋给对应的变量 -- %>
<jsp:setProperty name = "xyz" property = "radius" param = "radius"/>
<%
    out.println("周长 = " + xyz.computePerimeter());
    out.println("面积 = " + xyz.computeArea());
%>
</body>
</html>
```

4) 将 testBean.htm 和 testBean.jsp 两个页面文件复制到 G:\myjsp\pages 路径下,启动 Tomcat 服务器,打开浏览器,在地址栏中输入 http://localhost:8080/abc/pages,在列表中找到 testBean.htm 页面,在该页面中对应的文本框中输入半径的值,单击【计算】按钮或按 <Enter> 键,即可看到显示的结果页面。如果文本框中输入的数据不属于数字字符或没有输入数据,则前台页面会弹出对话框予以提示。

代码说明:在 testBean.htm 页面中有一个文本框控件,命名为 radius,用户在这个框中输入半径值,单击【计算】按钮后,会调用 testBean.jsp 页面进行处理。testBean.jsp 会调用 testBean.class,创建一个实例对象 xyz,将前台文本框中输入的值赋给 xyz 的 radius 变量,xyz 调用 computePerimeter 和 computerArea 方法进行周长与面积计算后,由 testBean.jsp 将结果写回给客户端。

运行结果:如图 7-42 和图 7-43 所示。

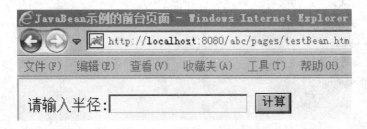

图 7-42 testBean.htm 页面

图 7-43 得到的计算结果页面

### 7.5.2 使用 JSP + JavaBean 操作数据库

下面通过 JSP + JavaBean 操作数据库的例子来进行演示。

1) 在 G:\myjsp\WEB-INF\classes\bean 路径下,建立 dbOperation.java 程序,代码如下:

**dbOperation.java**

```java
package bean;
import java.sql.*;
public class dbOperation {
    // 定义数据库驱动
    private String dbDriver = "com.mysql.jdbc.Driver";
    // 定义数据库路径
    private String dbUrl = "jdbc:mysql://localhost:3306/student";
    // 定义数据库用户名和密码
    private String dbUser = "root";
    private String dbPassword = "1234";
    // 定义连接、状态和结果集
    private Connection conn = null;
    private PreparedStatement stmt = null;
    private ResultSet rs = null;
    // 定义 JavaBean 的五个变量,与数据库中五个字段对应
    // 为方便从前台接收数据,这里五个变量定义为 String 类型
    private String stuid;
    private String stuname;
    private String math;
    private String english;
    private String history;
    // 返回结果集的方法
    public ResultSet getRs() {
        return rs;
    }
    // 设置结果集的方法
    public void setRs(ResultSet rs) {
        this.rs = rs;
    }
    // 设置 stuid 的方法
    public void setStuid(String stuid) {
        this.stuid = stuid;
    }
    // 返回 stuid 的方法
```

```java
    public String getStuid() {
        return stuid;
    }
    // 设置 stuname 的方法
    public void setStuname(String stuname) {
        this.stuname = stuname;
    }
    // 返回 stuname 的方法
    public String getStuname() {
        return stuname;
    }
    // 设置 math 的方法
    public void setMath(String math) {
        this.math = math;
    }
    // 返回 math 的方法
    public String getMath() {
        return math;
    }
    // 设置 english 的方法
    public void setEnglish(String english) {
        this.english = english;
    }
    // 返回 english 的方法
    public String getEnglish() {
        return english;
    }
    // 设置 history 的方法
    public void setHistory(String history) {
        this.history = history;
    }
    // 返回 history 的方法
    public String getHistory() {
        return history;
    }
    // 关闭结果集的方法
    public void CloseRS() {
        try {
            rs.close();
        } catch(SQLException e) {
            System.out.println("关闭结果集时发生错误!");
```

```java
        }
    }
    // 关闭状态的方法
    public void CloseStmt() {
        try {
            stmt.close();
        } catch(SQLException e) {
            System.out.println("关闭状态时发生错误!");
        }
    }
    // 关闭连接的方法
    public void CloseConnection() {
        try {
            conn.close();
        } catch(SQLException e) {
            System.out.println("关闭连接时发生错误!");
        }
    }
    // 构造方法,用于加载数据库驱动
    public dbOperation() {
        try {
            Class.forName(dbDriver);
        } catch(java.lang.ClassNotFoundException e) {
            System.err.println(e.getMessage());
        }
    }
    // 执行添加记录的方法
    public void executeInsert(String stuid, String stuname, String math,
            String english, String history) {
        try {
            conn = DriverManager.getConnection(dbUrl, dbUser, dbPassword);
            stmt = conn.prepareStatement
                    ("insert into stuinfo values(?,?,?,?,?)");
            stmt.setString(1, stuid);
            stmt.setString(2, stuname);
            if(math == null)
                stmt.setDouble(3, 0);
            else
                stmt.setDouble(3, Double.parseDouble(math));
            if(english == null)
                stmt.setDouble(4, 0);
```

```java
            else
                stmt.setDouble(4,Double.parseDouble(english));
            if(history == null)
                stmt.setDouble(5,0);
            else
                stmt.setDouble(5,Double.parseDouble(history));
            stmt.executeUpdate();
        }
        catch(SQLException ex){
            System.err.println("aq.executeUpdate " + ex.getMessage());
        }
        finally{
            CloseStmt();
            CloseConnection();
        }
    }
    // 执行多条件查询的方法
    public ResultSet executeQueryByCondition(String stuid,String stuname,
            String math,String english,String history){
        try{
            String sql = "select * from stuinfo where stuid like ? and stuname like ?" + "and math like ? and english like ?    and history like ? ";
            conn = DriverManager.getConnection(dbUrl,dbUser,dbPassword);
            stmt = conn.prepareStatement(sql);
            if(stuid == null)
                stmt.setString(1,"%");
            else
                stmt.setString(1,"%" + stuid + "%");
            if(stuname == null)
                stmt.setString(2,"%");
            else
                stmt.setString(2,"%" + stuname + "%");
            if(math == null)
                stmt.setString(3,"%");
            else
                stmt.setString(3,math);
            if(english == null)
                stmt.setString(4,"%");
            else
                stmt.setString(4,english);
            if(history == null)
```

```java
                stmt.setString(5,"%");
            else
                stmt.setString(5,history);
            rs = stmt.executeQuery();
        }
        catch(SQLException ex){
            System.err.println(ex.getMessage());
        }
        return rs;
    }
    // 执行删除记录的方法
    public void executeDelete(String DeleteID){
        try{
            conn = DriverManager.getConnection(dbUrl,dbUser,dbPassword);
            stmt = conn.prepareStatement("delete from stuinfo where stuid = ?");
            stmt.setString(1,DeleteID);
            stmt.executeUpdate();
        }
        catch(SQLException ex){
            System.err.println(ex.getMessage());
        }
        finally{
            CloseStmt();
            CloseConnection();
        }
    }
    // 执行更新记录的方法
    public void executeUpdate(String UpdateID,String UpdateItem,
            String UpdateContent){
        try{
            conn = DriverManager.getConnection(dbUrl,dbUser,dbPassword);
            String sql;
            sql = "update stuinfo set " + UpdateItem + " = ? where stuid = ?";
            stmt = conn.prepareStatement(sql);
            if(UpdateItem.equals("stuname"))
                stmt.setString(1,UpdateContent);
            else
                stmt.setDouble(1,Double.parseDouble(UpdateContent));
            stmt.setString(2,UpdateID);
            stmt.executeUpdate();
        }
```

```
            catch(SQLException ex){
                System.err.println(ex.getMessage());
            }
            finally{
                CloseStmt();
                CloseConnection();
            }
        }
    }
```

2)将 dbOperation.java 编译为 class 字节码文件。在 G:\myjsp\pages 路径下,建立 beanquery.htm 和 beanquery.jsp 页面,用于查询数据库记录。

**beanquery.htm**

```
<html>
    <head>
<Script language = "javascript">
    function check(){
        if(isNaN(form1.stuid.value)){
            alert("学号只能为数字!");
            form1.stuid.focus();
            return false;
        }
        if(isNaN(form1.math.value)){
            alert("数学成绩只能为数字!");
            form1.english.focus();
            return false;
        }
        if(isNaN(form1.english.value)){
            alert("英语成绩只能为数字!");
            form1.english.focus();
            return false;
        }
        if(isNaN(form1.history.value)){
            alert("历史成绩只能为数字!");
            form1.history.focus();
            return false;
        }
    }
</Script>
<title>使用 JavaBean 查询数据库</title>
```

```
</head>
<body>
<form name="form1" method="get" action="beanquery.jsp">
学号：<input type="text" name="stuid"><BR>
姓名：<input type="text" name="stuname"><BR>
数学：<input type="text" name="math"><BR>
英语：<input type="text" name="english"><BR>
历史：<input type="text" name="history"><BR>
<BR>
         
<input type="submit" value="查询" onClick="return check()">
</form>
  </body>
</html>
```

### beanquery.jsp

```
<%@ page contentType="text/html;charset=gbk" language="java" import="java.sql.*"%>
<%--def 为 dbOperation 的实例对象 --%>
<jsp:useBean id="def" scope="page" class="bean.dbOperation"/>
<html>
    <head>
        <title>使用 JavaBean 查询数据库</title>
    </head>
<body>
<%--从前台页面中获取数据并设置到 def 的变量中 --%>
<jsp:setProperty name="def" property="stuid" param="stuid"/>
<jsp:setProperty name="def" property="stuname" param="stuname"/>
<jsp:setProperty name="def" property="math" param="math"/>
<jsp:setProperty name="def" property="english" param="english"/>
<jsp:setProperty name="def" property="history" param="history"/>
数据库查询结果如下
<table border='1' cellspacing='0' bordercolor='#000000'><tr><th>学号</th><th>姓名</th><th>数学成绩</th><th>英语成绩</th><th>历史成绩</th><th>修改记录</th><th>删除记录</th></tr>
<%   // 如果姓名为空,则不进行姓名转码操作,直接查询
    if(def.getStuname() == null)
        def.setRs(def.executeQueryByCondition
            (def.getStuid(),def.getStuname(),def.getMath(),
                def.getEnglish(),def.getHistory()));
    // 如果姓名不为空,则将姓名转为 gbk 编码后再进行查询
    else
        def.setRs(def.executeQueryByCondition
```

# 第7章 Java Web 程序设计入门

```
                    (def.getStuid(),new String(def.getStuname().
                        getBytes("ISO-8859-1"),"gbk"),def.getMath(),
                        def.getEnglish(),def.getHistory()));
int count = 0;
while(def.getRs().next())
{
  count ++;
  String a = def.getRs().getString(1);
  String b = def.getRs().getString(2);
  double c = def.getRs().getDouble(3);
  double d = def.getRs().getDouble(4);
  double e = def.getRs().getDouble(5);
%>
  <tr align='center'>
  <td><% = a%></td>
  <td><% = b%></td>
  <td><% = c%></td>
  <td><% = d%></td>
  <td><% = e%></td>
  <%--将学号的值传递给 beanupdate.jsp 和 beandelete.jsp,用于更新和删除操作--%>
  <td><a href="beanupdate.jsp?stuid=<% = a%>">修改记录</a></td>
  <td><a href="beandelete.jsp?stuid=<% = a%>">删除记录</a></td>
  </tr>
<%}%>
</table>
<br>
共查询出<% = count%>条记录
<% def.CloseRS();
  def.CloseStmt();
  def.CloseConnection();
%>
</body>
<a href="beaninsert.htm">添加记录</a>
</html>
```

3) 在 G:\myjsp\pages 路径下,建立 beanupdate.jsp 和 beandelete.jsp 页面,用于更新和删除数据库记录。

**beanupdate.jsp**

```
<%@ page contentType="text/html;charset=gbk" language="java"
   import="java.sql.*"%>
<html>
<head>
```

```
<Script language = "javascript" >
    function check( ) {
        if( form1. updateOption. value ! = "stuname" ) {
            if( isNaN( form1. updateContent. value ) ) {
                alert( "成绩必须为数字!" );
                form1. updateContent. focus( );
                return false;
            }
        }
    }
</Script >
<title >使用 JavaBean 更新数据库记录 </title >
</head >
<body >
<% -- 从 beanquery. jsp 得到学号值,设置在 def 中,注意此时 def 有效期在 session 范围内有效 --%>
    <jsp:useBean id = "def" scope = "session" class = "bean. dbOperation" / >
    <jsp:setProperty name = "def" property = "stuid" param = "stuid" / >
    <form name = "form1" method = "get" action = "" >
        <select name = "updateOption" >
            <option value = "stuname" >姓名 </option >
            <option value = "math" >数学成绩 </option >
            <option value = "english" >英语成绩 </option >
            <option value = "history" >历史成绩 </option >
        </select >    输入要更新的内容 <input type = "text"
            name = "updateContent" > <BR >
             
        <input type = "submit" value = "更新" onClick = "return check( )" >
    </form >
    <%
        if( request. getParameter( "updateOption" ) ! = null ) {
            // 有记录则可以更新
            if( def. executeQueryByCondition( def. getStuid( ),null,null,
                null,null). next( ) ) {
                // 更新姓名字段,则需要进行 gbk 重编码
                if( request. getParameter( "updateOption" ). equals( "stuname" ) )
                    def. executeUpdate( def. getStuid( ),request
                        . getParameter( "updateOption" ),
                        new String( request
                            . getParameter( "updateContent" )
                            . getBytes( "ISO-8859-1" ),"gbk" ) );
                // 更新其他字段不需要重编码
                else
```

```
                    def.executeUpdate(def.getStuid(),
                            request.getParameter("updateOption"),
                            request.getParameter("updateContent"));
                out.println("更新成功");
                out.println("<br><a href='beanquery.htm'>查询</a>");
            }
            // 没有记录则无法更新
            else{
                out.println("没有记录,无法更新");
                out.println("<a href='beanupdate.jsp'>返回重填</a>");
            }
        }
    %>
    </form>
</body>
</html>
```

**beandelete.jsp**

```
<%@ page contentType="text/html;charset=GBK"%>
<%@ page language="java" import="java.sql.*"%>
<jsp:useBean id="def" scope="page" class="bean.dbOperation"/>
<html>
<head>
<title>通过JavaBean删除数据库记录</title>
</head>
<body>
    <%-- 从beanquery.jsp页面中得到传递来的stuid的值 --%>
    <jsp:setProperty name="def" property="stuid" param="stuid"/>
    <%
    // 如果有记录,则可以删除
    if(def.executeQueryByCondition(def.getStuid(),null,null,
            null,null).next()){
        def.executeDelete(def.getStuid());
        out.println("记录删除成功");
        }
    // 如果没有记录,则无法删除
    else
        out.println("没有记录,无法删除");
    %>
</body>
</html>
```

```
< BR >
< a href = " beanquery. htm" > 查询 </a >
```

4）在 G:\myjsp\pages 路径下，建立 beaninsert. htm 和 beaninsert. jsp 页面，用于添加数据库记录。

**beaninsert. htm**

```
< html >
  < head >
< Script language = "javascript" >
    function check( ) {
        if( isNaN( form1. math. value ) ) {
            alert("数学成绩只能为数字!");
            form1. math. focus( );
            return false;
        }
        if( isNaN( form1. english. value ) ) {
            alert("英语成绩只能为数字!");
            form1. english. focus( );
            return false;
        }
        if( isNaN( form1. history. value ) ) {
            alert("历史成绩只能为数字!");
            form1. history. focus( );
            return false;
        }
        if( isNaN( form1. stuid. value ) ) {
            alert("学号只能为数字!");
            form1. stuid. focus( );
            return false;
        }
        if( form1. stuid. value. length == 0 ) {
            alert("学号不能为空!");
            form1. stuid. focus( );
            return false;
        }
    }
</Script >
< title > 使用 JavaBean 向数据库添加记录 </title >
  </head >
  < body >
< form name = "form1" method = "get" action = "beaninsert. jsp" >
```

学号：< input type = "text" name = "stuid" > < BR >
姓名：< input type = "text" name = "stuname" > < BR >
数学：< input type = "text" name = "Math" > < BR >
英语：< input type = "text" name = "English" > < BR >
历史：< input type = "text" name = "History" > < BR >
< BR >
     
< input type = "submit" value = "添加"　　onClick = "return check()" >
</form>
　　</body>
</html>

### beaninsert.jsp

```
<%@ page contentType = "text/html;charset = GBK" %>
<%@ page language = "java" import = "java.sql.*" %>
<jsp:useBean id = "def" scope = "page" class = "bean.dbOperation"/>
<html>
    <head>
        <title>通过JavaBean向数据库添加记录</title>
    </head>
<body>
<jsp:setProperty name = "def" property = "stuid" param = "stuid"/>
<jsp:setProperty name = "def" property = "stuname" param = "stuname"/>
<jsp:setProperty name = "def" property = "Math" param = "math"/>
<jsp:setProperty name = "def" property = "English" param = "english"/>
<jsp:setProperty name = "def" property = "History" param = "history"/>
<%
    if(def.getStuid() == null){
        out.println("学号字段不能为空,请重新填写");
        out.println(" <a href = 'beaninsert.htm' >返回重填</a>");
    }
    else{
        // 如果已有该记录,则不能添加
        if(def.executeQueryByCondition(def.getStuid(),null,null,
                null,null).next()){
            out.println("已有记录,不能插入");
            out.println(" <a href = 'beaninsert.htm' >返回重填</a>");
        }
        // 如果没有记录,则可以添加
        else{
            // 如果添加的姓名为空,则不进行转码,直接添加
            if(def.getStuname() == null)
```

```
                def.executeInsert(def.getStuid(),"空名待填",def.getMath(),
                        def.getEnglish(),def.getHistory());
        // 如果添加的姓名不为空,则将姓名转为 gbk 编码后再添加记录
        else
                def.executeInsert(def.getStuid(),new String(def
                        .getStuname().getBytes("ISO-8859-1"),"gbk"),
                        def.getMath(),def.getEnglish(),def
                        .getHistory());
        out.println("记录插入成功");
    }
}
%>
</body>
</html>
<BR>
<a href="beanquery.htm">查询</a>
```

5)启动 Tomcat 服务器,在地址栏中输入 http://localhost:8080/abc/pages,找到 beanquery.htm 页面并打开后,即可进行数据库的添加记录、更新记录、删除记录和查询记录操作。

代码说明:在本例中,将数据库的操作封装在了 dbOperation 这个 JavaBean 中,对于数据库的各种操作,不需要在 JSP 页面中完成,而是统一交给了 dbOperation 的实例对象。用户首先打开 beanquery.htm 页面后,可以根据各种条件进行查询,如果不填写条件,则,默认全部查询。得到查询结果后,可以通过超链接的方式对某条记录进行更新和删除操作,在查询结果的页面,可以通过超链接转到添加记录的页面。在前台的页面中,通过 JavaScript 代码对课程的成绩和学号的输入进行了限制,必须为数字形式才可以调用 JSP 页面执行。

运行结果:如图 7-44~图 7-50 所示。

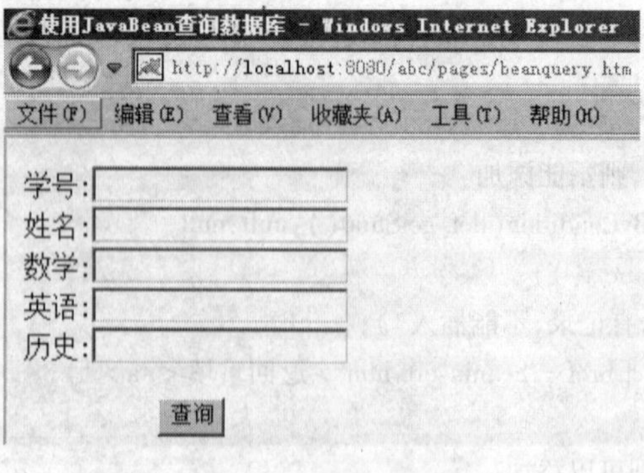

图 7-44 查询首页

第 7 章 Java Web 程序设计入门

图 7-45 查询结果页面

图 7-46 更新记录页面

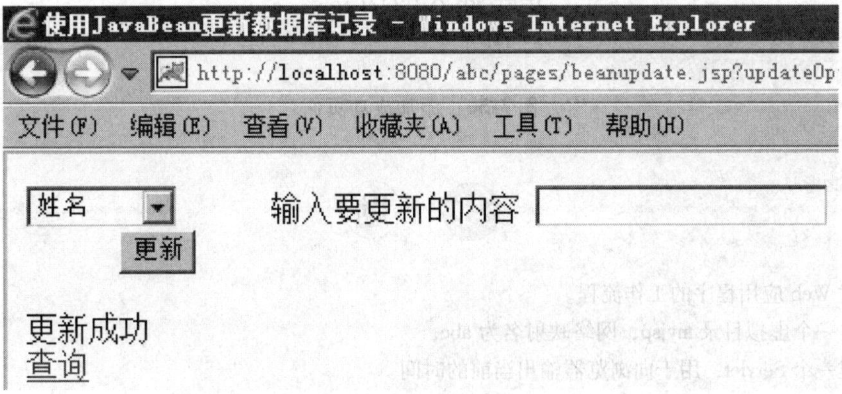

图 7-47 更新成功页面

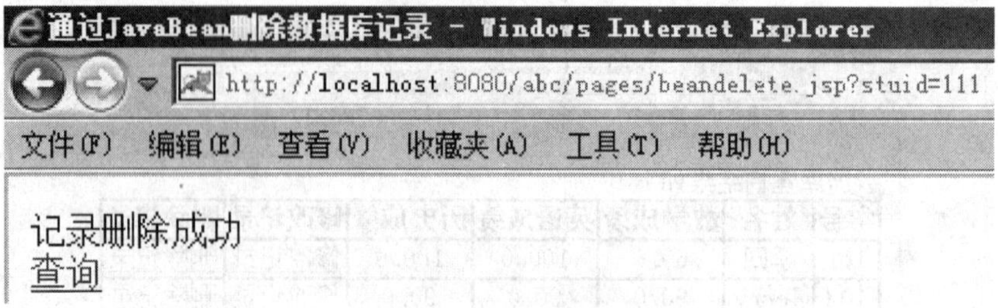

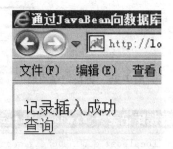

图7-48 删除成功页面

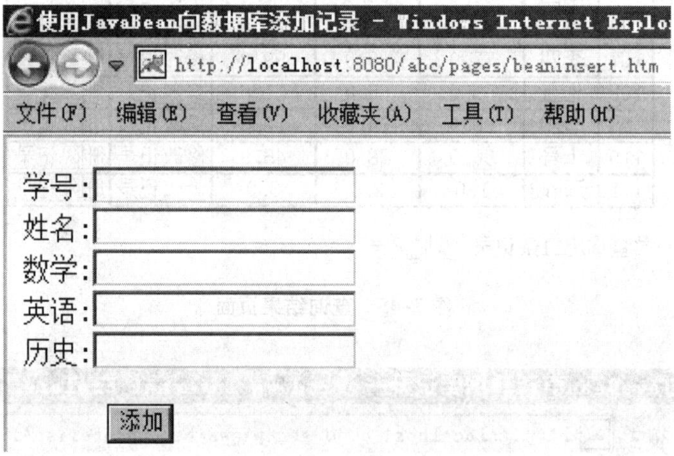

图7-49 添加记录页面

图7-50 添加成功页面

## 习 题

1. 简述 Web 应用程序的工作流程。
2. 建立一个虚拟目录 myjsp，网络映射名为 abc。
3. 创建一个 Servlet，用于向浏览器输出当前的时间。
4. 创建一个 Servlet，用于接收前台输入的信息，并将这些信息写回浏览器。
5. 利用 Html + JSP 技术，实现一个简单的成绩查询、添加、更新和删除系统。
6. 利用 Html + JavaBean + JSP 技术，实现一个简单的成绩查询、添加、更新和删除系统。

# 参 考 文 献

[1] 李刚. 疯狂Java讲义 [M]. 2版. 北京:电子工业出版社,2012.
[2] 李发致. Java面向对象程序设计教程 [M]. 2版. 北京:清华大学出版社,2009.
[3] 张剑飞,等. Java程序设计教程 [M]. 北京:北京大学出版社,2011.
[4] 王克宏,等. Java技术及其应用 [M]. 北京:高等教育出版社,2007.
[5] 朱福喜. 面向对象与Java程序设计 [M]. 北京:清华大学出版社,2009.
[6] 孙一林,彭波. Java程序设计案例教程 [M]. 北京:机械工业出版社,2011.
[7] 常建功,等. 零基础学Java [M]. 4版. 北京:机械工业出版社,2014.
[8] 郝春雨,郑志荣. Java 7程序设计入门与提高 [M]. 北京:清华大学出版社,2015.
[9] 张桂珠. Java面向对象程序设计 [M]. 4版. 北京:北京邮电大学出版社,2015.
[10] 栾颖. Java程序设计基础 [M]. 北京:清华大学出版社,2014.
[11] 曲翠玉,邢智毅,等. Java程序设计实用教程 [M]. 北京:中国水利水电出版社,2014.
[12] 马俊,范玫. Java语言面向对象程序设计 [M]. 2版. 北京:清华大学出版社,2014.
[13] 施霞萍,等. Java程序设计教程 [M]. 3版. 北京:机械工业出版社,2013.
[14] 李伟,张金辉,等. Java入门经典 [M]. 北京:机械工业出版社,2013.
[15] Y Daniel Liang. Java语言程序设计 [M]. 8版. 李娜,译. 北京:机械工业出版社,2013.
[16] 普运伟,王建华. Java程序设计 [M]. 北京:高等教育出版社,2013.
[17] 刘德山,等. Java程序设计 [M]. 北京:科学出版社,2012.
[18] 杨晓燕. Java面向对象程序设计 [M]. 北京:电子工业出版社,2012.
[19] 叶核亚. Java程序设计实用教程 [M]. 3版. 北京:电子工业出版社,2012.
[20] 栾咏红. Java程序设计项目式教程 [M]. 北京:人民邮电出版社,2014.
[21] 张勇,等. Java程序设计与实践教程 [M]. 北京:人民邮电出版社,2014.
[22] 董洋溢. Java程序设计实用教程 [M]. 北京:机械工业出版社,2014.
[23] Bruce Eckel. Java编程思想 [M]. 4版. 陈昊鹏,译. 北京:机械工业出版社,2007.
[24] 谢峰,梁云娟. Java 2编程技术基础 [M]. 北京:高等教育出版社,2009.
[25] 丁振凡. Java语言程序设计 [M]. 2版. 北京:清华大学出版社,2014.
[26] 张基温. 新概念Java程序设计大学教程 [M]. 北京:清华大学出版社,2013.
[27] 李兆锋,等. Java程序设计与项目实践 [M]. 北京:电子工业出版社,2011.
[28] 刘英华. Java2程序设计 [M]. 北京:机械工业出版社,2010.
[29] 陈锐. Java程序设计 [M]. 北京:机械工业出版社,2011.
[30] 刘乃琦,苏畅,等. Java应用开发与实践 [M]. 北京:人民邮电出版社,2012.
[31] 江春华,等. Java程序设计 [M]. 成都:电子科技大学出版社,2014.
[32] 田登山,夏自谦. Java面向对象程序设计与应用 [M]. 北京:中国铁道出版社,2011.